"十三五"国家重点出版物出版规划项目

现代机械工程系列精品教材

普通高等教育 3D 版机械类系列教材

电器控制与 PLC
（3D 版）

主　　编　陈淑江

副主编　姜兆亮　梁西昌　董爱梅

参　　编　辛倩倩　靳　梅　孙晓红

　　　　　毕文波　陈清奎

主　　审　林明星

机械工业出版社

本书结合机械类专业电类相关课程较少的特点，从最常用的电子元器件入手，介绍了电气控制的基本知识以及电气控制电路图的表示方法；系统地介绍了各种低压电器的工作原理、常用低压电器组成的基本控制电路的结构和工作原理、常用电动机及其控制电路、PLC 的基本组成及工作原理，并以当前主流的西门子 S7-1200 PLC 为例，介绍了其硬件系统、基本组态、指令系统和程序设计方法；结合应用案例，介绍了电气控制及 PLC 控制的系统组成及工作原理。

本书配套有利用虚拟现实（VR）技术、增强现实（AR）技术等开发的 3D 虚拟仿真教学资源，方便读者学习。

本书可作为高等院校机械类、电气类及自动化类等相关专业的教材，也可供有关工程技术人员参考使用。

图书在版编目（CIP）数据

电器控制与 PLC：3D 版/陈淑江主编. —北京：机械工业出版社，2021.2（2025.1 重印）

“十三五”国家重点出版物出版规划项目　现代机械工程系列精品教材
普通高等教育 3D 版机械类系列教材

ISBN 978-7-111-67764-2

Ⅰ.①电… Ⅱ.①陈… Ⅲ.①电气控制-高等学校-教材②PLC 技术-高等学校-教材 Ⅳ.①TM571

中国版本图书馆 CIP 数据核字（2021）第 046284 号

机械工业出版社（北京市百万庄大街 22 号　邮政编码 100037）
策划编辑：蔡开颖　责任编辑：蔡开颖　段晓雅　韩　静
责任校对：潘　蕊　封面设计：张　静
责任印制：邓　博
北京盛通数码印刷有限公司印刷
2025 年 1 月第 1 版第 2 次印刷
184mm×260mm · 14.5 印张 · 357 千字
标准书号：ISBN 978-7-111-67764-2
定价：48.00 元

电话服务　　　　　　　　　　网络服务
客服电话：010-88361066　　机 工 官 网：www.cmpbook.com
　　　　　010-88379833　　机 工 官 博：weibo.com/cmp1952
　　　　　010-68326294　　金 书 网：www.golden-book.com
封底无防伪标均为盗版　机工教育服务网：www.cmpedu.com

虚拟现实（VR）技术是计算机图形学和人机交互技术的发展成果，具有沉浸感（immersion）、交互性（interaction）、构想性（imagination）等特征，能够使用户在虚拟环境中感受并融入真实、人机和谐的场景，便捷地实现人机交互操作，并能从虚拟环境中得到丰富、自然的反馈信息。在特定应用领域中，VR技术不仅可解决用户应用的需要，若赋予丰富的想象力，还能够使人们获取新的知识，促进感性和理性认识的升华，从而深化概念，萌发新的创意。

机械工程教育与VR技术的结合，为机械工程学科的教与学带来显著变革：通过虚拟仿真的知识传达方式实现更有效的知识认知与理解。基于VR的教学方法，以三维可视化的方式传达知识，表达方式更富有感染力和表现力。VR技术使抽象、模糊成为具体、直观，将单调乏味变成丰富多变、极富趣味，令常规不可观察变为近在眼前、触手可及，通过虚拟仿真的实践方式实现知识的呈现与应用。虚拟实验与实践让学习者在创设的虚拟环境中，通过与虚拟对象的主动交互，亲身经历与感受机器拆解、装配、驱动与操控等，获得现实般的实践体验，增加学习者的直接经验，辅助将知识转化为能力。

教育部编制的《教育信息化十年发展规划（2011—2020年）》（以下简称《规划》），提出了建设数字化技能教室、仿真实训室、虚拟仿真实训教学软件、数字教育教学资源库和20000门优质网络课程及其资源，遴选和开发1500套虚拟仿真实训实验系统，建立数字教育资源共建共享机制。按照《规划》的指导思想，教育部启动了包括国家级虚拟仿真实验教学中心在内的若干建设工程，力推虚拟仿真教学资源的规划、建设与应用。近年来，很多学校陆续采用虚拟现实技术建设了各种学科专业的数字化虚拟仿真教学资源，并投入应用，取得了很好的教学效果。

"普通高等教育3D版机械类系列教材"是由山东高校机械工程教学协作组组织驻鲁高等学校教师编写的，充分体现了"三维可视化及互动学习"的特点，将难于学习的知识点以3D教学资源的形式进行介绍，其配套的虚拟仿真教学资源由济南科明数码技术股份有限公司开发完成，并建设了"科明365"在线教育云平台（www.keming365.com）。该公司还开发有单机版、局域网络版、互联网版的3D虚拟仿真教学资源，构建了"没有围墙的大学""不限时间、不限地点、自主学习"的学习资源。

古人云，天下之事，闻者不如见者知之为详，见者不如居者知之为尽。

该系列教材的陆续出版，为机械工程教育创造了理论与实践有机结合的条件，很好地解决了普遍存在的实践教学条件难以满足卓越工程师教育需要的问题。这将有利于培养制造强国战略需要的卓越工程师，助推中国制造2025战略的实施。

张进生

于济南

前　言

本书是山东高校机械工程教学协作组组织编写的"普通高等教育 3D 版机械类系列教材"之一。

按照高等学校机械类专业教学指导委员会机械类专业的培养计划及各课程教学大纲的要求，为了更好地提高学习效果，本书的编写充分利用 VR、AR 等技术开发的虚拟仿真教学资源，体现可视化及互动学习的特点，将难于学习的知识点以 3D 教学资源的形式进行展示和介绍，力图达到教师易教、学生易学的目的。

"电器控制与可编程控制器"是各高等院校机械、电气及自动化类专业的专业基础课程之一，它集成了原来的"电气控制技术"和"可编程控制器原理及应用"两门课程的内容。

随着科学技术的发展，电气控制技术已发展到了相当的高度。传统电气控制技术的内容发生了很大变化，有些已经被淘汰，但其最基础的部分对任何先进的控制系统来说仍是必不可少的。可编程控制器是基于继电器逻辑控制系统的原理而设计的，它的出现取代了继电器、接触器的逻辑控制系统，是当今电气自动化领域中不可替代的中心控制器件。本书选用市场占有率较高、较常见的西门子 S7-1200 PLC 进行介绍。西门子 S7-1200 PLC 作为中小型 PLC 的佼佼者，在硬件配置和软件编程方面都具有强大的优势，尤其基于以太网编程和通信的特点，给西门子 S7-1200 PLC 的应用带来了无限的想象力。

结合机械类专业学生的电类相关课程较少的特点，本书从最常用的电控元器件入手，第 1 章介绍了电气控制的基本知识及图样标准；第 2 章介绍了接触器、继电器、断路器、熔断器、主令电器等低压电器及由它们构成的基本控制电路；第 3 章介绍了常用的电动机及其控制技术；第 4 章介绍了 PLC 的基本组成及工作原理；第 5 章以当前主流的西门子 S7-1200 PLC 为例，介绍了 S7-1200 PLC 的硬件系统、基本组态、指令系统，以及基于西门子 TIA 博图软件的 S7-1200 PLC 的程序设计和应用举例；第 6 章则以卧式车床、平面磨床、钻床、电梯传送系统、剪板机等实际应用为例，介绍了电气控制及 PLC 控制的控制要求、系统组成及工作原理。

本书配有二维码链接的 3D 虚拟仿真教学资源，安卓系统手机请使用微信的"扫一扫"，苹果手机请使用相机直接扫描。二维码中有 📱 图标的表示免费使用，有 📱 图标的表示收费使用。本书提供免费的教学课件，欢迎选用本书的教师登录机工教育服务网（www.cmpedu.com）下载。济南科明数码技术股份有限公司还提供有互联网版、局域网版、单机版的 3D 虚拟仿真教学资源，可供师生在线（www.keming365.com）使用。

本书由山东大学的陈淑江任主编，山东大学的姜兆亮、梁西昌和山东理工大学的董爱梅任副主编，山东大学的辛倩倩、靳梅和毕文波以及青岛酒店管理职业技术学院的孙晓红、山东建筑大学的陈清奎参与了编写。本书配套的 3D 虚拟仿真教学资源由济南科明数码技术股份有限公司开发完成，并负责网上在线教学资源的维护、运营等工作。

　　本书由山东大学林明星教授担任主审，林教授对本书内容做了细致的审定，在此深表谢意。

　　由于编者水平有限，书中难免有疏漏与不妥之处，敬请读者不吝指正。

编　者

目 录

第1章

电气控制的基本知识

1.1 电子元器件简介

最基本的电子元器件是半导体二极管、半导体三极管和晶闸管。PN 结是构成这些元器件的基础。

1.1.1 PN 结及其特性

在一块完整的硅片上，用不同的掺杂工艺使其一边形成 N 型半导体，另一边形成 P 型半导体，两种半导体的交界面附近的区域称为 PN 结，如图 1-1 所示。

N 型半导体（N 为 negative 的字头，因电子带负电荷而得名）：掺入少量杂质磷元素（或锑元素）的硅晶体（或锗晶体），由于半导体原子（如硅原子）被杂质原子取代，磷原子最外层五个电子中的其中四个与周围的半导体原子形成共价键，多出的一个电子几乎不受束缚，较为容易地成为自由电子。于是 N 型半导体就成为了含电子浓度较高的半导体，其导电性主要是因为自由电子导电。

P 型半导体（P 为 positive 的字头，因空穴带正电而得名）：掺入少量杂质硼元素（或铟元素）的硅晶体（或锗晶

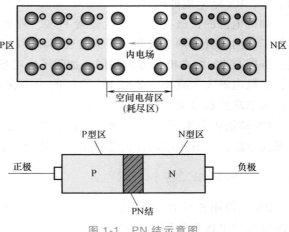

图 1-1 PN 结示意图

体），由于半导体原子（如硅原子）被杂质原子取代，硼原子最外层的三个电子与周围的半导体原子形成共价键的时候，会产生一个"空穴"，这个空穴可能吸引束缚电子来"填充"，使得硼原子成为带负电的离子。这类半导体由于含有较高浓度的"空穴"（相当于正电荷），因此成为能够导电的物质。

在 P 型半导体和 N 型半导体结合后，由于 N 型区内自由电子为多子，空穴几乎为零（称为少子），而 P 型区内空穴为多子，而自由电子为少子，因此在它们的交界处就出现了电子和空穴的浓度差。于是有一些电子从 N 型区向 P 型区扩散，也有一些空穴要从 P 型区

向 N 型区扩散。它们扩散的结果就使 P 区一边失去空穴，留下了带负电的杂质离子，N 区一边失去电子，留下了带正电的杂质离子。开路中半导体中的离子不能任意移动，因此不参与导电。这些不能移动的带电粒子在 P 和 N 区交界面附近，形成了一个空间电荷区，空间电荷区的薄厚和掺杂物浓度有关。

在空间电荷区形成后，由于正负电荷之间的相互作用，在空间电荷区就形成了内电场，其方向是从带正电的 N 区指向带负电的 P 区。显然，这个电场的方向与载流子扩散运动的方向相反，阻止扩散。

另一方面，这个电场将使 N 区的少数载流子空穴向 P 区漂移，使 P 区的少数载流子电子向 N 区漂移，漂移运动的方向正好与扩散运动的方向相反。从 N 区漂移到 P 区的空穴补充了原来交界面上 P 区所失去的空穴，从 P 区漂移到 N 区的电子补充了原来交界面上 N 区所失去的电子，这就使空间电荷减少，内电场减弱。因此，漂移运动的结果是使空间电荷区变窄，扩散运动加强。

最后，多子的扩散和少子的漂移达到动态平衡。在 P 型半导体和 N 型半导体的结合面两侧，留下离子薄层，这个离子薄层形成的空间电荷区称为 PN 结。PN 结的内电场方向由 N 区指向 P 区。在空间电荷区，由于缺少多子，所以也称耗尽层。

如果电源的正极接 P 区，负极接 N 区，外加的正向电压有一部分降落在 PN 结区，PN 结处于正向偏置，电流便从 P 型一边流向 N 型一边，空穴和电子都向界面运动，使空间电荷区变窄，电流可以顺利通过，方向与 PN 结内电场方向相反，削弱了内电场。于是，内电场对多子扩散运动的阻碍减弱，扩散电流加大。扩散电流远大于漂移电流，可忽略漂移电流的影响，PN 结呈现低阻性。

如果电源的正极接 N 区，负极接 P 区，外加的反向电压有一部分降落在 PN 结区，PN 结处于反向偏置，则空穴和电子都向远离界面的方向运动，使空间电荷区变宽，电流不能流过，方向与 PN 结内电场方向相同，加强了内电场。于是，内电场对多子扩散运动的阻碍增强，扩散电流大大减小。此时 PN 结区的少子在内电场作用下形成的漂移电流大于扩散电流，可忽略扩散电流，PN 结呈现高阻性。

PN 结加正向电压时，呈现低电阻，具有较大的正向扩散电流；PN 结加反向电压时，呈现高电阻，具有很小的反向漂移电流。由此可以得出结论：PN 结具有单向导电性。

1.1.2　半导体二极管

PN 结两端各引出一个电极并加上管壳，就形成了半导体二极管。PN 结的 P 型半导体一端引出的电极称为阳极，PN 结的 N 型半导体一端引出的电极称为阴极。

1. 二极管的特性

二极管的主要特性就是单向导电性。

在电子电路中，将二极管的正极接在高电位端，负极接在低电位端，二极管就会导通，这种连接方式称为正向偏置。当加在二极管两端的正向电压很小时，二极管仍然不能导通，流过二极管的正向电流十分微弱。只有当正向电压达到某一数值（这一数值称为"门槛电压"，锗二极管约为 0.2V，硅二极管约为 0.6V）以后，二极管才能正向导通。导通后二极管两端的电压基本上保持不变（锗二极管约为 0.3V，硅二极管约为 0.7V），称为二极管的"正向压降"。

在电子电路中，二极管的正极接在低电位端，负极接在高电位端，此时二极管中几乎没有电流流过，此时二极管处于截止状态，这种连接方式称为反向偏置。二极管处于反向偏置时，仍然会有微弱的反向电流流过二极管，称为漏电流。当普通二极管两端的反向电压增大到某一数值，反向电流会急剧增大，二极管将失去单向导电特性，二极管会反向热击穿而损坏。

2. 二极管的主要技术参数

1）开启电压 U_{on}：使二极管开始导通的临界电压称为开启电压 U_{on}。

2）反向电流 I_R：指当二极管未击穿时的反向电流的临界值。反向电流越小，二极管的单向导电性越好，但要注意，反向电流受温度影响较大，运行时应注意散热降温。

3）最大整流电流 I_F：指二极管作整流元件时，允许通过的最大正向电流。I_F 的大小与 PN 结的面积和外接散热条件有关。

4）最高反向工作电压 U_R：指二极管正常使用允许加的最高反向电压。

3. 二极管的应用

半导体二极管按其用途可分为普通二极管和特殊二极管。普通二极管包括整流二极管、检波二极管、稳压二极管、开关二极管、快速二极管等；特殊二极管包括变容二极管、发光二极管、隧道二极管、触发二极管等。常用的几种二极管用途如下：

1）发光二极管：它具有单向导电性。只有当外加的正向电压使得正向电流足够大时才发光，正向电流越大，发光越强。

2）光电二极管：它是远红外线接收管，是一种光能与电能进行转换的器件。光电二极管的工作原理是利用 PN 结外加反向电压时，在光线照射下，改变反向电流和反向电阻，当没有光照射时，反向电流很小，反向电阻很大；当有光照射时，反向电阻减小，反向电流加大。

3）在稳压电路中作为稳压管。

4）在整流电路中作为整流二极管。

5）利用二极管的钳位特性，选用结电容小的二极管作为门电路的开关管。

1.1.3 半导体三极管

1. 三极管的种类

按其作用原理来分，三极管分为双极型晶体管和场效应晶体管。

1）双极型晶体管也称晶体管，它是一种电流控制型器件，由输入电流控制输出电流，其本身具有电流放大作用。它工作时有电子和空穴两种载流子参与导电过程，故称为双极型晶体管。

其特点是：晶体管可用来对微弱信号进行放大和作无触点开关。它具有结构牢固、寿命长、体积小、耗电省等一系列独特优点，故在各个领域得到广泛应用。

双极型晶体管按材质不同有硅管和锗管；按结构不同有 NPN 型和 PNP 型；按消耗功率的不同有小功率晶体管、中功率晶体管和大功率晶体管等；按功能不同有开关管、功率管、达林顿管和光电管等。

2）单极型晶体管也称场效应晶体管，简称 FET（field effect transistor）。它是一种电压控制型器件，由输入电压产生的电场效应来控制输出电流的大小。它工作时只有一种载流子（多数载流子）参与导电，故称为单极型晶体管。

其特点是：输入电阻高，可达 $10^7 \sim 10^{15}\Omega$，绝缘栅型场效应晶体管（IGFET）可高达 $10^{15}\Omega$；噪声低，热稳定性好，工艺简单，易集成，器件特性便于控制，功耗低，体积小，成本低。

场效应晶体管根据材料的不同又可分为结型场效应晶体管（junction field effect transistor，JFET）和绝缘栅型场效应晶体管（insulated gate FET，IGFET）。

2. 半导体三极管的结构原理

（1）双极型晶体管 双极型晶体管是在一块半导体基片上制作两个相距很近的 PN 结，两个 PN 结把整块半导体分成三部分，中间部分是基区，两侧部分分别是发射区和集电区，排列方式有 PNP 和 NPN 两种。其中使用最多的是硅 NPN 型和锗 PNP 型，两者除了电源极性不同外，其工作原理都是相同的。

对于 NPN 型管，它是由两块 N 型半导体中间夹着一块 P 型半导体所组成，发射区与基区之间形成的 PN 结称为发射结，而集电区与基区形成的 PN 结称为集电结，三条引线分别称为发射极 E（emitter）、基极 B（base）和集电极 C（collector），如图 1-2 所示。

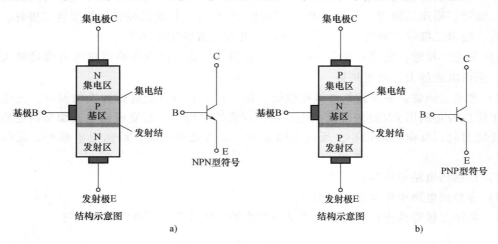

图 1-2 双极型晶体管的结构与符号

a）NPN 型 b）PNP 型

双极型晶体管的电流放大作用实际上是利用基极电流的微小变化去控制集电极电流的巨大变化。

双极型晶体管是一种电流放大器件，但在实际使用中常常通过电阻将双极型晶体管的电流放大作用转变为电压放大作用。

（2）场效应晶体管 场效应晶体管包括结型场效应晶体管和绝缘栅型场效应晶体管两种类型。场效应晶体管的结构原理如图 1-3 所示。

图 1-3a 为结型场效应晶体管结构原理图，图中底部（衬底）和中间的顶部都是 P 型半导体，它们连在一起，构成栅极（G）。中间的 P 型两侧是两块高掺杂 N 型半导体区，分别为源极（S）和漏极（D），它们中的 N 型区是载流子的通道，称为 N 型导电沟道。G、S、D 三极形成两个 PN 结。PN 结与沟道接壤的表面形成电荷交换层，称为耗尽层，所涉及的区域称为耗尽区。给 PN 结加反偏电压，可以改变耗尽层的厚度，也就是改变了导电沟道的宽度，沟道宽窄控制了电流的强弱，也就是说反偏电压形成的电场控制了电流。

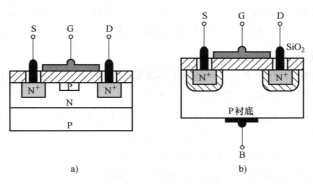

图 1-3　场效应晶体管结构原理图

a）结型场效应晶体管　b）绝缘栅型场效应晶体管

图 1-3b 为绝缘栅型场效应晶体管结构原理图。该型管子的栅极不是半导体，而是金属（铝），栅极与其他极间是二氧化硅（SiO_2）绝缘层，源（S）、漏（D）极是 N^+ 半导体，衬底是 P 型半导体，因此称为金属—氧化物—半导体管（MOS）。

MOS 分为 N 沟道 MOS 和 P 沟道 MOS，这两种 MOS 管各有增强型和耗尽型 MOS 管。其中，N 沟道增强型 MOS 是在没有加栅源间电压 U_{GS} 时，没有形成导电沟道，漏极（D）也没有电流 I_D，当栅源之间加正向电压 U_{GS} 后，形成耗尽层，还在耗尽层与绝缘之间产生反型层，即形成了导电沟道。

耗尽型 MOS 采用特殊工艺。制造时就在绝缘层 SiO_2 中掺入大量能产生正离子的材料，因此，在没有加栅源间电压 U_{GS} 时，在正离子电荷力的作用下产生电场。在此电场力作用下，P 型衬底表面已形成反型层，即在漏源之间产生了导电沟道。此导电沟道随栅源间电压 U_{GS} 极性变化而变化。$+U_{GS}$ 加大时，沟道加宽，漏极电流 I_D 增大。$-U_{GS}$ 加大时，沟道变窄，漏极电流 I_D 减小，沟道的形状是越靠近漏极处越窄。因此，用 U_{GS} 的正负值可控制漏极电流 I_D 的大小。

以上是 N 沟道增强型 MOS 和耗尽型 MOS 的结构原理。

P 沟道 MOS 管的结构与 N 沟道 MOS 管的结构呈对偶型，同 NPN 型管和 PNP 管的对偶结构一样。因此，在 MOS 管的特性曲线上可以看到：N 沟道增强型管的开启电压 $U_{GS(th)}$ 为正值，P 沟道增强型管的开启电压 $U_{GS(th)}$ 为负值；N 沟道耗尽型管的夹断电压 $U_{GS(off)}$ 为负值，而 P 沟道耗尽型管的夹断电压 $U_{GS(off)}$ 为正值。也就是说，MOS 管形成的两种导电沟道，其电压极性相反，是由沟道电荷的极性决定的。

3. 双极型晶体管的主要技术参数

（1）直流放大系数 $\overline{\beta}$ 和 $\overline{\alpha}$　共射极直流放大系数 $\overline{\beta}=(I_C-I_{CEO(pt)})/I_B$，共基极直流电流放大系数 $\overline{\alpha}=(I_C-I_{CBO})/I_E$。

当忽略发射极开路时，α 近似等于 I_C 与 I_B 之比，即

$$\overline{\alpha}=I_C/I_B \qquad\qquad (1-1)$$

（2）交流放大系数 β 和 a　共发射极交流放大系数 $\beta=\Delta I_C/\Delta I_B$；共基极交流放大系数 $\alpha=\Delta I_C/\Delta I_E$。选用时，按 $\beta\approx\overline{\beta}$、$\alpha\approx\overline{\alpha}$ 确定。

（3）集电极（C）与基极（B）间反向饱和电流 I_{CBO}　C-B 间反向饱和电流 I_{CBO} 应尽量

小些。硅管的 I_{CBO} 比锗管的 I_{CBO} 小 2~3 个数量级，考虑温度影响而常选用硅管。

（4）集电极（C）与发射极（E）间穿透电流 $I_{CEO(pt)}$　C-E 间穿透电流 $I_{CEO(pt)}$ 为 I_{CBO} 的 $(1+\bar{\beta})$ 倍，且在选用时应小于此值。

（5）集电极最大允许功率 P_{CM}　在使用晶体管时不能超过其 P_{CM}。P_{CM} 以管子使用的上限温度来控制。硅管约为 150℃，锗管约为 70℃。

（6）集电极最大电流 I_{CM}　相关标准对晶体管的 I_{CM} 都有规定。比如，合金型小功率晶体管的 I_{CM} 为 $U_{CM}=1V$ 时，管耗达到 P_{CM} 时的 I_C 值。

（7）反向击穿电压　反向击穿电压有如下几个：

1）E-B 极间的反向击穿电压，它是发射结允许加的最高反向电压。

2）C-B 极间的反向击穿电压，它是集电结允许加的最高反向电压。

3）C-E 极间的击穿电压等。

晶体管在使用时都不允许超过规定电压值。

4. 单极性场效应晶体管的主要技术参数

（1）开启电压 $U_{GS(th)}$　$U_{GS(th)}$ 是增强型 MOS 管开通导电沟道的参数，是漏源电压 U_{DS} 在某一固定数值条件下，能产生漏极电流 I_D 所需要的最小 $|U_{DS}|$ 值。

（2）夹断电压 $U_{GS(off)}$　$U_{GS(off)}$ 是耗尽型 MOS 管产生导电沟道的参数，也是漏源电压 U_{DS} 在某一固定数值条件下，使漏极电流 I_D 等于某一微小电流时所对应的栅源电压 U_{GS}，以此选用耗尽型 MOS 管。

（3）饱和漏极电流 I_{DSS}　I_{DSS} 是耗尽型 MOS 管的参数，是指 $U_{GS}=0$ 时，MOS 管发生预夹断时的漏极电流。

（4）最大漏极电流 I_{DM}　I_{DM} 是场效应晶体管工作时允许的最大漏极电流。

（5）最大耗散功率 P_{DM}　P_{DM} 是管子允许最大温升时对应的临界功率，是不允许超过的。

（6）漏源击穿电压 $U_{(BR)DS}$　在漏源电压 U_{DS} 增大的过程中，使漏极电流急剧增加的漏源电压 U_{DS}，称为漏源击穿电压，$U_{(BR)DS}$ 是不允许超过的。

（7）栅源击穿电压 $U_{(BR)GS}$　对场效应晶体管的两种类型管，$U_{(BR)GS}$ 是两个不同值。对结型管，是栅极与沟道间 PN 结的反向击穿电压；对绝缘栅型管，是使绝缘层击穿的电压。

5. 半导体三极管应用时注意事项

由于 MOS 管的结构特性，只要 G 极有少量感应电荷即可产生高压，极易击穿管子，因此，管子存放时也必须保持 G-S 间的直流通道，避免栅极 G 悬空，使 G、S、D 三极短路。焊接时烙铁要良好接地，最好是先预热，焊接时拔下烙铁电源插座。在电路中，必须有 G-S 极的直流通路。取用管子时，要避免手上所蓄存的静电荷输入管子，手腕上最好套一个接大地的金属箍。测量时不能用万用表，只能用测试仪测量 MOS 管。

🔑 1.2　晶闸管

1.2.1　晶闸管的基本结构

晶闸管（thyristor）是晶体闸流管的简称，旧称可控硅整流器（silicon controlled rectifier，SCR），即可控硅。

1956 年美国贝尔实验室（Bell Laboratories）发明了晶闸管，到 1957 年美国通用电气公司（General Electric）开发出了世界上第一只晶闸管产品，并于 1958 年将其商业化。由于晶闸管能承受的电压和电流容量仍然是目前电力电子器件中最高的，而且工作可靠，因此在大容量的应用场合仍然具有比较重要的地位。

晶闸管是 PNPN 四层半导体结构，它有三个极：阳极 A、阴极 K 和门极 G，如图 1-4 所示。晶闸管具有硅整流器件的特性，能在高电压、大电流条件下工作，且其工作过程可以控制，被广泛应用于可控整流、交流调压、无触点电子开关、逆变及变频等电子电路中。

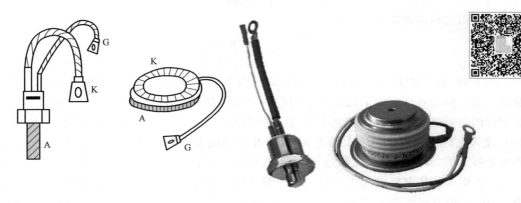

图 1-4 普通晶闸管的基本结构

1.2.2 晶闸管的工作原理及特性

1. 晶闸管的工作原理

晶闸管的工作原理如图 1-5 所示。

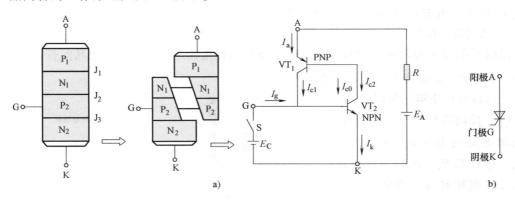

图 1-5 晶闸管的工作原理
a）等效图 b）符号

晶闸管是四层三端器件，它有 J_1、J_2、J_3 三个 PN 结，可以把它中间的 NP 分成两部分，构成一个 PNP 型晶体管和一个 NPN 型晶体管的复合管。

当晶闸管承受正向阳极电压时，为使晶闸管导通，必须使承受反向电压的 PN 结 J_2 失去阻挡作用。图 1-4 中每个晶体管的集电极电流同时就是另一个晶体管的基极电流。因此，两个互相复合的晶体管电路，当有足够的门极电流 I_g 流入时，就会形成强烈的正反馈，造成两晶体管饱和导通。

设 PNP 型管和 NPN 型管的集电极电流相应为 I_{c1} 和 I_{c2}；发射极电流相应为 I_a 和 I_k；电流放大系数相应为 $a_1 = I_{c1}/I_a$ 和 $a_2 = I_{c2}/I_k$，设流过 J_2 结的反相漏电电流为 I_{c0}，晶闸管的阳极电流等于两管的集电极电流和漏电流的总和：

$$I_a = I_{c1} + I_{c2} + I_{c0} \quad 或 \quad I_a = a_1 I_a + a_2 I_k + I_{c0} \tag{1-2}$$

若门极电流为 I_g，则晶闸管阴极电流为

$$I_k = I_a + I_g$$

从而可以得出晶闸管阳极电流为

$$I_a = \frac{I_{c0} + a_2 I_g}{1 - (a_1 + a_2)} \tag{1-3}$$

硅 PNP 型管和硅 NPN 型管相应的电流放大系数 a_1 和 a_2 随其发射极电流的改变而急剧变化。当晶闸管承受正向阳极电压，而门极未受电压的情况下，$I_g = 0$，$(a_1 + a_2)$ 很小，故晶闸管的阳极电流 $I_a \approx I_{c0}$，晶闸管处于正向阻断状态。当晶闸管在正向阳极电压下，从门极 G 流入电流 I_g，由于足够大的 I_g 流经 NPN 型管的发射结，从而提高其电流放大系数 a_2，产生足够大的集电极电流 I_{c2} 流过 PNP 型管的发射结，并提高了 PNP 型管的电流放大系数 a_1，产生更大的集电极电流 I_{c1} 流经 NPN 型管的发射结。这样强烈的正反馈过程迅速进行。当 a_1 和 a_2 随发射极电流增加而 $(a_1 + a_2) \approx 1$ 时，式中的分母 $1 - (a_1 + a_2) \approx 0$，因此提高了晶闸管的阳极电流 I_a。这时，流过晶闸管的电流完全由主回路的电压和回路电阻决定，晶闸管已处于正向导通状态。

在晶闸管导通后，$1 - (a_1 + a_2) \approx 0$，即使此时门极电流 $I_g = 0$，晶闸管仍能保持原来的阳极电流 I_a 而继续导通。晶闸管在导通后，门极已失去作用。

在晶闸管导通后，如果不断减小电源电压或增大回路电阻，使阳极电流 I_a 减小到维持电流 I_H 以下，由于 a_1 和 a_2 迅速下降，当 $1 - (a_1 + a_2) \approx 1$ 时，晶闸管恢复阻断状态。

2. 晶闸管的伏安特性

晶闸管阳极 A 与阴极 K 之间的电压与晶闸管阳极电流之间的关系称为晶闸管伏安特性，如图 1-6 所示。正向特性位于第一象限，反向特性位于第三象限。

（1）反向特性　当门极 G 开路，阳极加上反向电压时，J_2 结正偏，但 J_1、J_3 结反偏。此时只能流过很小的反向饱和电流，当电压进一步提高到 J_1 结的雪崩击穿电压后，同时 J_3 结也击穿，电流迅速增加，如图 1-6 的特性曲线 OR 段开始弯曲，弯曲处的电压 U_{RO} 称为"反向转折电压"。此后，晶闸管会发生永久性反向击穿。

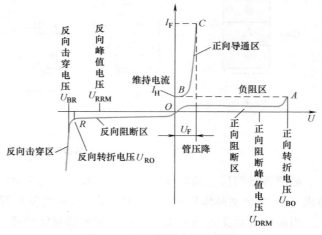

图 1-6　晶闸管伏安特性曲线

（2）正向特性　当门极 G 开路，阳极 A 加上正向电压时，J_1、J_3 结正偏，但 J_2 结反偏，这与普通 PN 结的反向特性相似，也只能流过很小电流，这叫正向阻断状态，当电压增加，如图 1-6 的特性曲线 OA 段开始弯曲，弯曲处的电压 U_{BO} 称为"正向转折电压"。当阳极电压继续增加到图中的 U_{BC} 时，J_2 结被反向击穿，阳极电流急剧上升，特性曲线突然由 A 点跳到 B 点，晶闸管处于导通状态，称为"正向转折电压"。晶闸管导通以后电流很大而管压降只有 1V 左右，此时的伏安特性与二极管的正向特性相似，如图中的 BC 段，称为正向导通特性。

1.2.3　晶闸管的种类

晶闸管按其关断、导通及控制方式可分为普通晶闸管（SCR）、双向晶闸管（TRIAC）、逆导晶闸管（RCT）、门极关断晶闸管（GTO）、BTG 晶闸管、温控晶闸管（国外为 TT，国内为 TTS）和光控晶闸管（LTT）等多种。

晶闸管按其引脚和极性可分为二极晶闸管、三极晶闸管和四极晶闸管。

晶闸管按其封装形式可分为金属封装晶闸管、塑封晶闸管和陶瓷封装晶闸管三种类型。其中，金属封装晶闸管又分为螺栓形、平板形、圆壳形等多种；塑封晶闸管又分为带散热片型和不带散热片型两种。

晶闸管按电流容量可分为大功率晶闸管、中功率晶闸管和小功率晶闸管三种。通常，大功率晶闸管多采用陶瓷封装，而中、小功率晶闸管则多采用塑封或金属封装。

晶闸管按其关断速度可分为普通晶闸管和快速晶闸管。快速晶闸管包括所有专为快速应用而设计的晶闸管，有常规的快速晶闸管和工作在更高频率的高频晶闸管，可分别应用于 400Hz 和 10kHz 以上的斩波或逆变电路中。

1.2.4　晶闸管的正常工作条件及技术参数

晶闸管在工作过程中，它的阳极（A）和阴极（K）与电源和负载连接，组成晶闸管的主电路，晶闸管的门极 G 和阴极 K 与控制晶闸管的装置连接，组成晶闸管的控制电路。

晶闸管为半控型电力电子器件，它的工作条件如下：

1）晶闸管承受反向阳极电压时，不管门极承受何种电压，晶闸管都处于反向阻断状态。

2）晶闸管承受正向阳极电压时，仅在门极承受正向电压的情况下晶闸管才导通。这时晶闸管处于正向导通状态，这就是晶闸管的闸流特性，即可控特性。

3）晶闸管在导通情况下，只要有一定的正向阳极电压，不论门极电压如何，晶闸管就保持导通，即晶闸管导通后，门极失去作用。门极只起触发作用。

4）晶闸管在导通情况下，当主回路电压（或电流）减小到接近于零时，晶闸管关断。

1.3　微电子电路

微电子电路指的是模拟电子电路和数字电子电路。这两种电子电路是分立的电子元器件组成的，且都已经集成化、模块化。

1.3.1 模拟电子电路简介

模拟电子电路在应用上最基本的原理是半导体电子元器件的放大特性。

1. 放大电路

半导体三极管都具有放大电子信号的功能。只要使它们工作在放大区，即构成电子放大器。其中，晶体管能构成"共发射极放大电路""共集电极放大电路"和"共基极放大电路"。场效应晶体管能构成"共源极放大电路""共漏极放大电路"和"共栅极放大电路"。

这里所说的"共"，即三极管的某一极为输入、输出回路公有。以该公有点为一极，构成三极管的输入/输出工作回路。

单级放大电路的放大能力有限。为了增强放大功能，放大器一般是由多级组成的，其上下级间是以耦合的方式连接的。耦合是指上、下级电路的技术参数相互匹配，损耗最小，效果最好，级间的干扰最少。

级间耦合的方式分为直接耦合、阻容耦合和变压器耦合。

2. 运算放大电路

运算放大电路由三级电路组成。实用的三级运算放大电路分别为差动放大电路作输入级，共射放大电路作中间级，互补型跟随电路作输出级。

半导体电子元器件对温度非常敏感。当放大电路采用直接耦合时，会因环境温度变化而使晶体管的工作点随之变化，产生漂移，称为温漂。要抑制温漂，则采用差动放大电路。

差动放大电路由参数相同、性能一样的两只半导体管子构成，输入能量使用同一个电源，但输入信号却以相反的极性接入。由于输入极性的差别，输出亦随之产生"差动"，称之为差动放大电路。

选用型号相同、参数相同的两只半导体管子，以相反极性输入信号，是以牺牲一只管子的功能为代价，互补式地消除温漂，来稳定工作点。

为了进一步抑制温漂和提高放大电路的工作性能，一般采用如下技术措施：

1）采用不同的恒流源电路，如镜像恒流源、微电流恒流源、多电流恒流源，可进一步抑制温漂。

2）采用复合管，提高 β 值。

3）采用二极管和电阻构成限幅电路，做输入保护。

4）采用限制电源电流的方法，作输出端对地短路保护。

5）采用稳压管作输出保护。

3. 反馈电路

由于控制上的需要，调整输入信号保持在某一状态（或者说定值），是技术上采取的一种措施。即信号输入放大电路后，又从输出端返回输入端，称为反馈。

反馈过程中，若输入端信号得到加强，称为正反馈。若输入端信号受到削弱，称为负反馈。

应用中证明，负反馈能稳定放大倍数，稳定输出电压，稳定输出电流，改善非线性失真，改善信噪比，提高交流性能及展宽频带。在这些方面，正反馈都不如负反馈。所以，负反馈电路是运算放大电路中最常用的基础电路。

负反馈电路具有上述不可置疑的优点，亦存在如下缺点：当引入负反馈时，可能使运算放大电路产生自激振荡。

自激振荡是指引入负反馈后，在放大电路输入端不加信号，输出端也会出现某一频率和幅值波形的信号，称为自激振荡。抑制自激振荡可采取电容滞后补偿、RC 滞后补偿、密勒效应（Miller effect）补偿或超前补偿等措施。

反馈放大电路由信号源、求和电路、放大电路、采样电路和反馈电路组成。反馈放大后，将控制信号输送给负载。其中，放大电路的输出端通过采样电路与反馈电路连接；放大电路的输入端通过求和电路与反馈电路连接。

当反馈电路与采样电路是并联连接，与求和电路亦是并联连接时，称为电压并联负反馈。电压并联负反馈适用于电流求和方式来控制输入信号。当反馈电路与采样电路也为并联连接时，但与求和电路为串联连接时，称为电压串联负反馈。电压串联负反馈适用于电压求和方式来控制输入信号。

一种最重要、最常用的模拟电子电路是差动放大负反馈电路，它集差动放大和负反馈的优点于一体，成为运算电路的基础及其他模拟电子电路的核心。

4. 运算电路

差动放大负反馈电路与电阻，或与电容，或与二极管的组合，能构成各种运算电路，如比例、加减、积分、微分、对数、指数以及乘除运算电路。

（1）比例电路　将信号按比例放大的电路，称为比例电路。比例电路是由差动放大负反馈电路和电阻构成的。

比例电路按输入信号极性来分，可分为同相比例电路和反相比例电路。凡输出和输入端的极性相同，称同相比例电路。凡输出和输入端的极性相反，称反相比例电路。同相比例电路和反相比例电路分别具有如下特性：

1）在反相比例电路中，有时输入端与地之间处于等电位，这时，将输入端称为虚地点。

2）在反相比例电路中引入负反馈，则构成电压串联型的比例电路，是电压求和连接方式。

3）同相比例电路的输入端不能与地构成等电位关系。

4）同相比例电路可构成电压跟随器。此电压跟随器容易产生自激振荡，要采取补偿措施加以抑制。

5）差动放大负反馈能产生"虚短"和"虚断"现象。当差动放大负反馈电路处于深度负反馈时，会出现"两个输入端之间电压几乎为零"或"两个输入端电流几乎为零"的现象。前者称为虚短，但不是短路。后者称为虚断，但不是断开。

利用虚地、虚短和虚断的概念来分析电路，思路会更清晰，更符合电路实际状态。前边所说的深度反馈是反馈过程中，使输入信号的值等于或接近零。

（2）加减运算电路　输出电压与若干个输入电压之和或之差成比例关系的电路称为加减运算电路。其中，加法运算电路是由运算放大电路与电阻构成的。加法电路又称求和电路。求和电路又分为反相求和电路和同相求和电路。

在反相比例电路的等电位点接几个电阻的一端，电阻的另一端各加一个电压信号，即构成反相求和电路。其输入输出极性相反。

在同相比例电路的同相端并联几个电阻，电阻的另一端加同一个电压信号，即构成同相求和电路。其输入输出极性相同。

反相求和电路与同相求和电路合并可构成加减运算电路，此电路为单运放加减运算电路。若两级单运放加减运算电路合并，则构成双运放加减运算电路。

（3）积分电路　把反相比例电路中的反馈电阻换成电容，即构成积分电路。因为电容两端的电压与它的电流构成积分关系。

积分电路输入的是正弦波信号，当电路工作在线性范围内时，可使输出电压移相90°。积分电路亦可把电压积分转换为时间积分。

积分电路具有上述特性功能，它亦存在非线性误差、高频误差、控制中的爬行现象及泄漏现象，在实际应用中要采取措施加以解决。

（4）微分电路　微分是积分的逆运算。把积分电路中的电容与电阻的位置对换，即构成基本微分电路。

微分电路抗干扰性能差，容易产生自激振荡。尤其是反馈电压可能超过运放的最大输出电压，严重时可能使微分电路无法工作。

（5）对数运算电路　将反相比例电路中的反馈电阻换成二极管，即构成基本的对数运算电路。

对数运算电路的运算精度易受温度影响，控制小信号时误差较大，并且在电流较大时误差亦较大。

（6）指数运算电路　指数是对数的逆运算。将对数运算电路中的二极管和电阻位置对换，即构成基本指数运算电路。实用的指数运算电路由运放电路和对数电路构成，比如反函数型指数运算电路。

由于电路中有半导体二极管，因此指数运算电路亦存在容易受温度影响的弊病。

（7）乘除运算电路　将比例电路、加减电路、对数电路以及指数电路按一定规律组合，可构成各种形式的乘除运算电路。比如，对数乘法电路、对数除法电路。

对数乘法电路：两个对数运算电路输入电压 U_x、U_y，然后，将输出电压送给指数运算电路，进行反对数运算后，输出电压就是 U_x 与 U_y 的乘积。

常用的乘除运算电路是按输入电压值所处象限分类。当乘除运算电路输入的两个电压都为正值，或都为负值，或正、负值交替，称为四象限乘除运算电路。当乘除运算电路输入的两个电压，其一为正或为负，另一个只能是单极性的，称其为两象限乘除运算电路。当乘除运算电路的两个输入电压均为某一种极性，称为单象限乘除运算电路。

乘除运算电路功能很强，能解决倍频、调制、压控增益等问题。它们存在的最大缺点是运算精度较差，应采用"恒流源、双管双电源"等措施加以解决。

5. 精密放大电路

在精度要求比较高的控制系统中，要把较小的弱信号按一定倍数精确地放大，且要抗干扰性能好、噪声小、误差小、稳定性好，这种电路称为精密放大电路。

6. 滤波电路

滤波是将无用频段的信号衰减滤除，让有用频段的信号顺利地在电路中传输，参与控制。

滤波电路是由电感和电容，或电阻和电容组成的。其原理是：电感的感抗与频率成正比，电容的容抗与频率成反比，二者组合的电路对某些频率的波段信号有衰减作用，而让另一频段的信号通过，从而起到滤波作用。

滤波分为有源滤波和无源滤波。由晶体管一类有源（必须为其提供工作电源）器件和 RC 元件组成的滤波电路，称为有源滤波电路；由电感（或电阻）与电容一类无源（不必提供工作电源）元件组成的滤波电路，称为无源滤波电路。

在电子电气设备中，多数使用的是有源滤波电路。有源滤波电路分为 LPF、HPF、BPF、BEF 和 APF 型滤波电路。

（1）LPF（低通滤波）　由 LC（或 RC）网络与同相比例电路组成。为增强其功能，可组成多级 LPF。LPF 只允许低频中某一频段信号通过，将其他高、低频信号衰减滤除。

（2）HPF（高频滤波）　将 LPF 中的电容换成电阻，电阻换成电容，组成 RC 网络，再与同相比例电路组合而成。为增强其功能，亦可组成多级 HPF。HPF 只允许高频中某一频段信号通过，将其他高频和低频信号衰减滤除。

（3）BPF（带通滤波）　将 LPF 和 HPF 电路相串联构成 BPF。多级 BPF 由多级 LPF、HPF 与同相比例电路组成。BPF 具有设定的上、下限截止频率，即有固定的通带宽度。BPF 只允许通带带宽内的频段信号通过，其他频段信号一律衰减滤除。

（4）BEF（带阻滤波）　将 LPF 和 HPF 电路相并联构成 BEF。常用的多为无源的 LPF 和 HPF 相并联，构成无源 BEF，再与同相比例电路组合，构成有源 BEF。BEF 由阻带、过渡带和通带组成，以阻带为中心，将过渡带和通带对称地排列在阻带两侧，只允许通带频段信号通过。

（5）APF（全通滤波）　由 RC 网络与同相比例电路组成，实质上没有起滤波作用，它允许所有频段信号通过。但它使所有的正弦波信号改变了相位，故称为移相电路。

7. 振荡电路

为了产生高速脉冲、时间脉冲以及达到选频的目的，则用电子元器件构成振荡电路。常用的振荡电路是正弦波振荡电路。

正弦波振荡电路由放大电路、反馈网络和选频网络组成，且多数将反馈与选频网络结合在一起。

正弦波振荡电路分为 RC 串并联式正弦波振荡电路、LC 正弦波振荡电路和石英晶体正弦波振荡电路。其中 LC 正弦波振荡电路又分为变压器反馈式、电感三点式和电容三点式振荡电路。

（1）RC 串并联式正弦波振荡电路　RC 串并联式正弦波振荡电路由 RC 串并联网络和同相比例放大电路组成。

（2）LC 正弦波振荡电路

1）LC 正弦波振荡电路中，变压器反馈式振荡电路由 LC 网络、晶体管和变压器组成，如图 1-7 所示。LC 网络作为晶体管集电极的负载，起选频作用，变压器二次侧 N_2 实现反馈，N_3 将产生的正弦波送给负载实施控制。

2）电感三点式正弦波振荡电路由带抽头的电感与电容组成 LC 网络（图 1-8），且与晶体管组成电感

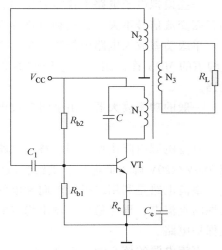

图 1-7　变压器反馈式振荡电路

三点式振荡电路。LC 网络作为晶体管的负载，起选频作用，电感中间抽头反馈，且通过电感线圈 N_3 将产生的正弦波送给负载，实施控制。

3）如图 1-9 所示，电容三点式与电感三点式的电路基本相同，只是把电感三点式中的 N_1、N_2 换成 C_1、C_2，电容换成电感 L。LC 并联网络作为晶体管集电极的负载，起选频作用和反馈作用。通过变压器二次侧将产生的正弦波送给负载。

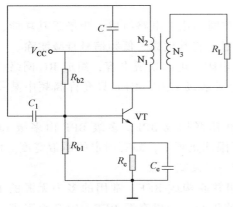

图 1-8　电感反馈式振荡电路

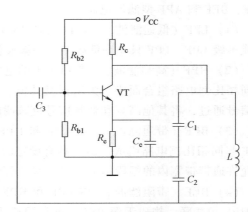

图 1-9　电容反馈式振荡电路

（3）石英晶体正弦波振荡电路　石英晶体正弦波振荡电路由石英晶体（二氧化硅结晶体）与电容并联构成。

石英晶体具有压电效应。将石英晶体薄片两面镀银后，引出两个电极，加上电源。在电压作用下，晶片产生机械变形。当在晶体两侧施加机械压力时，在晶片相应的方向上就产生电场，这种物理现象称为压电效应。因此，在晶片两极加交变电压，晶片产生机械振动的同时，又产生交变电场。当交变电压为某一特定频率时，晶片的机械振幅明显加大，产生压电谐振，则以谐振频率输出。

石英晶体正弦波振荡电路应用广泛。如时钟脉冲，被广泛应用于数字控制系统中。

8. 功率放大电路

一些模拟电子电路不仅需要反馈、滤波，还要向负载提供足够大的功率，并要求其输入的正弦交流信号不失真，这种电路称为功率放大电路。

单级功率放大电路由低频（NPN 型）和高频（PNP 型）两只晶体管（或两只 N 沟道和 P 沟道的 MOS 管）组成。它们的参数对称、正负电源相同，构成双向跟随互补功率放大电路。

一般的功率放大器是由多级功放电路、偏置电路、保护电路以及互补输出电路组成。

9. 直流电源电路

直流电源由降压变压器、整流电路、滤波电路、稳压电路组成。其中，降压变压器将交流 380V/220V 降为低电压，供给整流电路。

整流电路是利用二极管单向导电的特性，将交流电转换为脉动直流电，经滤波变成近于线性的直流电，再经稳压，输出稳定的直流电。为防止电路过电流，直流电源设有限流和截流保护电路。

直流电源的核心元件是硅二极管，用其可构成单相或三相整流电路。在单相或三相电路中，可组成半波整流、倍压整流和全波整流，其选择由负载的技术要求确定。

1.3.2　数字电路基础

数字电子电路在应用上最基本的原理是二极管和三极管的开关特性。

给二极管加正向电压导通，加反向电压截止。加正向电压导通后，将输入端的电位钳制在输出端，此为二极管开关特性。

晶体管由发射结和集电结形成放大、截止和饱和区，并引出基极、集电极和发射极。当在共射极电路中的基极和发射极间加一个负电源，发射结和集电结都处于反向电压作用下（反偏），晶体管可靠地截止，集电极与发射极之间如同断开的开关。当在信号源与基极之间串联一个较大的电阻，使基极在一般信号作用下无信号输入。但是，当信号源加一个幅度足够大的脉冲，在瞬间，信号通过放大区，使晶体管从截止翻转到饱和状态。此时，发射结和集电结都处于正向电压作用下（正偏），晶体管完全导通。集电极与发射极之间如同一个无触点的开关，此为晶体管的开关特性。

场效应晶体管（MOS）的电路中，当输入电压小于开启电压时，D-S 间呈高阻；当输入电压大于开启电压时，D-S 间呈低阻。MOS 则呈现断开、导通的开关状态。

以晶体管、二极管的开关特性为基础，构成基本逻辑门电路、复合门电路、组合逻辑电路、时序逻辑电路、脉冲波形的产生和整形电路、触发器、存储器和 A/D、D/A 转换器等数字电子电路。

逻辑门电路是数字电子电路最基本的单元电路，用它构成各种数字电路时，必须明确其逻辑规律。

门电路的输入和输出信号是二进制的数字信号，都是用电平（或叫电位）的高低来表示。若规定高电平为"1"，低电平为"0"，则称为正逻辑。若规定低电平为"1"，高电平为"0"，则称为负逻辑。使用逻辑门电路必须明确其是遵循正逻辑，还是遵循负逻辑。如果没有明确规定，则遵循正逻辑。对于一个开关管，高电平"1"时导通，低电平"0"时截止，属正逻辑。

1. 基本逻辑门电路

基本逻辑门包括与门、或门和非门。

（1）与门　与门是由几只二极管构成的，它们的负极为输入端，正极接在一起为输出端。其输出端接正电源时，输入端为低电平时，因正、负极间电位差较大而导通，将输入端的低电平钳制在输出端，其他二极管输出端则为低电平，承受反偏而截止，如图 1-10 所示。

当它们的输入端同时为高电平"1"时，输出端为"1"。当它们的输入端同时为低电平"0"时，输出端为"0"。

（2）或门　或门亦是由几只二极管构成的，它们的正极为输入端，它们的负极接负电源。当它们的输入端有一个或几个都为高电平时，承受正偏而导通，且将高电平钳制在输出端，输出端为"1"，如图 1-11 所示。

或门又有同或和异或之分。其中，同或：输入端状态相同，才有输出；异或：输入端状态不同时才有输出。有输出时，输出端为"1"。

（3）非门　由晶体管构成的门电路，晶体管输入端与输出端之间的相位总是相反的，输入输出体现"非"的关系，故称非门，或称反相器，其原理如图 1-12 所示。

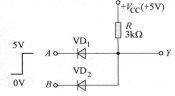

图 1-10　与门原理图

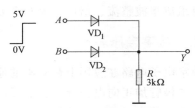

图 1-11　或门原理图

双极型的晶体管能组成非门，单极型的场效应晶体管（MOS）亦能组成非门。

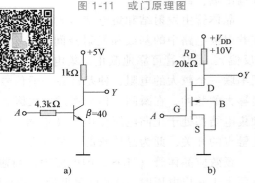

图 1-12　非门原理图

a）晶体管构成的非门

b）场效应晶体管构成的非门

2. 复合门电路

复合门电路包括"与非门""或非门""与或门""三态门""传输门"，它们是复合型门电路。其中，与非门是最常用的复合门电路，以它为基础能组成各种逻辑电路。

（1）与非门　与非门是与门和非门构成的。其中，有 TTL 与非门、HTL 与非门、NMOS 与非门和 CMOS 与非门。

（2）或非门　或非门是或门与非门构成的，有 TTL 或非门、CMOS 或非门。

（3）与或非门　与或非门是由与门、或门和非门组合而成，以便适应逻辑控制过程中信号状态变换，组成需要的编码。

（4）三态门　三态门由与非门和带控制端的控制电路组成。该电路有输入、输出和控制端三端，输出端的状态由控制端决定。三态门可分为 TTL 三态门和 CMOS 三态门。

1）TTL 三态门。TTL 三态门由与非门和控制电路组成。无论是与非门还是控制电路都由晶体管组成，故称 TTL 三态门。

2）CMOS 三态门。CMOS 三态门通过在 CMOS 与非门电路上加一对附加管（一个 P 沟道 MOS 管，一个 N 沟道 MOS 管）组成，实现高电平、低电平和高阻三态控制。也可以用或非门或传输门构成三态门。三态门广泛应用在总线控制系统中，用来传输逻辑信号。

（5）传输门　传输门（TG）多数用 MOS 管组合而成。其中，P 沟道 MOS 管和 N 沟道 MOS 管互补构成传输门。

两只 MOS 管，其源极相连作输入端，漏极相连作输出端，栅极相连作控制端，构成传输门。CMOS 反相器和 CMOS 传输门按规律组合可构成触发器、寄存器、计数器等各种复杂的逻辑电路。

3. 组合逻辑电路

组合逻辑电路由门电路组成。它们能实现各种逻辑功能，如编码、译码、数据选择、数据比较等功能。

（1）编码器　执行编码功能的电路称为编码器。编码就是对不同的电平信号赋予特定的含义，并用二进制代码"1"和"0"表示，按一定规则将它们编成代码。

用二极管矩阵或者用与非门构成二进制编码器、二—十进制编码器。在与非门编码器电路中，加入控制电路和选通端，可构成带选通端的优先编码器。加上扩展端则可扩展编码功能。

编制的二进制代码可应用于 PC 和 PLC 等数字处理系统中。

（2）译码器　执行译码功能的电路称为译码器。译码是编码的逆过程。译码是将每一组二进制代码的特定含义翻译出来。

用二极管矩阵或与非门电路都可以构成译码器。二进制译码器输入的是一组二进制代码，输出的是一组高低电平信号。二—十进制译码器输入的是 BCD 码，输出的则是一组高低电平信号。

在 PC、PLC 数字处理系统中，既需要编码，又需要译码。在信号处理传输中，尤其输出控制负载时，必须将二进制编码译为控制用的电平信号。

（3）数据选择器　从若干数字信号中将需要的信号挑选出来，这种功能的逻辑电路称为数据选择器。用 TTL 与非门、与或非门可构成数据选择器。用 CMOS 反相器和传输门亦可构成数据选择器。

在与非门选择器电路中加入控制门电路和控制端 S，能控制选择器的工作状态和扩展其功能。数据选择器一般用于选择信息存储的地址。

（4）数值比较器　比较两个数字或多个数字大小的逻辑电路称为数值比较器。数值比较器由与非门电路构成。可构成一位数值比较器、四位数值比较器、八位数值比较器。数值比较器一般应用在 PC 或 PLC 的数字系统中。

4. 触发器

数字电路的输出状态需要采用外部信号（CLK）的触发而改变的逻辑电路称为触发器。

触发器按触发方式可分为电平触发器、边沿触发器和脉冲触发器；按其功能分为 R-S 触发器、J-K 触发器、D 触发器和 T 触发器等；按其结构分为主-从触发器和维持-阻塞触发器；按其极性可分为双极性触发器和单极性触发器。

利用触发器可以构成时序逻辑电路，如寄存器、计数器等。

5. 时序逻辑电路

如果某一数字电路在任一时刻的输出，不仅与此时刻输入端原来的状态有关，还与时间顺序有关，此电路称为时序逻辑电路。

典型的时序逻辑电路，如寄存器和计数器，它们由组合逻辑电路和具有存储功能的记忆元件组成。

（1）寄存器　一个触发器记忆一位二进制数，n 个触发器则能记忆 n 位二进制数。当它们与组合电路相配合，则构成各种寄存器，如并行寄存器、移位寄存器等。

并行寄存器：并行输入、并行输出的寄存器，简称并行寄存器。它由基本 R-S 触发器和与非门电路组成。

移位寄存器：寄存器中的数据参加运算时，需要向左或向右移位，具有移位功能，称移位寄存器。移位寄存器由链型连接的触发器组成。移位寄存器有串行输入-单向移位寄存器、串并行输入-单向移位寄存器和双向移位寄存器。

其中串行输入-单向移位寄存器由若干 D 触发器组成。每个 D 触发器的输出端都接到下一级 D 触发器的输入端，共同受同一个移位脉冲 CP 的控制。

（2）计数器　记忆脉冲数目的电路称为计数器。所有的计数器都是由触发器与组合电路相互配合构成的。计数器的种类很多。按脉冲作用方式分为同步计数器和异步计数器。按进位制可分为二进制计数器、十进制计数器和 N 位计数器。按计数功能分为加法计数器、减法计数器和可逆计数器等。

1.4 电力电子电路

晶体闸流管是构成电力电子电路的主要器件，适用于大电流、高电压的场合，既适用于直流，又适用于交流，在电路中作整流、逆变、调频、调压及电路开关元件。晶体闸流管以硅管为主，简称硅晶闸管或晶闸管。

1.4.1 晶闸管整流电路

常用的晶闸管整流电路有单相半控整流电路、单相全控桥式整流电路、三相半控桥式整流电路、三相全控桥式整流电路和带平衡电抗器的双反星形整流电路等。

1. 单相半控整流电路

单相半控整流电路只有一只晶闸管，如图 1-13 所示。

在电源电压正半周，晶闸管承受正向电压，在 $\omega t = \alpha$ 处触发晶闸管，晶闸管开始导通；负载上的电压等于变压器输出电压 u_2。在 $\omega t = \pi$ 时刻，电源电压过零，晶闸管电流小于维持电流而关断，负载电流为零。

在电源电压负半周，$u_{VT} < 0$，晶闸管承受反向电压而处于关断状态，负载电流为零，负载上没有输出电压，直到电源电压 u_2 的下一周期，直流输出电压 u_d 和负载电流 i_d 的波形相位相同。

通过改变触发延迟角 α 的大小，直流输出电压 u_d 的波形发生变化，负载上的输出电压平均值发生变化，显然 $\alpha = 180°$ 时，$u_d = 0$。由于晶闸管只在电源电压正半波内导通，输出电压 u_d 为极性不变但瞬时值变化的脉动直流，故称"半波"整流。

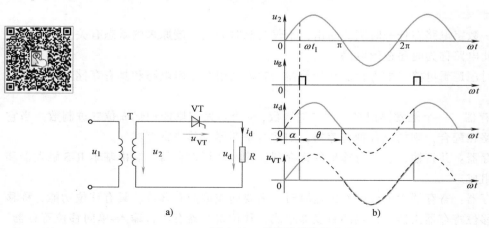

图 1-13　单相半控整流电路
a）电路图　b）波形图

2. 单相全控桥式整流电路

单相全控桥式整流电路用四只晶闸管，其中两只晶闸管接成共阴极，另两只晶闸管接成共阳极，每一只晶闸管是一个桥臂。单相全控桥式整流电路如图 1-14 所示。

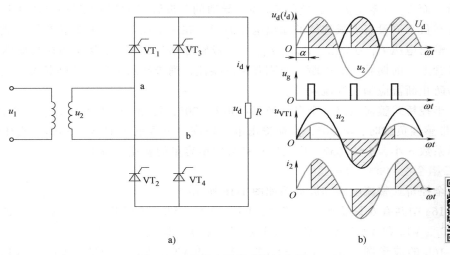

a) b)

图 1-14 单相全控桥式整流电路

a) 电路图 b) 波形图

3. 三相半控桥式整流电路

三相半控桥式整流电路和波形图如图 1-15 所示。

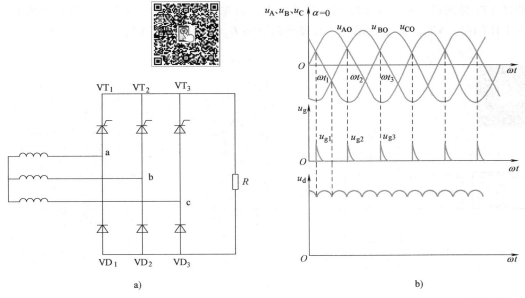

a) b)

图 1-15 三相半控桥式整流电路和波形图

a) 电路图 b) 波形图

图 1-15a 中 3 只晶闸管共阴极，3 只二极管共阳极。每一相晶闸管和二极管正向串联，构成三相半控桥。

图 1-15b 三相半控桥是在自然换相点 $\omega t_1 \sim \omega t_3$ 处，触发脉冲使共阴极组中正向电压最高的晶闸管导通，同时，正向电压使对应相电压最低电位差最大的共阳极组中的二极管导通，

构成线电压（U_{ab}、U_{ac}、U_{bc}、U_{ba}、U_{ca}、U_{cb}）工作回路。但是，由于正向电压过零时，VT自动关断，而U_2过零变负时，负的U_2通过导通的二极管向VT施加反向电压使其过零时换相，因此在负半周没有形成连续的输出电压波形。在一个周期内，只在正半周形成6个脉动方形波，输出电压U_d为U_{AO}、U_{BO}、U_{CO}。二极管导通后，将U_2反向加在其他两相的晶闸管和二极管上，前期导通的关断，与刚开通的换流，尚未导通的保持关断状态。当带感性负载时，为防止断流应加装续流元件。

三相半控桥式整流电路三个自然换相点相差120°，每隔120°换相一次。带阻性负载时，$\alpha<30°$，带感性负载时，$\alpha>30°$，直流输出电压较高，负载电压$U_d = 2.34U_2$，变压器利用率高，脉动系数S小，$S = 0.057$，广泛应用在大中型容量的整流设备上。

4. 三相全控桥式整流电路

三相全控桥式整流电路和波形图如图1-16所示。

图1-16a中共有6只晶闸管。其中，VT_1、VT_3、VT_5共阴极，VT_4、VT_6、VT_2共阳极。VT_1和VT_4、VT_3和VT_6、VT_5和VT_2分别正向串联，构成三相全控桥。

图1-16b的波形图示出，VT_1和VT_6、VT_1和VT_2；VT_3和VT_2、VT_3和VT_4；VT_5和VT_4、VT_5和VT_6，每隔60°有一对导通，其他两对关断，且进行换流。每一个周期有6个输出，形成6个脉动系数较小的线电压包络线。当带阻性负载时，触发晶闸管的触发延迟角$\alpha = 0$。

1）在第1个自然换相点ωt_1处，VT_1正向电压最高，VT_6正向电压为负值最低，触发脉冲使VT_1导通后，VT_6与VT_1间电位差最大，也在正向电压作用被触发导通，构成U_{ab}线电压工作回路。VT_1、VT_6导通后，通过共阴极将U_2反向作用在VT_5、VT_3上，保持关断。

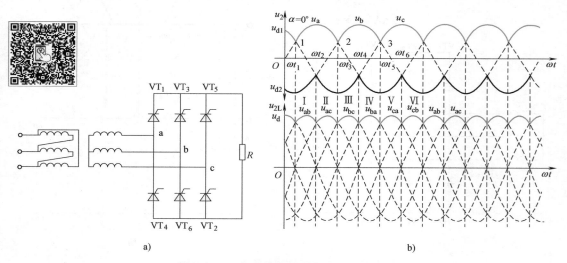

图1-16　三相全控桥式整流电路和波形图

a）电路图　b）波形图

2）在第2个自然换相点ωt_2处，VT_1正向电压仍最高，继续导通。VT_2上正向电压为负值最低，与VT_1间电位差最大，触发脉冲使VT_2导通，且通过共阳极将U_2反向加在VT_3、VT_5和VT_4、VT_6上，U_2过零时，VT_6关断且与VT_2换流，构成U_{ac}工作回路。

3）在第3个自然换相点ωt_3处，VT_3正向电压最高，触发脉冲使其导通，VT_2上电压仍为最低负值，与 VT_3 间电位差最大，保持导通。VT_3、VT_2 导通，通过共阴极将 U_2 反向加在 VT_1、VT_5 和 VT_4、VT_6 上，U_2 过零时，VT_1 关断且与 VT_3 换流，构成工作回路。

4）在第 4 个自然换相点 ωt_4 处，VT_3 正向电压仍最高，保持导通，此时 VT_4 的正向电压为负值最低，与 VT_3 间的电位差最大，触发脉冲使其导通。VT_4 导通后，通过共阴极使 VT_1 和 VT_5、VT_2 和 VT_6 承受反向电压，U_2 过零时关断且与 VT_4 换流构成工作回路。

5）在第 5 个自然换相点 ωt_5 处，VT_5 正向电压最高，触发脉冲使其导通。此时，VT_4 正向电压仍为负值最低，与 VT_5 间电位差最大，保持导通。VT_5 导通后，通过共阴极将 U_2 反向加在 VT_1 和 VT_3 及 VT_2 和 VT_6 上。在 U_2 过零时，VT_3 关断且与 VT_5 换流，构成 U_{ca} 工作回路。

6）在第 6 个自然换相点 ωt_6 处，VT_5 正向电压仍最高，继续导通。此时，VT_6 正向电压为负值最低，与 VT_5 间电位差最大。VT_5 导通，VT_6 承受正向电压，触发脉冲使 VT_6 导通。VT_5、VT_6 导通，通过共阴极将 U_2 反向加在 VT_1 和 VT_3 及 VT_4 和 VT_2 上。U_2 过零时，VT_4 关断且与 VT_6 换流，构成 U_2 工作回路。

三相全控整流每隔 60° 有一只晶闸管导通，每一个周期输出 6 个脉动波，脉动系数（S）较小。共阴极组和共阳极组在任一时刻都各有一只位于不同相的晶闸管导通，且进行换流，构成线间电压工作回路。该整流电路适用于要求动态特性好、快速性能好的不可逆电路。

5. 带平衡电抗器的双反星形整流电路

在需要低电压大电流的可控直流电源的工业生产中，例如十几伏、几千至几万安可调控的电解、电镀工艺，多数采用带平衡电抗器的双反星形整流电路。双反星形整流是使多个器件并联同时工作，提高了整流效率，满足了大电流工艺的需求。

带平衡电抗器的双反星形整流电路是在变压器二次侧每一相有两个或数个匝数相同而极性相反的绕组（a、-a；b、-b；c、-c）分别绕在同一相铁心上。变压器二次绕组的中性点通过平衡电抗器连在一起，两组（或数组）整流电路同时工作，加大了输出。

不带平衡电抗器时，双反星形整流电路就是一个六相半波整流电路，工作方式与三相半波整流电路相似，任一时刻只有一只器件导通，改善了输出直流电的脉冲系数，但效率低，每个器件工作电流为 $I_d/6$，导电时间短，电流峰值高。

带平衡电抗器组成双反星形整流电路后，变压器二次侧同一相两绕组匝数相同，极性相反，可消除铁心的直流磁化，降低损耗。平衡电抗器的电感保证了两组三相半波整流电路同时工作，每一组承担 1/2 的负载电流，与三相桥式相比，晶闸管数量相同，输出电流增大了一倍。但是，应该注意平衡电抗器产生的电感电流 i_p。6 只晶闸管的阴极连在一起，通过中性线两组星形自成回路，i_p 流不到负载中去形成环流（或称平衡电流）。无疑，此环流增大损耗，又对晶闸管工作不利，因此必须使平衡电抗器的电感 L_p 足够大，此环流必须小于负载额定电流 1%~2%。带平衡电抗器的双反星形整流电路和波形图如图 1-17 所示。

图 1-17a 中，在同一铁心柱上绕两个绕组，匝数相同，极性相反（A 相 a、-a；B 相 b、-b；C 相 c、-c），将低电压、大电流的晶闸管分为两组，接成两组共阴极。由平衡电抗器线圈的中心抽头与两组共阴极及负载 R 构成工作回路。双反星形整流电路就是两组三相并联的半波整流电路，两组相电压、相电流互差 180°，但两组相电流出现时刻不同。平衡电抗器电感 L_p 起到平衡两组并联输出电压之差的作用。

图 1-17 所示电路中，两组电路同时工作，负载电流 I_d 由 2 只器件分担，压降损耗小，

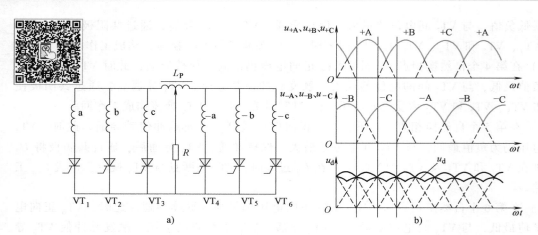

图 1-17　带平衡电抗器的双反星形整流电路和波形图

a）电路图　b）波形图

输出电流大。两组晶闸管工作状态如下：

VT_1、VT_5 导通，其他承受反向电压关断；VT_1、VT_6 导通，VT_6 与 VT_5 换流，其他承受反向电压关断；

VT_2、VT_6 导通，VT_1 与 VT_2 换流，其他承受反向电压关断；

VT_2、VT_4 导通，VT_6 与 VT_4 换流，其他承受反向电压关断；

VT_3、VT_4 导通，VT_2 与 VT_3 换流，其他承受反向电压关断；

VT_3、VT_5 导通，VT_4 与 VT_5 换流，其他承受反向电压关断；

VT_1、VT_5 导通，VT_3 与 VT_1 换流，其他承受反向电压关断。

双反星形整流输出电压当两组共 6 只晶闸管时，为 6 个脉动波，脉动波之间相差 60°。当晶闸管成倍增加时，输出脉动波则为 $6n$ 个，脉动波间相位角为 60°/n。这种电路因整流变压器绕组极性相反，直流安匝相互抵消，变压器铁心无直流磁化。

1.4.2　有源逆变电路

将直流电转变为交流电称为逆变。逆变分为有源逆变和无源逆变。被逆变的直流电的电源是交流电网经整流提供的称为有源逆变；被逆变的直流电是蓄电池一类的直流电源提供的称为无源逆变。有源逆变应用比较广泛，本节重点讨论有源逆变。

当逆变是通过可控器件实现时，又分为半可控逆变和全控逆变，半可控逆变是指用普通晶闸管实现的逆变。在变流过程中，只能控制晶闸管的开通，不能控制其关断，故称半可控。既能控制晶闸管的开通，又能控制其关断，则称全控。比如，采用门极关断（GTO）晶闸管、大功率晶闸管（GTR）、功率场效应晶体管（Power MOS）和绝缘栅双极型晶体管（IGBT）等的变流为全控变流。

1. 逆变的条件和过程

自然界中所有的变化都需要一定条件才能发生。逆变是电能的一种物理变化，能发生逆变的条件是要有直流电动势 e。e 是直流发电机-电动机系统处于发电状态产生的，其极性要与逆变器件导通方向一致，e 的值应大于直流侧的平均电压 $U_{d(av)}$。

逆变器件的触发延迟角 $\alpha > \pi/2$，逆变的触发延迟角范围为 $\pi/2 < \alpha < \pi$。逆变的一个重要

参数是逆变角 β，$\beta=\pi-\alpha$。逆变中的触发延迟角 α 和逆变角 β 间的不同点是：α 是在正半周自然换相点起向右的移相范围，β 是在负半周自然换相点起向左到逆变开始的角度，在 $25°\sim30°$ 之间，输出的电压 U_d 为负值。

（1）逆变的条件　逆变同整流一样需要触发脉冲，需要一定移相范围的触发延迟角。如果触发脉冲丢失或 α 值移相范围不合理，会使交流侧和直流侧变成顺极性串联，发生短路，造成逆变失败。为了保证逆变成功应做到以下几点：

1）触发脉冲稳定可靠，发出的脉冲标准及时，有足够的脉冲宽度和幅度，有足够的输出功率来触发器件导通。

2）在器件两端并联电容和电阻，或在直流侧串联限流电抗器，实施阻容过电压保护，防止 du/dt 过大，防止器件误导通。

3）半控桥或有续流二极管的电路，其整流输出电压 U_d 不能出现负值，直流侧也不允许出现负极性的电动势。因此，半控桥或有续流二极管的整流电路不能作为有源逆变电路，而全控桥适合作为有源逆变电路。

4）采用可逆整流电路。多数可逆整流采用无环流控制。在主电路加装均衡电抗器控制两组变流电路，一组加触发脉冲，另一组不加触发脉冲，两组轮流工作，不存在环流。加装均衡电抗器不仅能调节输出电压的大小，还能改变输出电压的极性。当需要给负载加反向电压时，用逻辑电路的置位或复位接通或关断脉冲来转换主电路。当采用有环流控制时，两组器件同时加触发脉冲，一组为 $\alpha<\pi/2$ 的整流状态，另一组为 $\alpha>\pi/2$ 的逆变状态，用均衡电抗器限制环流，使 $\alpha\geq\beta$ 来减小环流，不超出直流输出电流的 $5\%\sim10\%$。

5）防止交流电源断相或突然消失。一旦断相或失去与直流电动势 e 极性相反的交流电压，器件导通时会发生短路。

6）换流要有足够的移相裕量，不然，不成功的换流也会造成逆变失败。

7）防止过电压、过电流保护失效，致使 du/dt、di/dt 过高过大将器件损坏。

（2）逆变的过程　具备了逆变的条件，才能有的放矢地使电路发生有源逆变。其过程包括开通、关断和换流。

1）开通。在某一相位 ωt 处给器件阳极加正向电压，经一定的触发延迟角 α（包括 $\alpha=0$），给门极加触发脉冲，经过正向上升时间，器件正向电流达到饱和，器件被开通，输出矩形波的交流电。

2）关断。器件开通后，经一定的导通角 θ（一般 $\theta>\pi/2$），有时延续到负半周，因反向电压作用器件关断，可控器件关断有三种方式：自关断、强迫关断和自然换相关断。自关断是利用器件自身功能实现的，比如，选用全控型器件则能实现自关断。半控型器件只能控制其导通，不能控制其关断，对其则采用强迫关断。比如，采用换相电容的充放电实现器件的关断，此类关断最适用于无源逆变。交流电正负半周交替变换过程中，半控器件在自然换相点，即将关断器件的正向电压趋于零，在电压过零时对其施加反向电压使其关断，关断的同时又进行换流，称自然换相关断。自然换相关断工作可靠，控制元件造价低，在对大功率器件的控制中得到广泛应用。

3）换流。换流又称换相，是多相电路正常工作必备的条件。在多相电路中换流和关断是同时进行的。只有正常关断才能保证有效的换流。或者说，只有正常换流，才能使器件正常关断，从而保障电路正常工作。换流方式分为器件换流、电网换流、负载换流和强迫换流。

　　器件换流即利用全控器件的自然关断能力进行换流，如 MOSFET、IGBT、GTO、GTR 等全控器件都能依靠自身功能进行换流。

　　借助电网电压实现换流称电网换流。采用半控器件时通过相控把电网电压反向加在即将关断的器件上，使其关断的同时与刚开通的器件换流。电网换流适用于有源逆变。

　　由负载电路提供使器件关断的反向电压，关断的器件与刚开通的器件换流称负载换流。比如容性负载控制同步电动机的励磁电流呈容性，在负载放电时刻，通过导通器件将放电电压反向加在即将关断的器件上，使其关断的同时将负载电流转移到即将开通的器件上，实现换流。此种换流应有足够的时间裕量保证在负载电压过零时顺利换流。

　　强迫换流即把电压强行地反向加在将关断的器件上实现换流。强迫换流需附加换流电路，比如，通过电容或电容电感耦合电路为即将关断的器件提供反向电压，强迫其关断的同时进行换流。

　　2. 三相桥式可控有源逆变电路

　　常用的有源逆变电路包括单相可控桥式有源逆变电路、三相半波可控有源逆变电路、三相桥式可控有源逆变电路。

　　三相桥式可控有源逆变电路与波形图如图 1-18 所示。

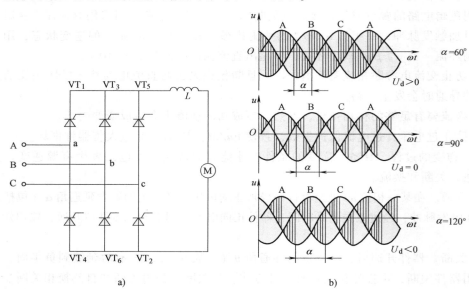

图 1-18　三相桥式可控有源逆变电路
a）电路图　b）波形图

　　在图 1-18a 中有 6 只晶闸管，VT_1、VT_3、VT_5 共阴极，VT_4、VT_6、VT_2 共阳极，通过共极点与续流电感 L、同步电动机 M 串联成线电压工作回路。

　　1）整流状态与三相桥式可控整流电路工作状态相同，形成 U_{ab}、U_{ac}、U_{bc}、U_{ba}、U_{cb}、U_{ca} 整流工作回路。

　　2）逆变状态。以 VT_1、VT_6 形成的 U_{ab} 工作回路为例，U_2 过零时，由正变负后，VT_6 形成的 U_{ab} 本应关断，但由于 L 阻止电流变化，因此 VT_1、VT_6 继续导通，输出电压为负值，使

M 反转发电，作用在 VT_1、VT_6 上，使其进入负半周逆变区，导通 60°，工作在逆变状态。

$\omega t_2 \sim \omega t_6$ 处，其他器件工作状态与上述情况相同，即："导通、关断、换流、续流、逆变"这一过程，6 只晶闸管每隔 60° 依次触发导通，就有 1 只在负半周进入逆变区，工作在逆变状态，将负载的直流电动势转变为交流电。

1.4.3　晶闸管变频电路

晶闸管变频应用最多的是交-交变频，即输入交流电，输出的也是交流电。但是，输出交流电的频率与输入交流电的频率相比，发生了变化，频率的变化是由于晶闸管阳极和门极所加的交流信号的相位周期性变化产生的，故称交-交变频。

交-交变频实际上既变换了电压（VV），又变换了频率（VF），可组成变压变频（VVVF）电路，称为 VVVF 装置或简称 VVVF。VVVF 的控制方式有两种。一种是 PAM 方式，另一种是 PWM 方式。

PAM 方式是把 VV 控制和 VF 控制分开完成，在把交流电整流为直流电的同时进行相控调压，然后，逆变为频率可调的交流电。即先变换电压幅值，后改变频率，这种 VVVF 控制称为脉冲幅值调制方式，英文缩写为 PAM。

PWM 方式是把 VV 控制和 VF 控制集中于逆变器上一起完成。即采用不可控整流，输出恒定直流电，然后由逆变器既完成变压又完成变频，这种控制方式称为脉冲宽度调制方式，英文缩写为 PWM。

PAM 是早期的变压变频方式。随着全控型快速器件 BJT、IGBT、GTO 等的研发，多数的 VVVF 采用 PWM 方式，而 PWM 由 PC（或 PLC）通过软件程序控制生成，其优点不言而喻。整流不需要控制，简化了电路，全波整流替代了相控整流，提高了输入端的功率因数，降低了高次谐波对电网的影响，减少了低次谐波使电动机产生的谐波损耗和噪声，降低了谐波对电网的污染。由于采用 PC 或 PLC 的软件程序控制生成的 PWM，因此提高了智能性和自动化水平。晶闸管三相交-交变频电路如图 1-19 所示。

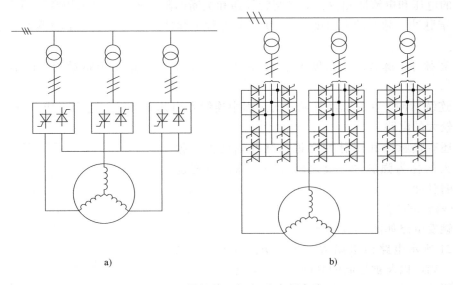

a)　　　　　　　　　　　　　　b)

图 1-19　晶闸管三相交-交变频电路

图 1-19a 中，三组单相交-交变频的输出端接成星形，三相负载也是星形联结。三相负载的中性点不和变频器中性点接在一起，负载只引出三根线即可。由于三组单相交-交变频电路的输出接在一起，其电源进线就必须隔离，三组单相交-交变频器分别由三个变压器供电。

每一相交-交变频器又由两组反并联的器件组成，工作原理与单相晶闸管交-交变频电路相同。

图 1-19b 所示电路中采用了 36 只晶闸管，每一相 12 只，适用于大容量电动机调速系统。采用的晶闸管数量要根据电动机的容量决定。

1.4.4 晶闸管触发电路

晶闸管触发电路能够产生具有一定能量的控制信号，用来触发晶闸管导通，使电压或电流发生突变。典型的触发电路有阻容触发电路、稳压管触发电路、单结晶体管宽脉冲触发电路、电压零触发电路以及晶闸管脉冲放大触发电路。

晶闸管实施触发控制是通过脉冲信号实现的。脉冲是一种具有一定幅值和能量的控制信号，它是电压或电流瞬间突变产生的。标准的单脉冲波形如图 1-20 所示。

标准脉冲波形前沿要陡，后沿要缓，要有一定的幅度和能量（功率），实用中要根据负载特性决定其脉宽和功率的大小。脉冲波由上升沿（前沿）、高电平、下降沿（后沿）和低电平组成。

晶闸管能否可靠地导通，在触发功率确定的前提下决定的因素是脉宽。脉宽就是脉冲作用时间所对应的电气角（或用时间表示）。由

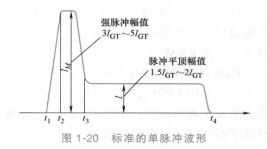

图 1-20　标准的单脉冲波形

于不同的负载对晶闸管导通、关断的阻碍作用不同，所需要的脉冲宽度是不一样的。比如，阻性负载的电压和电流同相位，对晶闸管导通和关断的阻力较小，可采用窄脉冲。

（1）窄脉冲　脉宽的电角度小于 10° 的脉冲称窄脉冲，适用于小功率的器件、小容量的电阻负载。

（2）宽脉冲　脉宽的电角度大于 60° 的脉冲称宽脉冲，适用于容量较大的器件、感性负载。

（3）连续脉冲　在对晶闸管触发的过程中连续发出几个脉冲，适用于功率较大的器件、感性负载较大的电路。

脉冲还有强脉冲和弱脉冲之说。脉冲幅度大、脉冲宽度也大的称为强脉冲。反之幅度小、脉冲宽度也小的称为弱脉冲。

1. 阻容触发电路

阻容触发电路如图 1-21 所示。

图 1-21 所示电路由电阻 R_1、R_2、R，电容 C，二极管 VD_1、VD_2 以及被控制的晶闸管 VT 组成。

从波形上，电压负半周（1 负 2 正）时，经 R、

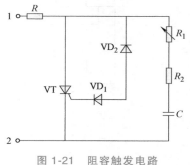

图 1-21　阻容触发电路

VD_2 向电容 C 反向充电至最大值，后经 R_1、R_2 向电容 C 正向充电，C 两端的电压值等于 VT 的触发电压时，经 VD_1 将该电压值加在 VT 的门极上。

调整 R_1 的阻值可以改变 C 的放电速度，即改变了触发延迟角 α 延迟的相位，达到移相触发的目的。R_1 增大，触发延迟角 α 增大，晶闸管移相导通范围减小，反之，晶闸管移相导通范围增大。VD_2 能防止过高的反向电容电压加在 VT 的门极上。

2. 晶闸管脉冲放大触发电路

晶闸管脉冲放大触发电路如图 1-22 所示。

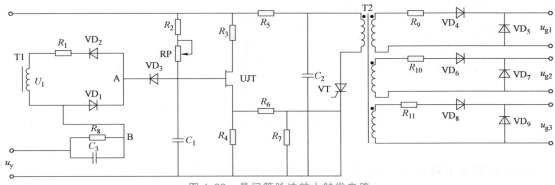

图 1-22　晶闸管脉冲放大触发电路

脉冲变压器二次侧有 3 个绕组，适应三相变流电路，该电路由同步开关、脉冲发生、脉冲放大和输出电路组成。

同步开关由 R_1、VD_2、VD_1 组成。同步电压负半周，VD_1 正偏导通，相当于 A、B 两点短路。稳压电源与控制电压 u_y 经 R_2—RP—VD_3—VD_1 和 R_8 形成工作回路，输出同步电压。同步电压在 R_2、RP 上产生的电压降确定了 C_1 充电的起始值，控制电压越大，C_1 充电的起始电压越大。不同的起始电压，产生的脉冲的相位不同，因此，R_2、RP 上产生的电压降和 C_1 的起始电压决定了 VT 的移相范围。也就是说，调整电压降和起始电压能达到移相的目的。所以，同步电压可调整电路工作参数。

同步电压正半周，VD_1 反偏截止，相当于 A、B 两点间开路，稳压电源通过 R_2、RP 对 C_1 充电至 UJT（单结晶体管）的峰点电压，UJT 立即导通，产生突变的脉冲，通过 R_4，又经 R_6、R_7 分压作用在 VT 的门极上，同时，经 R_5 给 C_2 预充电电压 U_2 将加在 VT 门极上的电压放大，加在脉冲变压器一次侧上，在其二次侧输出 3 组脉冲给三相主电路的晶闸管。

当晶闸管 VT 上电流小于它的维持电流时自行关断。

1.4.5　晶闸管保护电路

晶闸管是十分脆弱的电子器件，对环境温度十分敏感，尤其抵御过电压、过电流能力十分低下。而在电气电路中，发生过电压、过电流的概率十分高，时刻危及电气元件的安全运行。因此，采取有效的保护措施是不可或缺的技术手段。

1. 过电压保护

电气设备有两种过电压，一种是内过电压，另一种是外过电压。线路拉闸、合闸以及器件关断时的电磁过程引起的过电压称内过电压；由于雷电或电网浪涌电流造成的过电压称外过电压。

电气设备运行的实践证明，过电压会在电气线路的各个部位发生。从晶闸管变流电路来看，其交流侧、直流侧以及电路的各个元器件上都会发生过电压现象，严重者会酿成事故。交流侧过电压保护主要采用线性或非线性元件实施保护。如阻容元件过电压保护、硒堆过电压保护、压敏电阻过电压保护及器件过电压保护等。

（1）阻容元件过电压保护　晶闸管过电压阻容保护电路如图1-23所示。

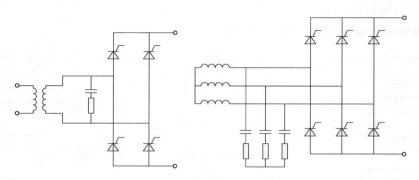

图1-23　晶闸管过电压阻容保护电路

图1-23所示电路主要是利用阻容元件对电压的吸收功能对过电压进行抑制。采取阻容保护可将操作过电压限制在器件正反向重复峰值电压以下，使浪涌电压限制在器件断态或反向不重复峰值电压以下。决定保护效果的条件是阻容元件的选取和阻容元件在电路中的连接方式。应十分注意，不同电路的阻容元件连接方式有明显区别。

（2）硒堆过电压保护　硒堆过电压保护电路如图1-24所示。

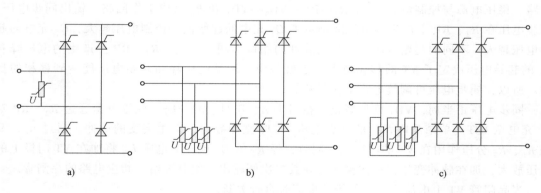

a)　　　　　　　　　　b)　　　　　　　　　　c)

图1-24　硒堆过电压保护电路

a）单相　b）三相星形联结　c）三相三角形联结

硒堆具有较陡的反向非线性特性，发生雷电侵入时，硒堆先被击穿，以抑制过电压的冲击，过电压后又恢复正常。

（3）压敏电阻过电压保护　压敏电阻又称金属氧化物非线性电阻，是一种半导体器件。体积小，损耗小，能承受较大的浪涌电流。其正反向都具有很陡的伏安特性，正常工作时漏电流很小。当遇到过电压时可通过高达数千安（kA）的放电电流，抑制过电压能力十分强。

（4）器件过电压保护　器件过电压保护电路如图1-25所示。

器件过电压是器件关断换相前，电路中电流过零时，由于L阻止电流的变化，使器件不

能及时关断换流。要想及时关断换流
必须给器件加反向电压，在反向电流
作用下，器件才能关断换流。在反向
电压作用下，反向电流减少的速度极
快，di/dt 很大，即使 L 很小，产生的
感应电动势 Ldi/dt 也可能达到工作电
压峰值的几倍，甚至超过器件反向不
重复峰值电压，造成关断过电压而反
向击穿。因此，在器件两端并联阻容
吸收装置抑制过电压，或在桥臂串接
电抗器。

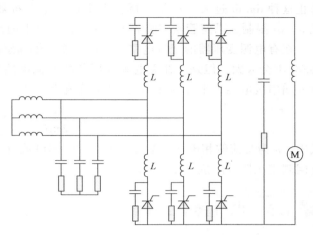

图 1-25　器件过电压保护电路

　　直流侧过电压保护，在如下几种
情况下，直流侧都可能产生过电压。
在感性负载电路中，直流电抗器在晶闸管通断时释能产生的感应电动势引起的浪涌电压，电
源侧或负载侧雷电侵入引起的浪涌电压，快速熔断器熔断、直流侧开关跳闸切断过载电流引
起的过电压以及变压器释能产生的过电压都能通过器件反映到直流侧。直流侧过电压保护电
路与交流侧相同。

　　2. 过电流保护

　　电子元器件过电流时间非常短（微秒或毫秒级）。为了适应这种快速响应特性，电子电
路多数采用快速熔断器作过电流保护。快速熔断器动作时间仅 2ms，全部断弧时间为 20 ～
30ms。在晶闸管电路中采用快速熔断器作短路保护，晶闸管击穿或逆变失败前动作，消除
短路电流对器件的冲击，起到很好的保护作用。如果在保护中断器与快速熔断器配合，应
使断路器先动作，而避免快速熔断。快速熔断器可安装在交流侧、直流侧或直接与器件
串联。

　　3. di/dt 的抑制

　　由于器件关断时换相电流或阻容保护中电容充放电产生 di/dt 过大，器件从阻断到导通
最初，主电流集中在门极附近，电流还来不及向整个 PN 结扩散，如果电流上升率 di/dt 过
快，可能使门极附近的 PN 结过热而击穿。因此，应该使晶闸管正向电流上升率小于通态电
流临界上升率。应采取如下措施：

　　1）在桥式电路每条桥臂上串联一个空心电抗器，电抗器的电感 L_s 通常取 20 ～ 30μH。
采用铁心电抗器时，L_s 可稍大些。

　　2）在晶闸管两端并联电阻来限制电容放电时的 di/dt。电阻值为

$$R = (1 \sim 3)\sqrt{2L_s/C} \tag{1-4}$$

式中，L_s 为桥臂上串联电抗器的电感值（μH）。

　　3）采用整流式阻容保护使电容器放电电流不流经晶闸管。

　　4. du/dt 的抑制

　　电网电压侵入引起过电压，或电源合闸以及晶闸管关断时会引起 du/dt 过大，在桥式电
路中晶闸管换相也能造成 du/dt 过大。晶闸管换相瞬间两相中两只晶闸管同时导通，器件上
的电压从原来的相电压上升为线电压，du/dt 很大，可能使即将关断的晶闸管误导通。为了

防止这种 du/dt 过大，在每个桥臂上串接一个电抗器，或利用 L、R、C 串联的滤波特性，把 du/dt 限制在晶闸管断态临界上升率 du/dt 以下的范围内。

在有电源变压器的变流电路中，由于变压器漏感的阻容吸收作用，电源电压突变产生的 du/dt 不会太大。但是，在无电源变压器的变流电路中，可能产生较大的 du/dt，应在电源输入端串接电感 L 来抑制 du/dt，其电感值为

$$L = \frac{u}{2\pi f i} U_k(\%) \tag{1-5}$$

式中，u 为交流侧相电压（V）；i 为交流侧相电流（A）；f 为电源频率（Hz）；U_k（%）为电网侧变压器的阻抗电压（V）。

1.5 电气控制线路图及图样标准

1.5.1 电气控制线路图的主要特点

1. 什么是电气控制线路图

电气控制线路是各种生产设备的重要组成部分。电气控制线路图是采用统一的图形和文字符号按照控制功能绘制的图样，它是电气工作人员的工程语言，也可以说控制线路图是设备动作的说明书，通过控制线路图能详细了解线路的工作原理。看懂电气控制线路图更便于对设备电路进行测试和寻找故障。为了生产设备的正常运行，并能准确、迅速地排除设备故障，电气工作人员必须熟悉电气系统的控制原理。

由于生产设备的种类繁多，各种电力拖动系统的控制方式和控制要求各不相同，因此掌握电气控制系统的基本分析方法是电工的基本技能。

2. 电气控制线路的基本组成

电气控制线路是由电源、负载、控制元件和连接导线组成的，能够实现预定动作功能的闭合回路。在电气控制线路中目前应用最广泛的是由各种有触点的电器（如接触器、继电器、按钮等）组成的控制线路，这样的电路也称为继电控制线路。图 1-26 所示是一个电动机顺序起动的控制线路的基本组成。

电气控制线路通常分为两大部分：主电路（又称为一次回路）和辅助电路（又称为二次回路）。

主电路：是电源向负载输送电能的电路，即发电→输电→变电→配电→用电能的电路，它通常包括了发电机、变压器、各种开关、互感器、接触器、母线、导线、电力电缆、熔断器、负载（如电动机、照明和电热设备）等。

辅助电路：是为了保证主电路安全、可靠、正常、经济合理运行而装设的控制、保护、测量、监视、指示电路，分别称为控制回路、保护回路、测量回路等，它主要是由控制开关、继电器、脱扣器、测量仪表、指示灯音响灯光信号设备组成。

3. 电气控制图的主要特点

电气控制线路图与其他的工程图样有着很大的区别，不像其他图样要标明元件或设备的具体位置和尺寸，而电气控制图只表明系统或装置的电气关系，所以它具有其独特的一面，电气控制图的主要特点如下：

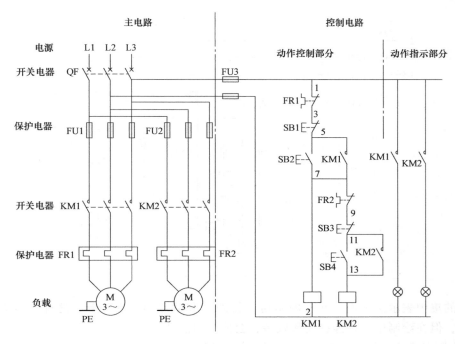

图 1-26　电气控制线路的基本组成

（1）必须关系清楚　电气控制图是用图形符号、连接线或简化外形来表示系统或设备中各组成部分之间相互电气关系和连接关系的一种图样，图中用文字符号表示出各个电气设备的名称、功能和电流方向及各个设备的连接关系和相互位置，但不需要给出具体的位置和尺寸。

（2）图样简洁明了　电气控制图是采用统一的电气元件或设备的图形符号、文字符号和连线表示的，没有必要画出电气元件的外形构造，所以对于电气系统构成、功能及连接等，采用统一的图形符号和文字符号来表示，这种采用统一符号绘制的电气控制图非常便于各地的电气工作人员的识读。

（3）功能布局合理　电气控制图的布局是依据控制需要表达的内容而定的，主要考虑便于了解电气元件之间的功能关系，突出设备的工作原理和操作的过程，并不需要考虑元件的实际位置，按照电气元件动作顺序和功能作用，从上至下，从左至右绘制，如图 1-27 所示。

1.5.2　电气控制线路图的表示方法

1. 电气控制图的表示

对于系统元件和连接线的描述方法的不同造成了电气控制图表示方法有多种形式，如电气元件可采用集中表示法、半集中表示法、分散表示法。

（1）元件表示法

1）集中表示法是把设备或成套装置中的一个项目的各个组成部分的图形符号在简图上绘制在一起的方法，它只适用于简单的控制图。图 1-28 所示为电流继电器和时间继电器的

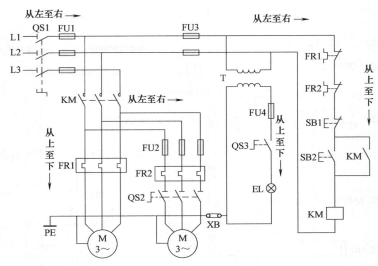

图 1-27 电气控制图布局

图形符号的集中表示法示例，元件的驱动（线圈）和触点连接在一起，这种表示方法动作分析明了，但在绘制中元件连接交叉较多，会使图面混乱。

2）分散表示法是把一个元件中的不同部分用图形符号，按不同功能和不同回路分开表示的方法，不同部分的图形符号用同一个文字符号表示，如图 1-29 所示。分散表示法可以避免或减少图中线段的交叉，可以使图样更清晰，而且给分析电路控制功能及标注回路标号带来方便，工作中使用的控制原理图一般是用分散表示法绘制的，如图 1-30 所示就是采用了分散表示法，表明电流互感器 TA 在电路中的连接和功能作用。

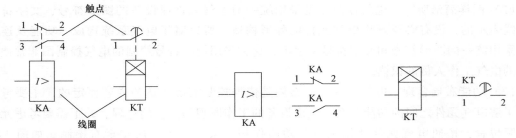

图 1-28　元件的集中表示法　　　　　　图 1-29　元件的分散表示法

3）半集中表示法是应用最广泛的一种电气控制图表示方法，这种表示方法对设备和装置的电路布局清晰，易于识别，把一个控制项目中的某些部分的图形符号用集中表示法，另一些部分则分开布置，并用机械连接线（虚线）表示它们之间的关系，称为半集中表示法，其中机械连接线可以弯曲、分支或交叉，如图 1-31 所示的笼型异步电动机可点动、正反转运行控制线路就是采用半集中表示法绘制的。

（2）连接线表示法

1）多线表示法：每根连接线或导线各用一条线表示的方法。其特点是能详细地表达各相或各线的内容，尤其在各相或各线内容不对称的情况下采用此法。

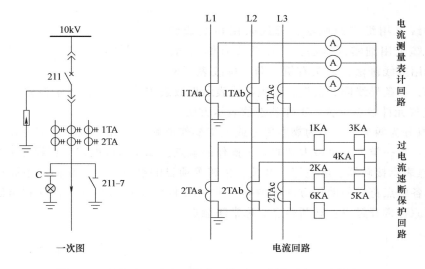

图 1-30 分散表示法表示的高压电流互感器二次回路接线图

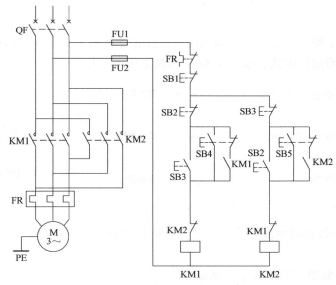

图 1-31 电动机点动、正反转运行控制线路图

2）单线表示法：两根或两根以上的连接线或导线只用一条线表示的方法。适用于三相或多线基本对称的情况。

3）混合表示法：一部分用单线，一部分用多线。其特点是兼有单线表示法简洁、精炼的特点，又兼有多线表示法对对象描述精确、充分的优点，并且由于两种表示法并存，变化灵活。

（3）图中导线连接点的表示 导线在图中的连接有"T"和"+"形两种，"T"形表示必须连接，连接点可以加实心圆点"·"，也可以不加实心圆点；对于"+"字形交叉连接则必须加实心圆点，否则表示导线交叉而不连接，如图1-32所示。

（4）导线画法的表示 在电气控制图中的线段有多种绘制方法，它们所表示的含义不同。

一般导线采用细实线画法，母线采用粗实线画法，明设电缆采用细实线画法，并在两头有倒三角，暗设电缆采用虚线画法，两头有倒三角，虚线表示两个触点联动，多条导线同时敷设时用短斜线表示根数或用数字（n）表示根数。

"T"形连接　　　"+"形连接

图 1-32　导线连接点的表示

（5）电气元件触点位置、工作状态的表示方法

1）触点分为两类，一类为靠电磁力或人工操作的触点，如接触器、继电器、开关、按钮等的触点；另一类为非电磁力和非人工操作的触点，如压力继电器、行程开关等的触点。

2）触点表示接触器、继电器、开关、按钮等项目的触点符号，在同一电路中，在加电和受力后，各触点符号的动作方向应取向一致。图 1-33 所示为触点的正确和错误画法，图中动合触点原称常开触点；动断触点原称常闭触点。

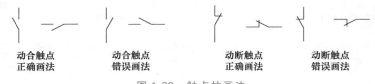

动合触点　　　动合触点　　　动断触点　　　动断触点
正确画法　　　错误画法　　　正确画法　　　错误画法

图 1-33　触点的画法

对非电和非人工操作的触点，必须用图形、操作器件符号及注释、标记和表格表示，在其触点符号附近表明运行方式，如图 1-34 所示是常用的操作形式。

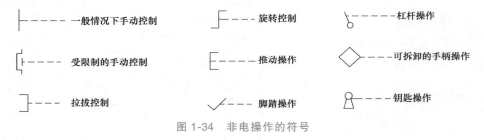

一般情况下手动控制　　　旋转控制　　　杠杆操作

受限制的手动控制　　　推动操作　　　可拆卸的手柄操作

拉拔控制　　　脚踏操作　　　钥匙操作

图 1-34　非电操作的符号

3）元件的工作状态的表示方法：元件、器件和设备的可动部分通常应表示在不工作的状态或位置。

① 继电器和接触器应在非得电的状态。

② 断路器、负荷开关和隔离开关应在断开位置。

③ 带有零位的手动控制开关应在零位位置，不带零位的手动控制开关应在图中规定的位置。

④ 机械操作开关的工作状态与工作位置的对应关系，一般应表示在其触点符号的附近或另附说明。事故、备用、报警等开关应表示在设备正常使用的位置，多重开闭器件的各组成部分必须表示在相互一致的位置上，而不管电路的工作状态如何。

2. 分析电气控制图的方法与步骤

识读电气控制图形的关键在于必须具有一定的专业知识，并熟悉电气图绘制的基本知识，熟知常用电气图形符号、文字符号和项目代号。

简单的电气控制原理图比较容易看懂，对于复杂的电气控制原理图，在阅读时需要遵循一定的原则和分析步骤，这样才能很好地理解图样中的意思。

一般的原则是：化整为零、顺藤摸瓜、先主后辅、集零为整、安全保护、全面检查。

采用化整为零的原则以某一电动机或电器元件（如接触器或继电器线圈）为对象，从电源开始，自上而下，自左而右，逐一分析其接通、断开关系。

（1）分析主电路　无论线路设计还是线路分析都是先从主电路入手。主电路的作用是保证机床拖动要求的实现。从主电路的构成可分析出电动机或执行电器的类型、工作方式，起动、转向、调速、制动等控制要求与保护要求等内容。

1）仔细阅读设备说明书、操作手册，了解设备动作方式、顺序，有关设备元件在电路中的作用。

2）对照图样和图样说明大体了解电气系统的结构，并结合标题栏的内容对整个图样所表述的电路类型、性质、作用有较明确认识。

3）识读系统原理图要先看图样说明。结合说明内容看图样，进而了解整个电路系统的大概状况，组成元件动作顺序及控制方式，为识读详细电路原理图做好必要准备。

4）识读集中式、展开式电路图要本着先看一次电路，再看二次电路，先交流后直流的顺序，由上而下、由左至右逐步顺序渐进的原则，看各个回路，并对各回路设备元件的状况及对主要电路的控制进行全面分析，从而了解整个电气系统的工作原理。

5）识读安装接线图要对照电气原理图，先一次回路，再二次回路顺序识读。

识读安装接线图要结合电路原理图详细了解其端子标志意义、回路符号。对一次电路要从电源端顺次识读，了解线路连接和走向直至用电设备端。对二次回路要从电源一端识读直至电源另一端。接线图中所有相同线号的导线原则上都可以连接在一起。

（2）分析辅助电路　辅助电路包括执行元件的工作状态显示、电源显示、参数测定、照明和故障报警等。这部分电路具有相对独立性，起辅助作用但又不影响主要功能。辅助电路中很多部分是受控制电路中的元件来控制的。

主电路各控制要求是由控制电路来实现的，运用"化整为零""顺藤摸瓜"的原则，将控制电路按功能划分为若干个局部控制线路，从电源和主令信号开始，经过逻辑判断，写出控制流程，以简便明了的方式表达出电路的自动工作过程。

（3）分析联锁与保护环节　生产机械对于安全性、可靠性有很高的要求，实现这些要求，除了合理地选择拖动、控制方案外，在控制线路中还设置了一系列电气保护和必要的电气联锁。在电气控制原理图的分析过程中，电气联锁与电气保护环节是一个重要内容，不能遗漏。

（4）总体检查　经过"化整为零"，逐步分析了每一局部电路的工作原理以及各部分之间的控制关系之后，还必须用"集零为整"的方法检查整个控制线路，看是否有遗漏。特别要从整体角度去进一步检查和理解各控制环节之间的联系，以达到正确理解原理图中每一个电气元器件的作用。

阅读电气控制原理图需要：

1）学习掌握一定的电子、电工技术基本知识，了解各类电气设备的性能、工作原理，并清楚有关触点动作前后状态的变化关系。

2）对常用常见的典型电路，如过电流、欠电压、过载、控制、信号电路的工作原理和动作顺序有一定的了解。

3）熟悉国家统一规定的电气设备的图形符号、文字符号、数字符号、回路编号规定及相关的国家标准。了解常用的外围电气图形符号、文字符号、数字符号、回路编号及国际电工委员会（IEC）规定的通用符号和物理量符号。

4）了解绘制二次回路图的基本方法。电气控制原理图中一次回路一般画在图样左侧，二次回路画在图样右侧。由上而下先画交流回路，再画直流回路。同一电器中不同部分（如线圈、触点）不画在一起时用同一文字符号标注。对接在不同回路中的相同电器，在相同文字符号后面标注数字来区别。

5）电路中开关、触点位置均在"平常状态"绘制。所谓"平常状态"是指开关、继电器线圈在没有电流通过及无任何外力作用时触点的状态。通常说的动合、动断触点都指开关电器在线圈无电、无外力作用时它们是断开或闭合的，一旦通电或有外力作用时触点状态随之改变。

1.5.3 电气图样标准

文字符号和图形符号表明各种电气设备、装置和元器件的专用符号，它简单明了，在各种电气图中应用，统一了对电气设备、装置和元器件的说明。

电气设备的文字符号与图形符号是为了便于设计人员的绘图与现场技术人员、维修人员的识读，必须按照我国已颁布实施的有关国家标准，用统一的文字符号、图形符号及画法来绘制电气图。并且要随时关注最新国家标准中有关电气元件的文字符号与图形符号的更新，以便及时调整。

目前我国颁布的相关标准有国家标准 GB/T 4728—2005～2018（《电气简图用图形符号》）、GB/T 5465—2008～2009（《电气设备用图形符号》）、GB/T 5094—2005～2018（《工业系统、装置与设备以及工业产品　结构原则与参照代号》）和 GB/T 20939—2007（《技术产品及技术产品文件结构原则　字母代码　按项目用途和任务划分的主类和子类》）以及行业标准 JB/T 2739—2015（《机床电气图用图形符号》）、JB/T 5872—1991（《高压开关设备电气图形符号及文字符号》）、JB/T 6524—2004（《电力系统继电器、保护及自动化装置电气简图用图形符号》）等，其中，国家标准 GB/T 4728 又分为 13 个部分，分别是：

GB/T 4728.1—2018 为一般要求；

GB/T 4728.2—2018 为符号要素、限定符号和其他常用符号；

GB/T 4728.3—2018 为导体和连接件；

GB/T 4728.4—2018 为基本无源元件；

GB/T 4728.5—2018 为半导体管和电子管；

GB/T 4728.6—2008 为电能的发生与转换；

GB/T 4728.7—2008 为开关、控制和保护器件；

GB/T 4728.8—2008 为测量仪表、灯和信号器件；

GB/T 4728.9—2008 为电信：交换和外围设备；

GB/T 4728.10—2008 为电信：传输；

GB/T 4728.11—2008 为建筑安装平面布置图；

GB/T 4728.12—2008 为二进制逻辑元件；

GB/T 4728.13—2008 为模拟元件。

最新的《电气设备用图形符号》国家标准 GB/T 5465 包括：

GB/T 5465.1—2009 为概述与分类；

GB/T 5465.2—2008 为图形符号。

表 1-1 列出了基本逻辑门电路的国家标准图形符号（GB/T 4728.12—2008）、国外流行图形符号和曾用图形符号。

表 1-1 基本逻辑门电路的国家标准图形符号

序号	名称	国家标准图形符号	国外流行图形符号	曾用图形符号
1	与门			
2	或门			
3	非门			
4	与非门			
5	或非门			
6	与或非门			
7	异或门			
8	同或门			
9	集电极开路与门			
10	缓冲器			
11	三态使能输出的非门			
12	传输门			

表 1-2 为根据 GB/T 4728《电气简图用图形符号》摘录的常用电气文字符号。表 1-3 是根据国家标准摘录的常用电气图形符号。

表 1-2　常用电气文字符号

序号	设备名称	文字符号	序号	设备名称	文字符号
1	发电机	G	43	频率表	PF
2	电动机	M	44	功率因数表	PPF
3	电力变压器	TM	45	指示灯	HL
4	电流互感器	TA	46	红色指示灯	HR
5	电压互感器	TV	47	绿色指示灯	HG
6	熔断器	FU	48	蓝色指示灯	HB
7	断路器	QF	49	黄色指示灯	HY
8	接触器	KM	50	白色指示灯	HW
9	调节器	A	51	继电器	K
10	电阻器	R	52	电流继电器	KA
11	电感器	L	53	电压继电器	KV
12	电抗器	L	54	时间继电器	KT
13	电容器	C	55	差动继电器	KD
14	整流器	U	56	功率继电器	KPR
15	压敏电阻器	RV	57	接地继电器	KE
16	开关	Q	58	气体继电器	KB
17	隔离开关	QS	59	逆流继电器	KR
18	控制开关	SA	60	中间继电器	KA
19	选择开关	SA	61	信号继电器	KS
20	负荷开关	QL	62	闪光继电器	KFR
21	蓄电池	GB	63	热继电器（热元件）	KH/FR
22	避雷器	F	64	温度继电器	KTE
23	按钮	SB	65	重合闸继电器	KRR
24	合闸按钮	SB	66	阻抗继电器	KZ
25	停止按钮	SBS	67	零序电流继电器	KCZ
26	试验按钮	SBT	68	接触器	KM
27	合闸线圈	YC	69	母线	W
28	跳闸线圈	YT	70	电压小母线	WV
29	接线柱	X	71	控制小母线	WC
30	连接片	XB	72	合闸小母线	WCL
31	插座	XS	73	信号小母线	WS
32	插头	XP	74	事故音响小母线	WFS
33	端子板	XT	75	预告音响小母线	WPS
34	测量设备	P	76	闪光小母线	WF
35	电流表	PA	77	直流母线	WB
36	电压表	PV	78	电力干线	WPM
37	有功功率表	PW	79	照明干线	WLM
38	无功功率表	PR	80	电力分支线	WP
39	电能表	PJ	81	照明分支线	WL
40	有功电能表	PJ	82	应急照明干线	WEM
41	插接式母线	WI	83	应急照明支线	WE
42	无功电能表	PJR			

表 1-3　常用电气图形符号

序号	图形符号	符号说明	序号	图形符号	符号说明
1		电阻器	12		可变电感器
2		可调电阻器	13		压电效应
3		压敏电阻器或变阻器	14		一个绕组
4		带滑动触点的电阻器	15		三个独立绕组
5		带滑动触点的电位器	16		直流串励电动机
6		电容器	17		直流并励电动机
7		极性电容器或电解电容器	18		三相笼型感应电动机
8		可调电容器	19		三相绕线转子感应电动机
9		线圈、绕组或电感器、扼流圈	20		动合(常开)触点
10		带磁心的电感器	21		动断(常闭)触点
11		带固定抽头的电感器	22		先断后合的转换触点

（续）

序号	图形符号	符号说明	序号	图形符号	符号说明
23		中间断开的转换触点	35		带自动释放功能的接触器
24		双动合触点	36		接触器的主动断触点
25		延时闭合的动合触点	37		断路器
26		延时断开的动合触点	38		隔离开关
27		延时断开的动断触点	39		驱动器件，继电器线圈
28		延时闭合的动断触点	40		缓慢释放继电器线圈
29		手动操作开关	41		缓慢吸合继电器线圈
30		自动复位的手动按钮开关	42		熔断器
31		无自动复位的手动旋转开关	43		熔断器开关
32		带动合触点的位置开关	44		熔断器式隔离开关，熔断器式隔离器
33		带动断触点的位置开关	45		无功电流表
34		接触器，接触器的主动合触点	46		电压表

（续）

序号	图形符号	符号说明	序号	图形符号	符号说明
47	var	无功功率表	53	n	转速表
48	cosφ	功率因数表	54	W	记录式功率表
49	φ	相位表	55	Wh	电度表（瓦时计）
50	Hz	频率计	56		接地
51		同步指示器	57		保护接地
52		示波器	58		保护等电位联结

习题与思考题

1-1　简述 PN 结的结构及其特性。

1-2　二极管的主要技术参数有哪些？

1-3　简述三极管的分类。

1-4　简述晶体管的结构。

1-5　双极型晶体管的主要技术参数有哪些？

1-6　单极型场效应晶体管的主要技术参数有哪些？

1-7　简述晶闸管的正常工作条件及技术参数。

1-8　晶闸管的正常导通条件是什么？晶闸管的关断条件是什么？如何实现？

1-9　晶闸管的导通条件是什么？导通后流过晶闸管的电流和负载上的电压由什么决定？

1-10　对晶闸管的触发电路有哪些要求？

1-11　正确使用晶闸管应该注意哪些事项？

1-12　一般在电路中采用哪些措施来防止晶闸管产生误触发？

1-13　常用的晶闸管整流电路有哪几种？

1-14 单相桥式全控整流电路和单相桥式半控整流电路接大电感负载，负载两端并接续流二极管的作用是什么？两者的作用是否相同？

1-15 单相桥式全控整流电路，$U_2 = 100\text{V}$，负载中 $R = 2\Omega$，L 值极大，当 $\alpha = 30°$ 时，要求：

（1）作出 u_d、i_d 和 i_2 的波形；

（2）求整流输出平均电压 U_d、电流 I_d、变压器二次电流有效值 I_2；

（3）考虑安全裕量，确定晶闸管的额定电压和额定电流。

1-16 使变流器工作于有源逆变状态的条件是什么？

1-17 什么是逆变失败？如何防止逆变失败？

1-18 变压变频（VVVF）电路的两种控制方式是什么？它们的控制过程分别是怎样的？

1-19 掌握基本逻辑门电路的国家标准图形符号。

1-20 掌握常用的电气文字符号。

1-21 掌握常用的电气图形符号。

第 2 章

低压电器及基本控制环节

继电接触器控制电路是由各种有触点的接触器、继电器、按钮、行程开关等组成的控制电路，其作用是实现对电力拖动的起动、正反转、制动和调速等运行性能的控制，实现对拖动系统的保护，满足生产工艺要求，实现生产加工自动化。任何复杂的电气控制电路都是由一些比较简单的基本环节按需要组合而成的。本章主要介绍常用低压电器及继电接触器控制电路的基本控制环节。

2.1 低压电器的作用与分类

电器是能够根据外界施加的信号或要求，自动或手动地接通和断开电路，从而断续或连续地改变电路参数或状态，以实现对电路或非电对象的切换、控制、保护、检测、变换以及调节的电工器械。低压电器通常指工作于额定电压交流 1200V 或直流 1500V 及以下的电器。

低压电器种类繁多，工作原理和结构形式也不同，但一般均有两个共同的基本部分：

一是感受部分，它感受外界的信号，并通过转换、放大和判断，做出有规律的反应。在非自动切换电器中，它的感受部分有操作手柄、顶杆等多种形式；在有触点的自动切换电器中，感受部分大多是电磁机构。

二是执行部分，它根据感受部分的指令，对电路执行"开""关"等任务。有的低压电器具有把感受和执行两部分联系起来的中间传递部分，使它们协同一致，按一定规律动作，如断路器类的低压电器。

低压电器在现代工业生产和日常生活中起着非常重要的作用。据一般统计，发电厂发出的电能有 80% 以上是通过低压电器分配使用的，每新增加 1 万 kW 发电设备，约需使用 4 万件以上各类低压电器与之配套。在成套电器设备中，有时与主机配套的低压电器部分的成本接近甚至超过主机的成本。在电气控制设备的设计、运行和维护过程中，如果低压电器元器件的品种规格和性能参数选用不当，或者个别器件出现故障，则可能导致整个控制设备无法工作，有时甚至会造成重大的设备或人身安全事故。

电器的种类很多，分类方法也很多。常见的分类方法如图 2-1 所示。

常用低压电器的分类如图 2-2 所示。

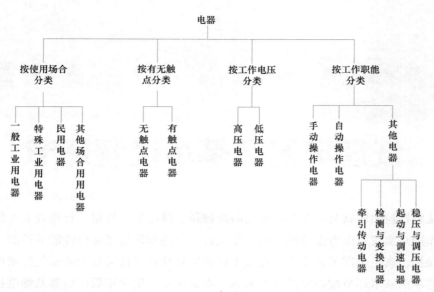

图 2-1　电器的分类

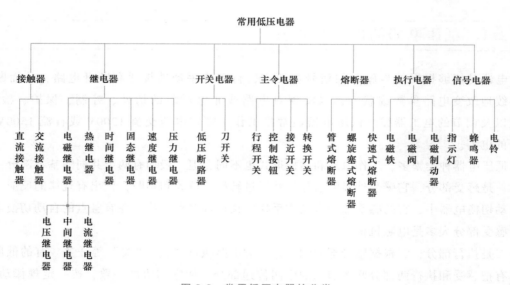

图 2-2　常用低压电器的分类

2.2　电磁机构与触点系统

各类电磁式低压电器在结构和工作原理上基本相同。从结构上来看，主要由两部分组成，即电磁机构（检测部分）和触点系统（执行部分）。

2.2.1　电磁机构

电磁机构是电磁式低压电器的关键部分，其作用是将电磁能转换成机械能。

1. 电磁机构的组成与分类

电磁机构由线圈、铁心和衔铁组成，其作用是通过电磁感应原理将电磁能转换成机械能，带动触点动作，完成接通和断开电路的操作。电磁式低压电器的触点在线圈未通电状态时有动合（常开）和动断（常闭）两种状态，分别称为动合（常开）触点和动断（常闭）触点。当电磁线圈有电流通过，电磁机构动作时，触点改变原来的状态，动合（常开）触点将闭合，使与其相连电路接通；动断（常闭）触点将断开，使与其相连电路断开。根据衔铁相对铁心的运动方式，电磁机构可分为直动式和拍合式两种。图2-3所示为直动式电磁机构，图2-4所示为拍合式电磁机构。拍合式电磁机构又包括衔铁沿棱角转动和衔铁沿轴转动两种。

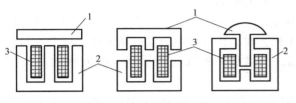

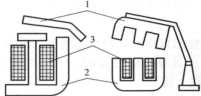

图2-3 直动式电磁机构　　　　　　　图2-4 拍合式电磁机构
1—衔铁　2—铁心　3—吸引线圈　　　　1—衔铁　2—铁心　3—吸引线圈

吸引线圈的作用是将电能转换为磁场能，按通入电流种类不同可分为直流线圈和交流线圈。直流线圈一般做成无骨架、高而薄的瘦高型，使线圈与铁心直接接触，以便散热。交流线圈由于铁心存在涡流和磁滞损耗，铁心也会发热。为了改善线圈和铁心的散热条件，线圈设有骨架，使铁心与线圈隔离，并将线圈制成短而厚的矮胖型。另外，根据线圈在电路中的连接形式，可分为串联型和并联型。串联型主要用于电流检测类电磁式电器中，大多数电磁式低压电器线圈都按照并联接入方式设计。为了减少对电路的分压作用，串联线圈采用粗导线制造，匝数少，线圈的阻抗较小。并联型为了减少电路的分流作用，需要较大的阻抗，一般线圈的导线细、匝数多。

2. 电磁吸力与反力特性

电磁线圈通电以后，铁心吸引衔铁带动触点改变原来状态进而接通或断开电路的力称为电磁吸力。电磁式低压电器在吸合或释放过程中，气隙是变化的，电磁吸力也将随气隙的变化而变化，这种特性称为吸力特性。电磁吸力是反映电磁式电器工作可靠性的一个非常重要的参数，电磁吸力可按式（2-1）计算，即

$$F = \frac{B^2 S}{2\mu_0} = \frac{10^7}{8\pi} B^2 S \qquad (2-1)$$

式中，μ_0 为空气磁导率（H/m），$\mu_0 = 4\pi \times 10^{-7}\mathrm{H/m}$；$F$ 为电磁吸力（N）；B 为气隙中磁感应强度（T）；S 为铁心截面积（m^2）。

因磁感应强度 B 与气隙 δ 的大小及外加电压的高低有关，所以，对于直流电磁机构，外加电压恒定时，电磁吸力的大小只与气隙 δ 的大小有关，即

$$I = \frac{U}{R} \qquad (2-2)$$

$$\Phi = \frac{IN}{R_\mathrm{m}} \tag{2-3}$$

式中，I 为线圈电流（A）；U 为外加电压（V）；R 为线圈的直流电阻（Ω）；N 为线圈匝数（匝）；Φ 为磁通（Wb）；R_m 为磁阻（H^{-1}）。

可见，对直流电磁机构，其励磁电流的大小与气隙无关，衔铁动作过程中为恒磁动作，电磁吸力随气隙的减小而增加，所以吸力特性曲线比较陡峭，如图 2-5 中曲线 1 所示。

但对于交流电磁机构，由于外加了正弦交流电压，在气隙一定时，其气隙磁感应强度也按正弦规律变化，即 $B = B_\mathrm{m}\sin\omega t$，所以吸力公式为

$$F = 10^7 S B_\mathrm{m}^2 B \sin^2 \frac{\omega t}{8\pi} \tag{2-4}$$

电磁吸力也按正弦规律变化，最小值为零，最大值为

$$F = 10^7 S B_\mathrm{m}^2 \tag{2-5}$$

对交流电磁机构，其励磁电流与气隙成正比，在动作过程中为恒磁通工作，但考虑到漏磁通的影响，其吸力随气隙的减小略有增加，所以吸力特性比较平坦，吸力特性曲线如图 2-5 中曲线 2 所示。

所谓反力特性是指反作用力 F_r 与气隙 δ 的关系曲线，如图 2-5 中曲线 3 所示。为了使电磁机构能正常工作，其吸力特性与反力特性配合必须得当。在衔铁吸合过程中，其吸力特性必须始终处于反力特性上方，即吸力要大于反力；反之，衔铁释放时，吸力特性必须位于反力特性下方，即反力要大于吸力（此时的吸力是由剩磁产生的）。在吸合过程中还需注意吸力特性位于反力特性上方不能太高，否则会因吸力过大而影响到电磁机构的寿命。

3. 交流电磁机构上短路环的作用

电磁吸力由电磁机构产生，当电磁线圈断电时使触点恢复常态的力称为反力，电磁式电器中反力由复位弹簧和触点产生，衔铁吸合时要求电磁吸力大于反力，衔铁复位时要求反力大于电磁吸力（此时是剩磁产生的电磁吸力）。当电磁吸力的瞬时值大于反力时，铁心吸合；当电磁吸力的瞬时值小于反力时，铁心释放。所以交流电磁机构在电源电压变化一个周期中电磁铁将吸合两次、释放两次，电磁机构会产生剧烈的振动和噪声，因而不能正常工作。为此，必须采取有效措施，以减小振动与噪声。

解决的具体办法是在铁心端面开一小槽，在槽内嵌入铜质短路环，如图 2-6 所示。加上

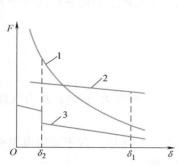

图 2-5 电磁铁吸力特性与反力特性

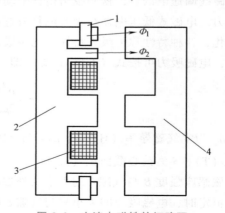

图 2-6 交流电磁铁的短路环

1—短路环 2—铁心 3—线圈 4—衔铁

短路环后，磁通被分为大小接近、相位相差约90°电角度的两相磁通 $\varPhi_1$ 和 $\varPhi_2$，因两相磁通不会同时过零，又由于电磁吸力与磁通的二次方成正比，故由两相磁通产生的合成电磁吸力变化较为平坦，使电磁铁通电期间电磁吸力始终大于反力，铁心牢牢吸合，这样就极大地减小了振动和噪声。一般短路环包围2/3的铁心端面。

2.2.2　触点系统

触点是电磁式电器的执行机构，电器就是通过触点的动作来接通或断开被控制电路的，所以要求触点导电、导热性能要好。电接触状态就是触点闭合并有工作电流通过时的状态，这时触点的接触电阻大小将影响其工作情况。接触电阻大时触点易发热，温度升高，从而使触点易产生熔焊现象，这样既影响工作的可靠性，又降低了触点的寿命。触点接触电阻的大小主要与触点的接触形式、接触压力、触点材料及触点的表面状况有关。触点的结构形式主要有两种：桥式触点和指形触点。触点的接触形式有点接触、线接触和面接触三种。

1. 触点的结构形式

图 2-7 所示为桥式触点结构，其中图 a、图 b 为桥式动合触点的结构。电磁式电器通常同时具有动合和动断两种触点，桥式动断触点与桥式动合触点的结构及动作对称，一般在动合触点闭合时，动断触点断开。图中静触点的两个触点串于同一条电路中，当衔铁被吸向铁心时，与衔铁固定在一起的动触点也随着移动，当与静触点接触时，便使与静触点相连的电路接通。电路的接通与断开由两个触点共同完成，触点的接触形式多为点接触和面接触形式。图 2-7c 所示为指形触点，触点接通或断开时产生滚动摩擦，能去掉触点表面的氧化膜。触点的接触形式一般为线接触。

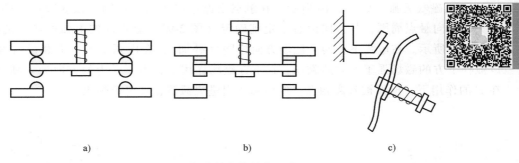

a)　　　　　　　　　b)　　　　　　　　　c)

图 2-7　桥式触点的结构形式

a)、b) 桥式动合触点　c) 指形触点

2. 触点的接触形式

触点的接触形式有点接触、线接触和面接触三种，如图 2-8 所示。点接触适用于电流不大，触点压力小的场合；线接触适用于接通次数多、电流大的场合；面接触适用于大电流的场合。

为了减小接触电阻，可使触点的接触面积增加，一般在动触点上安装一个触点弹簧。选择电阻率小的材料，材料的电阻率越小，接触电阻也越小。改善触点的表面状况，尽量避免或减少触点表面氧化物形成，注意保持触点表面清洁，避免聚集尘埃。

3. 灭弧原理及装置

触点在通电状态下，动、静触点脱离接触时，由于电场的存在，使触点表面的自由电子

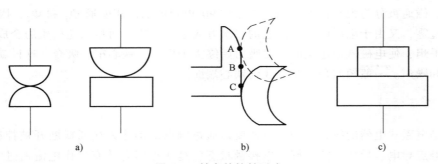

图 2-8　触点的接触形式

a）点接触　b）线接触　c）面接触

大量溢出，在强电场的作用下，电子运动撞击空气分子，使之电离，阴阳离子的加速运动使触点温度升高而产生热游离，进而产生电弧。电弧的存在既使触点金属表面氧化，降低电气寿命，又延长电路的断开时间，所以必须迅速熄灭电弧。

根据电弧产生的机制，迅速使触点间隙增加，拉长电弧长度，降低电场强度，同时增大散热面积，降低电弧温度，使自由电子和空穴复合（即消电离过程）运动加强，可以使电弧快速熄灭。使电弧与冷却介质接触，带走电弧热量，也可使复合运动得以加强，从而使电弧熄灭。常用的灭弧装置有以下几种。

（1）电动力吹弧　桥式触点在断开时具有电动力吹弧功能。当触点打开时，在断口中产生电弧，同时也产生如图 2-9 所示的磁场。根据左手定则，电弧电流要受到一个指向外侧的力 F 的作用，使其迅速离开触点而熄灭。这种灭弧方法多用于小容量交流接触器中。

（2）磁吹灭弧　如图 2-10 所示，在触点电路中串入吹弧线圈。该线圈产生的磁场由导磁夹板引向触点周围，其方向由右手定则确定（图 2-9），触点间的电弧所产生的磁场方向如 ⊕ 和 ⊙ 所示。在电弧下方两个磁场方向相同（叠加），在电弧上方方向相反（相减），所以弧柱下方的磁场强于上方的磁场。在下方磁场作用下，电弧受力的方向为 F 所指的方向，在 F 的作用下，电弧被吹离触点，经引弧角引进灭弧罩，使电弧熄灭。

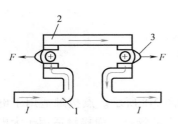

图 2-9　双端口结构的电动力吹弧效应

1—静触点　2—动触点　3—电弧

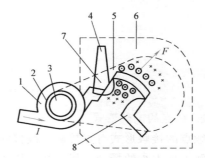

图 2-10　磁吹灭弧示意图

1—磁吹线圈　2—绝缘线圈　3—铁心　4—引弧角
5—导磁夹板　6—灭弧罩　7—静触点　8—动触点

（3）栅片灭弧　如图 2-11 所示，灭弧栅是一组薄钢片，它们彼此间相互绝缘。当电弧进入栅片时被分割成一段一段串联的短弧，而栅片就是这些短弧的电极，这样就使每段短弧上的电压达不到燃弧电压。同时，每两片灭弧片之间都有 150~250V 的绝缘强度，使整个灭弧栅的绝缘强度大大加强，以致外加电压无法维持，电弧迅速熄灭。此外，栅片还能吸收电弧热量，使电弧迅速冷却。基于上述原因，电弧进入栅片后就会很快熄灭。由于栅片灭弧装置的灭弧效果在电流为交流时要比直流时强得多，因此在交流电器中常采用栅片灭弧。

（4）窄缝灭弧　图2-12所示是利用灭弧罩的窄缝来实现的。灭弧罩内有一个或数个纵缝，缝的下部宽上部窄。当触点断开时，电弧在电动力的作用下进入缝内，窄缝可将电弧柱分成若干直径较小的电弧，同时可将电弧直径压缩，使电弧同缝紧密接触，加强冷却和去游离作用，可加快电弧的熄灭速度。灭弧罩通常用耐热陶土、石棉水泥和耐热塑料制成。

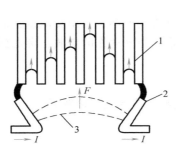

图 2-11　栅片灭弧示意图
1—灭弧栅片　2—触点　3—电弧

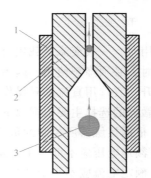

图 2-12　窄缝灭弧室的断面

🔖 2.3　接触器

接触器是一种可频繁地接通和断开电路的控制电器，主要用于电动机、电热设备、电焊机等设备的控制电路的接通与断开，在电力拖动自动控制线路中被广泛应用。

2.3.1　接触器的结构及工作原理

目前最常用的接触器是电磁接触器，它一般由电磁机构、触点与灭弧装置、释放弹簧机构、支架与底座等几部分组成，其结构如图2-13所示。工作原理是：当吸引线圈通电后，电磁系统即把电能转化为机械能，所产生的电磁力克服释放弹簧与触点弹簧的反力，使铁心吸合，并带动触点支架使动、静触点接触闭合。当吸引线圈断电或电压显著下降时，由于电磁吸力消失或过小，衔铁在弹簧反力作用下返回原位，同时带动动触点脱离静触点，将电路切断。

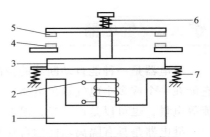

图 2-13　接触器结构示意图
1—铁心　2—线圈　3—衔铁　4—静触点
5—动触点　6—触点弹簧　7—释放弹簧

2.3.2　接触器的型号及主要参数

按主触点控制的电路中电流种类划分，接触器可分为交流接触器和直流接触器；按电磁机构的操作电源划分，则分为交流励磁操作和直流励磁操作的接触器两种。此外，接触器还可按主触点的数目分为单极、二极、三极、四极和五极等几种，直流接触器通常为前两种，交流接触器通常为后三种。

接触器的主要技术参数有：

1）电源种类：交流或直流。

2）主触点额定电压、额定电流。

3）辅助触点的种类、数量及触点的额定电压。

4）电磁线圈的电源种类、频率和额定电流。

5）额定操作频率，即允许每小时接通的最多次数。

2.3.3 接触器的选择与使用

选用时，一般交流负载用交流接触器，直流负载用直流接触器。当用交流接触器控制直流负载时，必须降额使用，因为直流灭弧比交流灭弧困难。频繁动作的负载，考虑到操作线圈的温升，宜选用直流励磁操作接触器。

接触器的选择主要依据以下几方面：

1）根据接触器所控制的负载性质选择，选择直流接触器或者交流接触器。

2）额定电压应不低于主电路的工作电压。

3）额定电流应不小于被控电路的额定电流。

4）吸引线圈的额定电压和频率要与所在控制电路所选用的电压和频率相一致。

接触器的额定电压、电流是指主触点的额定电压、电流。当控制电动机负载时，一般根据电动机容量 P_d 计算接触器的主触点电流 I_c，即

$$I_c \geqslant \frac{P_d \times 10^3}{K U_{nom}} \tag{2-6}$$

式中，K 为经验常数，一般取 $1 \sim 1.4$；P_d 为电动机额定功率（kW）；U_{nom} 为电动机额定电压（V）；I_c 为接触器主触点电流（A）。

2.4 继电器

继电器是一种能自动断续的控制元件。当输入量（或激励量）满足某些规定的条件时，它能在一个或多个电气输出电路中产生预定阶跃式变化。继电器的输入信号可以是电压、电流等电量，也可以是声、光、温度、速度、压力等非电量。

继电器是具有隔离功能的自动开关元件，它实际上是用小电流去控制大电流运作的一种"自动开关"，故在电路中起着自动调节、安全保护、转换电路等作用。它广泛地应用在电力保护、生产过程自动化及各种自动、远动、遥控、遥测和通信等自动化装置中，是现代自动化系统中最基本、最重要的电器元件之一。

2.4.1 继电器的结构及工作原理

继电器的结构及工作原理与接触器类似，主要区别在于：继电器可对多种输入量的变化做出反应，而接触器只有在电压信号下动作；继电器是用于切断小电流的控制电路和保护电路，而接触器用于控制大电流电路；继电器没有灭弧装置，也无主辅触点之分。

不论继电器的动作原理、结构形式如何千差万别，它们都是由感应机构、比较机构和执

行机构三部分构成的，如图 2-14 所示。其中，感应机构接收继电器的输入信号，并将信号转换为使继电器动作的物理量。例如电磁继电器的电磁机构、加速度继电器的配重块等；比较机构提供标准的比较控制量；执行机构则根据比较机构的结果产生输出动作，改变输出回路的电参数，例如继电器的接触系统。

图 2-14　继电器的工作原理框图

从电路的角度来看，继电器分为控制部分和被控部分。控制部分即输入回路，被控部分即输出回路。当继电器的控制部分的输入量达到一定值时，其输出回路的电参量就发生阶跃式的变化。

继电器具备两个特性：一是当输入量增加（减少）到某一定值时，继电器才能做出通或断的响应，并且在输入量继续增加（减少）或保持不变时，通或断的状态保持不变，只有在输入量减少（增加）到某一定值时，通或断的状态才能"跳跃式"地改变；二是输入参量与输出参量是相互隔离的，两者之间没有直接的电的联系。这就是继电器的继电特性，如图 2-15 所示。

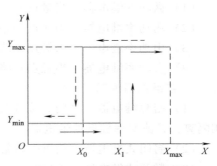

图 2-15　继电器的继电特性

2.4.2　继电器的分类和作用

无论是配电还是电控装置中，继电器都是一种辅助电器，起到控制和保护的辅助作用，它可分为控制继电器和保护继电器两大类。

对任何一种继电器而言，它是控制类还是保护类，并没有明显的界限之分。一般情况下，中间继电器、时间继电器在电路中多作为控制元件，而电流继电器、电压继电器等多作为保护类的起动元件。因此，对继电器的作用只能按照其在电路中的主导作用来确定是控制继电器还是保护继电器。

继电器的种类很多，结构不同，功能各异。

1. 按继电器的工作原理或结构特征分类

（1）电磁继电器　利用输入电路内电流在电磁铁铁心与衔铁间产生的吸力作用而工作的一种继电器。

（2）固体继电器　指电子元件履行其功能而无机械运动构件的，输入和输出隔离的一种继电器。

（3）温度继电器　当外界温度达到给定值时而动作的继电器。

（4）舌簧继电器　利用密封在管内，具有触电簧片和衔铁磁路双重作用的舌簧动作来开、闭或转换线路的继电器。

（5）时间继电器　当加上或除去输入信号时，输出部分需延时或限时到规定时间才闭合或断开其被控线路的一种继电器。

（6）高频继电器　用于切换高频、射频线路而具有最小损耗的继电器。

（7）极化继电器 由极化磁场与控制电流通过控制线圈所产生的磁场综合作用而动作的继电器。继电器的动作方向取决于控制线圈中流过的电流方向。

（8）其他类型的继电器 如光继电器、声继电器、热继电器、仪表系继电器、霍尔效应继电器、差动继电器等。

2. 按继电器的外形尺寸分类

（1）微型继电器 最长边尺寸不大于 10mm 的继电器。

（2）超小型继电器 最长边尺寸大于 10mm，但不大于 25mm 的继电器。

（3）小型继电器 最长边尺寸大于 25mm，但不大于 50mm 的继电器。

一般对于密封或封闭式继电器，外形尺寸为继电器本体三个相互垂直方向的最大尺寸，不包括安装件、引出端、压筋、压边、翻边和密封焊点的尺寸。

3. 按继电器的负载分类

（1）微功率继电器 当触点开路电压为直流 28V 时，额定电流小于 0.2A 的继电器。

（2）弱功率继电器 当触点开路电压为直流 28V 时，额定电流为 0.2~2A 的继电器。

（3）中功率继电器 当触点开路电压为直流 28V 时，额定电流为 2~10A 的继电器。

（4）大功率继电器 当触点开路电压为直流 28V 时，额定电流大于 10A 的继电器。

4. 按继电器的防护特征分类

（1）密封继电器 采用焊接或其他方法，将触点和线圈等密封在罩子内，与周围介质相隔离，是泄漏率较低的继电器。

（2）封闭式继电器 用罩壳将触点和线圈等封闭（非密封）加以防护的继电器。

（3）敞开式继电器 不用防护罩来保护触点和线圈等的继电器。

作为控制元件，概括起来，继电器具有如下几种作用：

（1）扩大控制范围 例如，多触点继电器控制信号达到某一定值时，可以按触点组的不同形式，同时换接、开断、接通多路电路。

（2）放大 例如，灵敏型继电器、中间继电器等，用一个很微小的控制量，可以控制很大功率的电路。

（3）综合信号 例如，当多个控制信号按规定的形式输入多绕组继电器时，经过比较综合，达到预定的控制效果。

（4）自动、遥控、监测 例如，自动装置上的继电器与其他电器一起，可以组成程序控制线路，从而实现自动化运行。

2.4.3 继电器的主要技术参数

根据继电器的结构原理不同，其技术参数有所差异，常见的电磁式继电器的主要参数有：

（1）额定工作电压 是指继电器正常工作时线圈所需要的电压。根据继电器的型号不同可以是交流电压，也可以是直流电压。

（2）直流电阻 是指继电器中线圈的直流电阻，可以通过万用表测量。

（3）吸合电流 是指继电器能够产生吸合动作的最小电流。在正常使用时，给定的电流必须略大于吸合电流，这样继电器才能稳定地工作。而对于线圈所加的工作电压，一般不要超过额定工作电压的 1.5 倍，否则会产生较大的电流而把线圈烧毁。

（4）释放电流 是指继电器产生释放动作的最大电流。当继电器吸合状态的电流减小到一定程度时，继电器就会恢复到未通电的释放状态，这时的电流远远小于吸合电流。

（5）触点切换电压和电流 是指继电器允许加载的电压和电流。它决定了继电器能控制电压和电流的大小，使用时不能超过此值，否则很容易损坏继电器的触点。

（6）动作时间 时间参数有吸合、释放时间，触点回跳和稳定时间，时间参数直接影响继电器的燃弧和触点寿命。各时间参数基本由设计时确定，可调整的地方有工作气隙、自由行程及触点参数。

2.4.4 常用继电器

下面介绍几种常用的继电器。

1. 电磁式继电器

由于电磁式继电器具有工作可靠、结构简单、制造方便、寿命长等一系列优点，故在电气控制系统中应用最为广泛。

电磁式继电器的结构如图 2-16 所示。电流继电器与电压继电器均属于电磁式继电器，二者的主要区别在于所监测的物理量不同，因此其线圈参数也不同，前者需要检测负载电流，一般线圈要与之串联，因而匝数少而线径粗，以减少产生的压降；后者需要检测负载电压，故线圈要与之并联，需要电抗大，故线圈匝数多而线径细。

中间继电器实质上是电压继电器的一种，但它的触点数多（多至 6 对或更多），触点电流容量大（额定电流 5～10A），动作灵敏（动作时间不大于0.05s）。其用途是当其他继电器的触点数或触点容量不够时，可借助中间继电器来扩大触点数或触点容量，起到中间转换作用。

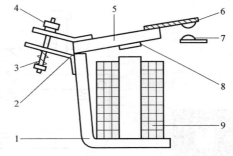

图 2-16　电磁式继电器的结构

1—铁心　2—旋转棱角　3—释放弹簧
4—调节螺母　5—衔铁　6—动触点
7—静触点　8—非磁性垫片　9—线圈

选用继电器须综合考虑继电器的通用性、功能特点、使用环境、额定工作电压及电流，同时还要考虑触点的数量、种类，以满足控制电路的要求。

2. 时间继电器

当感受部分接收外界信号后，经过设定的延时时间才使执行部分动作的继电器称为时间继电器。按延时的方式分为通电延时型、断电延时型和带瞬动触点的通电（或断电）延时型继电器等，对应的输入/输出时序关系如图 2-17 所示。

按工作原理划分，时间继电器可分为电磁式、空气阻尼式、模拟电子式和数字电子式等。随着电子技术的飞跃发展，后两种特别是数字电子式时间继电器以其延时精度高、调节范

图 2-17　时间继电器的时序关系

a）通电延时型　b）断电延时型

围宽、功能多、体积小等优点而成为市场上的主导产品。

选择时间继电器，主要考虑控制回路所需要的延时触点的延时方式（通电延时还是断电延时），以及各类触点的数目。根据使用条件选择品种规格。

3. 热继电器

热继电器是依靠电流流过发热元件时产生的热量，使双金属片发生弯曲而推动执行机构动作的一种继电器，主要用于电动机的过载保护、断相及电流不平衡运行的保护及其他电气设备发热状态的控制。

热继电器的工作原理如图 2-18 所示。热元件（双金属片）2 由膨胀系数不同的两种金属片压轧而成（设上层膨胀系数大）。当电流过大时，与负载串联的加热元件 1 发热量增大，使双金属片 2 温度升高、弯曲度加大，进而拨动扣板 3 使之与扣钩 5 脱开，在弹簧 10 的作用下动静触点 8、9 断开，从而使电路停止工作，起到电路过载时保护电气设备的作用。通过调节压动螺钉 4 就可整定热继电器的整定电流值。根据拥有热元件的多少，继电器可分为单相、两相和三相热继电器；根据复位方式，热继电器可分为自动复位和手动复位两种。

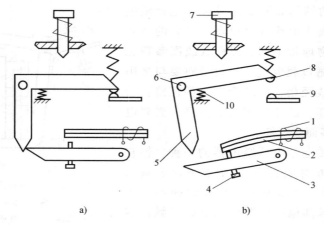

a)   b)

图 2-18　热继电器的工作原理示意图

1—加热元件　2—双金属片　3—扣板　4—压动螺钉　5—扣钩　6—支点

7—复位按键　8—动触点　9—静触点　10—弹簧

热继电器的动作时间与通过电流之间的关系特性呈现反时限特性（图 2-19 中曲线 2），合理调整它与电动机在保证绕组正常使用寿命的条件下所具有的反时限容许过载特性图（图 2-19 中曲线 1）之间的关系，就可保证电动机在发挥最大效能的同时安全工作。

热继电器的选用要注意以下几个方面：

1）长期工作制下，按电动机的额定电流来确定热继电器的型号与规格。热继电器元件的额定电流 I_{RT} 接近或略大于电动机的额定电流 I_{nom}，即

$$I_{RT} = (0.95 \sim 1.05)I_{nom} \qquad (2-7)$$

使用时，热继电器的整定旋钮应调到电动机的

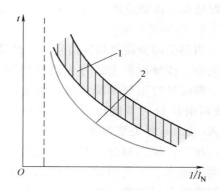

图 2-19　热继电器保护特性与

电动机过载特性的配合

1—电动机过载特性　2—热继电器的保护特性

额定电流值处，否则将不起保护作用。

2）对于星形联结的电动机，因其相绕组电流与线电流相等，选用两相或三相普通的热继电器即可。

3）对于三角形联结的电动机，当在接近满载的情况下运行时，如果发生断相，最严重一相绕组中的相电流可达额定值的 2.5 倍左右，而流过热继电器的线电流也达额定值的 2 倍以上，此时普通热继电器的动作时间已能满足保护电动机的要求。当负载率为 58% 时，若发生断相，则流过承受全电压的相绕组的电流等于 1.15 倍额定相电流，但此时未断相的线电流正好等于额定线电流，所以热继电器不会动作，最终电动机会损坏。因此，三角形联结的电动机在有可能不满载工作时，必须选用带断相保护功能的热继电器。

当负载小于 50% 额定功率时，由于电流小，一相断线时也不会损坏电动机。

4）频繁正反转及频繁通断工作和短时工作的电动机不宜采用热继电器来保护。

5）若遇到下列情况，选择热继电器的整定电流要比电动机额定电流高一些：

① 电动机负载惯性转矩非常大，起动时间长。

② 电动机所带动的设备不允许任意停电。

③ 电动机拖动的为冲击性负载，如压力机、剪板机等设备。

4. 速度继电器

在自动控制中，有时需要根据电动机的转速高低来接通或者断开某些电路，例如笼型电动机的反接制动，当电动机的转速降到很低时，应立即切断电流，以防止电动机反向起动。这种动作就需要速度继电器来完成控制。

速度继电器常用于电动机的反接制动电路中，它的结构原理如图 2-20 所示。转子 2 由永磁铁做成，随电动机轴转动；定子 3 上有短路绕组 4；定子柄 5 可绕定轴摆动；按图中规定的转动方向，6、9 为正向触点，7、8 为反向触点。当转子转动时，永磁铁的磁场切割定子上的短路导体，并使其产生感应电流，永磁铁与这个电流互相作用，将使定子向着轴的转动方向摆动，并通过定子柄拨动动触点。当轴的转速接近零时（约 100r/min），定子柄在恢复力的作用下恢复到原来的位置。

速度继电器的主要参数是额定工作转速，要根据电动机的额定转速进行选择。

5. 固态继电器

固态继电器（solid state relay，SSR）是 20 世纪 70 年代中后期发展起来的一种新型无触点继电器。固态继电器是由固态半导体元件组成的无触点开关元件，它较之电磁继电器具有工作可靠、寿命长、对外界干扰小、能与逻辑电路兼容、抗干扰能力强、开关速度快、无火花、无动作噪声和使用方便等一系列优点，因而具有很宽的应用领域，有逐步取代传统继电器之势，并进一步扩展到许多传统继电器无法应用的领域，如计算机的输入输出接口、外围和终端设备。在需要耐振、耐潮、耐腐蚀、防爆等特殊工作环境中以及要求高可

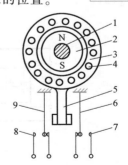

图 2-20　速度继电器工作原理
1—转轴　2—转子　3—定子
4—短路绕组　5—定子柄
6、9—正向触点　7、8—反向触点

靠的工作场合，都较之传统的电磁式继电器有无可比拟的优越性。固态继电器的缺点是过载能力低，易受温度和辐射影响，通断阻抗比小。

固态继电器由三部分组成：输入电路、隔离（耦合）电路和输出电路。

输入电路：按输入电压的不同类别，输入电路可分为直流输入电路、交流输入电路和交直流输入电路三种。有些输入控制电路还具有与TTL/CMOS兼容、正负逻辑控制和反相等功能，可以方便地与TTL、MOS逻辑电路连接。

隔离（耦合）电路：固态继电器的输入与输出电路的隔离和耦合方式有光电耦合和变压器耦合两种：光电耦合通常使用光电二极管—光电晶体管、光电二极管—双向光控晶闸管、光伏电池，实现控制侧与负载侧隔离控制；高频变压器耦合是利用输入的控制信号产生的自激高频信号经耦合到二次侧，经检波整流、逻辑电路处理形成驱动信号。

输出电路：固态继电器的功率开关直接接入电源与负载端，实现对负载电源的通断切换。主要使用有大功率晶体管、单向晶闸管、双向晶闸管、功率场效应晶体管、绝缘栅型双极晶体管。固态继电器的输出电路也可分为直流输出电路、交流输出电路和交直流输出电路等形式。按负载类型，可分为直流固态继电器和交流固态继电器。直流输出时可使用双极型器件或功率场效应晶体管，交流输出时通常使用两个晶闸管或一个双向晶闸管。而交流固态继电器又可分为单相交流固态继电器和三相交流固态继电器。交流固态继电器按导通与关断的时机，可分为随机型交流固态继电器和过零型交流固态继电器。

图2-21a是交流固态继电器的结构图。交流固态继电器的触发方式可分为零压型和调相型两种，图2-21b是两种触发方式的工作波形图。零压型触发方式的交流固态继电器内部设有过零检测电路（调相型没有），当施加输入信号后，只有当负载电源电压达到过零区时，输出级的晶闸管才能导通，所以可能产生最大半个电源周期的延时，输入信号撤销后，负载电流低于晶闸管的维持电流时晶闸管关断。由于负载工作电流近似正弦波，高次谐波干扰小，所以应用很广泛。调相型触发方式的交流固态继电器，当施加输入信号后，输出级的晶闸管立即导通；关断方式与前者相同。

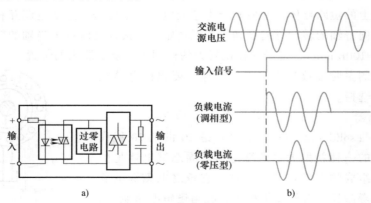

图2-21　交流固态继电器的结构图与工作波形图

a）结构图　b）工作波形图

固态继电器的主要参数有：

1）输入电压范围：在环境温度25℃下，固态继电器能够工作的输入电压范围。

2）输入电流：在输入电压范围内某一特定电压对应的输入电流值。

3）接通电压：在输入端加该电压或大于该电压值时，输出端确保导通。

4）关断电压：在输入端加该电压或小于该电压值时，输出端确保关断。

5）反极性电压：能够加在继电器输入端上，而不引起永久性破坏的最大允许反向电压。

6）额定输出电流：环境25℃时的最大稳态工作电流。

7）额定输出电压：能够承受的最大负载工作电压。

8）输出电压降：当继电器处于导通时，在额定输出电流下测得的输出端电压。

9）输出漏电流：当继电器处于关断状态施加额定输出电压时，流经负载的电流值。

10）接通时间：当继电器接通时，加输入电压到接通电压开始至输出达到其电压最终变化的90%为止之间的时间间隔。

11）关断时间：当继电器关断时，切除输入电压到关断电压开始至输出达到其电压最终变化的10%为止之间的时间间隔。

12）过零电压：对交流过零型固态继电器，输入端加入额定电压，能使继电器输出端导通的最大起始电压。

2.5 断路器

断路器是指能够关合、承载和开断正常回路条件下的电流，并能在规定的时间内关合、承载和开断异常回路条件下的电流的开关装置。断路器按其使用范围分为高压断路器与低压断路器，高、低压界线划分比较模糊，一般将3kV以上的称为高压断路器。

断路器可用来分配电能，不频繁地起动异步电动机，对电源线路及电动机等实行保护，当它们发生严重的过载、短路或欠电压等故障时能自动切断电路，其功能相当于熔断器式开关与过电流继电器、欠电压继电器等的组合，而且在分断故障电流后一般不需要更换零部件。

低压断路器可用来接通和分断负载电路，也可用来控制不频繁起动的电动机。它的功能相当于刀开关、过电流继电器、失电压继电器、热继电器及漏电保护器等电器部分或全部的功能总和，是低压配电网中一种重要的保护电器。低压断路器是一种使用量大面广的电器。

2.5.1 断路器的结构及工作原理

低压断路器主要由触点、灭弧系统、各种脱扣器和操作机构组成。脱扣器又分为电磁脱扣器、热脱扣器、复式脱扣器、欠电压脱扣器和分励脱扣器五种。

图2-22所示的低压断路器处于闭合状态，三个主触点1通过传动杆与锁扣2保持闭合，锁扣可以绕轴旋转。断路器的自动分断是通过过电流脱扣器11、失电压脱扣器13、分励脱扣器15和热脱扣器10推动锁扣来完成的。正常工作中，各脱扣器均不动作，而当电路发生短路、欠电压、过载等故

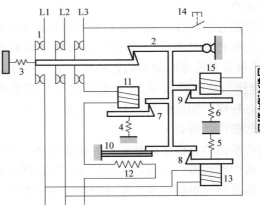

图2-22 低压断路器的结构

1—主触点 2—锁扣 3、4、5、6—弹簧 7、8、9—衔铁
10—热脱扣器 11—过电流脱扣器 12—加热电阻丝
13—失电压脱扣器 14—按钮 15—分励脱扣器

障时，分别通过各自脱扣器使锁扣转动，触点分离，实现保护作用。

2.5.2 低压断路器的主要技术参数

低压断路器的主要技术参数有：

1）额定电压：是指断路器在长期工作时的允许电压，通常等于或大于电路的额定电压。

2）额定电流：是指断路器在长期工作时的允许持续电流。

3）通断能力：是指断路器在规定的电压、频率以及规定的电路参数（交流电路为功率因数，直流电路为时间常数）下，所能接通和分断的短路电流值。

4）分断时间：是指断路器切断故障电流所需的时间。

2.5.3 低压断路器的分类

低压断路器的分类有多种：

（1）按极数分 有单极、两极、三极和四极。

（2）按保护形式分 有电磁脱扣器式、热脱扣器式、复合脱扣器式和无脱扣器式。

（3）按分断时间分 有一般和快速式（先于脱扣机构动作，脱扣时间在 0.02s 以内）。

（4）按结构形式分 有塑壳式、框架式、模块式等。

电力拖动与自动控制线路中常用的低压断路器为塑壳式。塑壳式低压断路器又称为装置式低压断路器，具有用模压绝缘材料制成的封闭型外壳，将所有构件组装在一起。用作配电网络的保护和电动机、照明电路及电热器等控制开关。

模块化小型断路器由操作机构、热脱扣器、电磁脱扣器、触点系统、灭弧室等部件组成，所有部件都置于一个绝缘壳中。在结构上具有外形尺寸模块化（9mm 的倍数）和安装导轨化的特点，即单极断路器的模块宽度为 18mm，凸颈高度为 45mm。它安装在标准的 35mm 电器安装轨上，利用断路器后面的安装槽及带弹簧的夹紧卡子定位，拆卸方便，为电路和交流电动机等的电源控制开关及过载、短路等起保护作用，广泛应用于工矿企业、建筑及家庭等场合。

传统的断路器的保护功能是利用了热效应或电磁效应原理，通过机械系统的动作来实现的。智能化断路器的特征是采用了以微处理器或单片机为核心的智能控制器（智能脱扣器），它不仅具备普通断路器的各种保护功能，同时还具备实时显示电路中的各种电气参数（电流、电压、功率因数等），对电路进行在线监视、测量、试验、自诊断和通信等功能；还能够对各种保护功能的动作参数进行显示、设定和修改。将电路动作时的故障参数存储在非易失存储器中以便查询。

智能化断路器有框架式和塑料外壳式两种。框架式智能化断路器主要用于智能化自动配电系统中的主断路器；塑料外壳式智能化断路器主要用在配电网络中分配电能和作为电路及电源设备的控制与保护装置，也可用作三相笼型异步电动机的控制。

2.6 熔断器

熔断器是低压电路及电动机控制电路中一种最简单的过载和短路保护电器。它是基于电流热效应原理和发热元件热熔断原理设计的，具有一定的瞬动特性，用于电路的短路保护和严重过载保护。使用时，熔断器串接于被保护的电路中，当电路发生短路故障时，熔断器中的熔体被瞬时熔断而分断电路，起到保护作用。它具有结构简单、体积小、使用维护方便、分断能力较强、限流性能良好、价格低廉等特点。

2.6.1 熔断器的结构和工作原理

熔断器在结构上主要由熔断管（或盖、座）、熔体（俗称保险丝）及导电部件等元器件组成。其中熔体是主要部分，它既是感测元件，又是执行元件。熔断管一般由硬质纤维或瓷质绝缘材料制成半封闭式或封闭式管状外壳，熔体则装于其内。熔断管的作用是便于安装熔体和有利于熔体熔断时熄灭电弧。熔体是由不同材料（如铅、锡、锌、铜、银及其合金等）制成丝状、带状、片装或者笼状，它串接于被保护电路。熔断器的作用是当电路发生短路或过载时，通过熔体的电流使其发热，当温度达到熔点时，熔体自行熔断，从而分断故障电路，起到保护作用。

2.6.2 熔断器的分类

熔断器按其结构形式划分有瓷插式、螺旋式、有填料密封管式、无填料密封管式、自复式熔断器等。按用途划分，有保护一般电气设备的熔断器，如在电气控制系统中经常选用的螺旋式熔断器；还有保护半导体器件用的快速熔断器，如用以保护半导体硅整流元件及晶闸管的 RLS2 产品系列。

1. 瓷插式熔断器

瓷插式熔断器是低压分支电路中常用的一种熔断器，其结构简单，分断能力低，多用于民用和照明电路。常用的瓷插式熔断器有 RC1A 系列，结构如图 2-23 所示。

2. 螺旋式熔断器

螺旋式熔断器的熔管内装有石英砂或惰性气体，有利于电弧的熄灭，因此螺旋式熔断器具有较高的分断能力。RL1 系列螺旋式熔断器熔体的上端盖有一熔断指示器，熔断时红色指示器弹出，可以通过瓷帽上的玻璃孔观察到，其结构如图 2-24 所示。

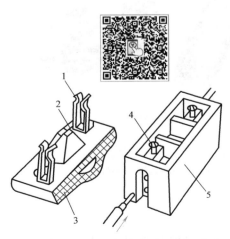

图 2-23 RC1A 系列瓷插式熔断器

1—动触点 2—熔丝 3—瓷盖
4—静触点 5—瓷底

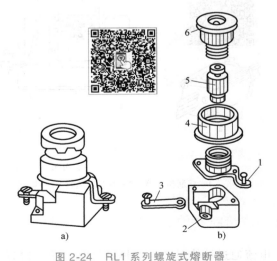

图 2-24 RL1 系列螺旋式熔断器

a）外形 b）结构

1—上接线柱 2—瓷底 3—下接线柱 4—瓷套 5—熔芯 6—瓷帽

3. 快速熔断器

快速熔断器主要用于半导体器件或整流装置的短路保护。半导体器件的过载能力很低，因此要求短路保护具有快速熔断的能力。快速熔断器的熔体采用银片冲成的变截面的 V 形熔片，熔管采用有填料的密闭管。常用的有 RLS2、RLS3 等系列，NGT 是我国引进德国技术生产的一种分断能力高、限流特性好、功耗低、性能稳定的熔断器。

常用的低压熔断器还有密闭管式熔断器、无填料 RM10 型熔断器（图 2-25）、RT0 有填料密闭管式熔断器（图 2-26）、自复式熔断器等。

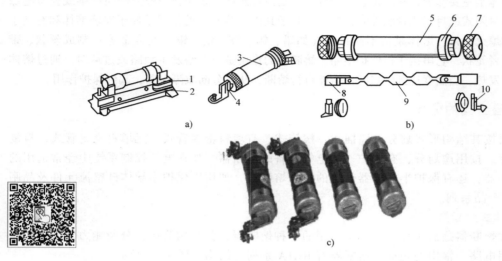

图 2-25 无填料 RM10 型熔断器

a）外形 b）结构 c）实物

1、4、10—夹座 2—底座 3—熔断器 5—硬质绝缘管 6—黄铜套管 7—黄铜帽 8—插刀 9—熔体

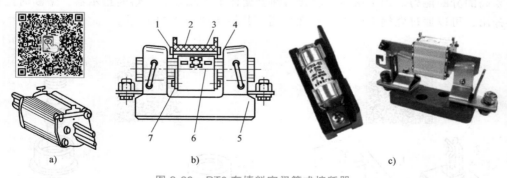

图 2-26 RT0 有填料密闭管式熔断器

a）外形 b）结构 c）实物

1—熔断指示器 2—石英砂填料 3—熔丝 4—插刀 5—底座 6—熔体 7—熔管

2.6.3 熔断器的安秒特性与技术参数

电流通过熔体时产生的热量与电流的二次方及通过电流的时间成正比，即 $Q = I^2Rt$。由此可见，电流越大，熔体熔断的时间越短，这一特性称为熔断器的安秒特性（或称保护特性），其特性曲线如图 2-27 所示，由图可见它是一反时限特性。

在安秒特性中有一熔断与不熔断电流的分界线，与此相应的电流就是最小熔断电流 I_r。当熔体通过电流小于 I_r 时，熔体不应熔断。根据对熔断器的要求，熔体在额定电流 I_{re} 时绝对不应熔断。最小熔断电流 I_r 与熔体额定电流 I_{re} 之比称为熔断器的熔断系数，即 $K_r = I_r/I_{re}$。从过载保护来看，K_r 值较小时，对小倍数过载保护有利，但 K_r 也不宜接近于 1，当 K_r 为 1 时，不仅熔体在 I_{re} 下的工作温度会过高，而且还有可能因为安秒特性本身的误差而发生熔体在 I_{re} 下也熔断的现象，影响熔断器工作的可靠性。

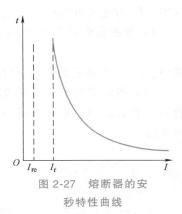

图 2-27　熔断器的安秒特性曲线

当熔体采用低熔点的金属材料（如铅、锡、铅锡合金及锌等）时，熔断时所需热量少，故熔断系数较小，有利于过载保护；但它们的电阻率较大，熔体截面积较大，熔断时产生的金属蒸气较多，不利于电弧熄灭，故分断能力较低。当熔体采用高熔点的金属材料（如铝、铜和银）时，熔断时所需热量大，故熔断率大，不利于过载保护，而且可能使熔断器过热；但它们的电阻率低，熔体截面积较小，有利于电弧熄灭，故分断能力较强。由此看来，不同熔体材料的熔断器在电路中起保护作用的侧重点是不同的。

熔断器的技术数据有：

（1）额定电压　指熔断器长期工作和断开后能够承受的电压，其应不低于电气设备的额定电压。

（2）额定电流　指熔断器长期工作时，被保护设备温升不超过规定值时所能承受的电流。为了减少生产厂家熔断器额定电流的规格，熔断器的额定电流等级比较少，而熔体的额定电流等级比较多，即在一个额定电流等级的熔断器可安装多个额定电流等级的熔体，但熔体的额定电流最大不能超过熔断器的额定电流。

（3）极限分断能力　指熔断器在规定的额定电压和功率因数（或时间常数）的条件下，能断开的最大电流。在电路中出现的最大电流一般是指短路电流，所以极限分断能力也反映了熔断器分断短路电流的能力。

2.6.4　熔断器的选择与使用

（1）熔断器类型的选择　主要根据负载的过载特性和短路电流的大小来选择。例如，对于容量较小的照明电路或电动机的保护，可采用 RCA1 系列或 RM10 系列无填料密闭管式熔断器；对于容量较大的照明电路或电动机的保护，短路电流较大的电路或有易燃气体的地方，则应采用螺旋式或有填料密闭管式熔断器；用于半导体元件保护的，则应采用快速熔断器。

（2）熔断器额定电压的选择　熔断器的额定电压应大于或等于实际电路的工作电压。

（3）熔断器额定电流的选择　熔断器的额定电流应大于或等于所装熔体的额定电流。

（4）保护电动机的熔体的额定电流的选择

1）保护一台异步电动机时，考虑电动机冲击电流的影响，熔体的额定电流按下式计算：

$$I_{RN} = (1.5 \sim 2.5) I_N \tag{2-8}$$

式中，I_N 为电动机的额定电流。

2）保护多台异步电动机时，若出现尖峰电流时，熔断器不应熔断，则应按下式计算：

$$I_{RN} = (1.5 \sim 2.5) I_{Nmax} + \sum I_N \tag{2-9}$$

式中，I_{Nmax} 为容量最大的一台电动机的额定电流；$\sum I_N$ 为其余各台电动机额定电流的总和。

（5）熔断器的上、下级的配合　为使两级保护相互配合良好，两级熔体额定电流的比值不小于 1.6∶1，或对于同一个过载或短路电流，上一级熔断器的熔断时间至少是下一级的 3 倍。

2.7　主令电器

主令电器主要用于接通或断开控制电路，以发出操作命令，从而达到对电力拖动系统的控制或实现程序的控制的开关电器。常用的主令电器主要有控制按钮、位置开关、万能转换开关以及主令开关等。

2.7.1　控制按钮

按钮通常是短时接通或断开小电流的控制电路开关，它是一种结构简单、应用广泛的低压手动电器。在低压控制系统中，手动发出控制信号，可远距离操纵各种电磁开关，如继电器、接触器等，实现主电路的通断、转换各种信号电路和电气联锁电路。

按钮一般由按钮帽、复位弹簧、桥式动触点、静触点和外壳组成，其触点容量小，通常不超过 5A，有动合触点、动断触点及组合触点（动合、动断触点组合为一体的按钮）。按钮按颜色不同有红、绿、黑、黄、白等颜色。按钮的结构和图形符号如图 2-28 所示，图 2-29 为常用的控制按钮外观图。

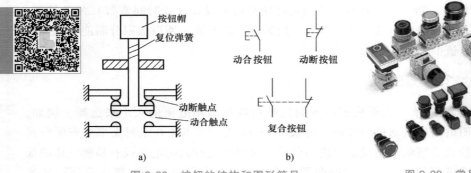

图 2-28　按钮的结构和图形符号　　　　　　图 2-29　常用的控制按钮
a）结构　b）图形符号

按钮在结构上有多种形式，如：

1）旋钮式：用手扭动旋转进行操作。

2）指示灯式：按钮内可装入信号灯，用于显示信号。

3）紧急式：装有蘑菇形按钮帽，以表示紧急操作。

按钮主要是根据所需要的触点数、触点形式、使用的场合及颜色来选择。

2.7.2 位置开关

位置开关的作用是将机械位移转变为电信号，发出命令以控制电动机运行状态发生改变，即按一定行程实现自动停机、反转、变速或循环，从而控制机械运动或实现安全保护。通常按作用原理分为行程开关、接近开关和光电开关等。

行程开关是用来反映工作机械的行程，发出命令以控制其行动方向或行程大小的主令电器。如果把行程开关安装在工作机械行程终点处，以限制其行程，则称其为限位开关或终点开关。

直动式行程开关结构如图2-30所示，当运动机械的挡铁撞到行程开关的顶杆1时，顶杆受压使动断触点3断开，动合触点5闭合；顶杆上的挡铁移走后，顶杆在弹簧2作用下复位，各触点回至原始通断状态。

旋转式行程开关结构如图2-31所示，当运动机械的挡铁撞到行程开关的滚轮1时，行程开关的杠杆2连同转轴3、凸轮4一起转动，凸轮将撞块5压下，当撞块被压至一定位置时便推动微动开关7动作，使动断触点断开，动合触点闭合；当滚轮上的挡铁移走后，复位弹簧8就使行程开关各部件恢复到原始位置。

图2-32为几种行程开关的结构外观。

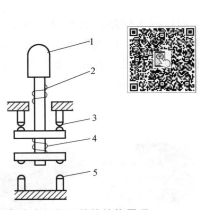

图2-30 直动式行程开关的结构原理
1—顶杆 2—弹簧 3—动断触点
4—触点弹簧 5—动合触点

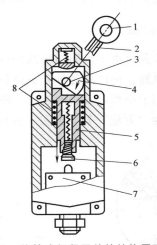

图2-31 旋转式行程开关的结构原理
1—滚轮 2—杠杆 3—转轴 4—凸轮 5—撞块
6—调节螺钉 7—微动开关 8—复位弹簧

接近开关是非接触式的检测装置，当运动着的物体接近它到一定距离范围内时，它就能发出信号，从而进行相应的操作。按工作原理分，接近开关有高频振荡型、霍尔效应型、电容型、超声波型等。接近开关的主要技术参数有动作距离、重复精度、操作频率、复位行程等。

光电开关是另一种类型的非接触式检

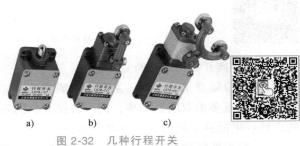

a) b) c)

图2-32 几种行程开关
a）直动式 b）单轮旋转式 c）双轮旋转式

测装置，它有一对光发射和接收装置，如图 2-33 所示。根据两者的位置和光的接收方式分为对射式和反射式，作用距离从几厘米到几十米不等，如图 2-34 所示。

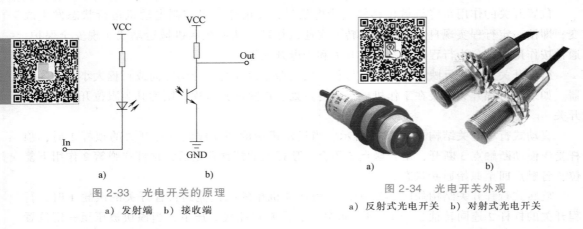

图 2-33　光电开关的原理
a）发射端　b）接收端

图 2-34　光电开关外观
a）反射式光电开关　b）对射式光电开关

　　选用时，要根据使用场合和控制对象确定检测元件的种类。例如，当被测对象运动速度不是太快时，可选用一般用途的行程开关；而在工作频率很高且对可靠性及精度要求也很高时，应选用接近开关；不能接近被测物体时，应选用光电开关。

2.7.3　万能转换开关

　　万能转换开关是由多组同结构的触点组件叠装而成的多回路控制电器。由于它能转换多种和多数量的电路，可以对各种开关设备做远距离控制之用，可以作为电压表、电流表测量换相开关，或用于小型电动机的起动、停止、正反转控制，以及各种控制电路的操作，用途广泛，故被称为"万能"转换开关，其原理结构如图 2-35 所示。

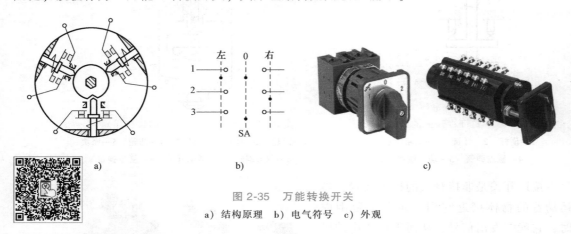

图 2-35　万能转换开关
a）结构原理　b）电气符号　c）外观

　　万能转换开关的结构特点：
　　1）档位随意组合，同一系列可组成十几至二十几种形式。
　　2）触点多为双断点结构，同一转换开关的各双断点触点组在电气上是分开的，每一双断点触点组能独立地控制一条电气回路。
　　3）可根据需要把几组触点串联或并联，起到特定的电气控制作用，如电压、电流测量时相序的切换，手动和自动的切换等。一般在出厂时按特定的用途已经用连接片接好。

4）带有"自动"档位的，只要定在"自动"位上，转换开关所有档位按自动形式运行，自动闭锁，按自动控制器的自控形式发出控制脉冲，使被控设备进入自控运行。

5）转换开关定位角分别为30°、45°、60°、90°几种。

6）转换开关触点有单列、双列乃至3列结构，旋转式操作，切换平稳，灵活方便。

2.7.4 主令控制器

主令控制器亦称主令开关，它主要用于在控制系统中按照预定的程序来分合触点，以发布命令或实现与其他控制电路的联锁和转换。由于控制电路的容量一般都不大，所以主令控制器的触点也是按小电流设计的。

与万能转换开关一样，主令控制器也是借助于不同形状的凸轮使其触点按一定的次序接通和分断。因此，它们在结构上也大体相同，只是主令控制器除了手动式产品外，还有由电动机驱动的产品。

2.8 基本控制电路与有条件控制电路

2.8.1 基本控制电路

1. 点动控制电路

如图2-36所示，点动控制电路是在需要动作时按下控制按钮SB，SB的动合触点闭合接通，接触器KM线圈得电，主触点闭合，设备开始工作。松开按钮后，触点断开，接触器线圈断电，主触点断开，设备停止运行。这种控制方法多用于起吊设备的"上""下""前""后""左""右"以及机床上"步进""步退"等的控制。

2. 接触器自锁电路

自锁电路也称为自保电路，是当按钮松开以后触点断开，接触器线圈还能得电保持吸合的电路。这是利用了解除其本身的辅助动合触点来实现自锁的。如图2-37所示，当接触器吸合时，辅助动合触点随之接通，当松开控制按钮SB、触点断开后，电源还可以通过接触器辅助动合触点继续向线圈供电，保持线圈吸合，这就是自锁功能。"自锁"又称"自保持"，也称为"自保"。

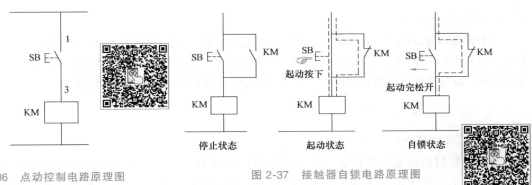

图2-36 点动控制电路原理图　　　　　图2-37 接触器自锁电路原理图

3. 点动、运行控制电路

点动、运行控制电路是一种方便操作的控制电路，它可以单独地点动工作，又可以长时间运行，原理图如图 2-38 所示。点动工作时按下按钮 SB3，SB3 的动断触点先断开 KM 的自锁电路，SB3 的动合触点后接通 KM 线圈，松手时，SB3 的动合触点随之断开，KM 停止工作；运行时按下 SB2，SB2 的动合触点接通 KM 得电吸合，KM 的辅助触点闭合，通过 SB3 的动断触点实现 KM 的自锁。

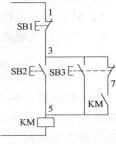

图 2-38　点动、运行
控制电路原理图

4. 按钮互锁电路

按钮互锁是将两个控制按钮的动断触点相互连接的接线形式，是一种输入指令的互锁控制，按钮互锁电路如图 2-39 所示。当启动 KM2 时，按下控制按钮 SB1，SB1 的动断触点首先断开 KM1 电路，动合触点后闭合接通 KM2 电路，从而达到接通一个电路，而又断开另一个电路的控制目的，可以有效地防止操作人员的误操作。

5. 利用接触器辅助触点的互锁电路

接触器互锁是将两个接触器的辅助动断触点与线圈相互连接，当接触器 KM1 在吸合状态时，其辅助动断触点随之断开，由于动断触点接于 KM2 电路，使 KM2 不能得电，从而达到只允许一个接触器工作的目的。电路原理如图 2-40 所示。这种控制方法能有效地防止接触器 KM1 和 KM2 同时吸合，但接线较复杂。

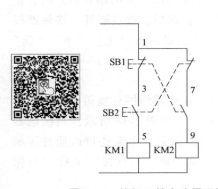
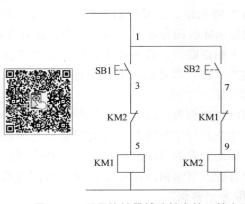

图 2-39　按钮互锁电路原理图　　　　图 2-40　利用接触器辅助触点的互锁电路原理图

6. 两地控制电路

一个设备需要在两个或两个以上的地点控制起动、停止时，采用多地点控制方法。如图 2-41 所示，按下控制按钮 SB12 或 SB22 的任意一个都可起动，按下控制按钮 SB11 或 SB21 的任意一个都可停止。通过接线可以将这些按钮安装在不同地方，从而达到多地点控制的要求。

2.8.2　有条件控制电路

1. 有条件的起动控制电路

当对所控制的设备需要特定的操作任务时，设计要求一个操作地点不能完成起动控制，必须两个以上操作才可以实现起动的电路，称为有条件控制电路（也称多条件起动）。如

图 2-42 是一个必须 SB2、SB3 同时闭合才可起动的控制电路，起动时必须将控制按钮 SB2 和 SB3（或其他的控制元件的动合触点）同时接通，接触器 KM 线圈才能通电。单独操作任何一个按钮都不会使接触器得电动作。

2. 有条件起动、停止控制电路

有条件起动、停止控制电路原理图如图 2-43 所示，只有当各种条件都满足设备运行要求时，K1、K2 接通了，起动按钮 SB2 才起作用，这种控制方式不光在起动时起作用，在运行时也同样起到保护的作用。当运行中某一个条件不能达到要求时，其触点断开，KM 失电，设备停止运行。

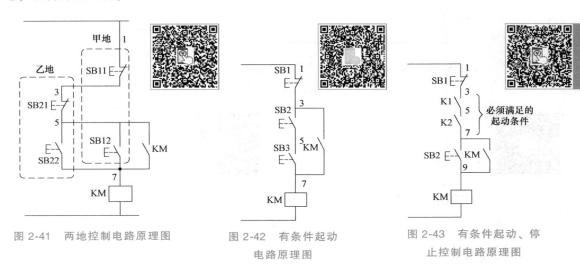

图 2-41　两地控制电路原理图　　　图 2-42　有条件起动　　　图 2-43　有条件起动、停
　　　　　　　　　　　　　　　　电路原理图　　　　　　　止控制电路原理图

3. 按顺序起动控制电路

按顺序起动控制电路是按照确定的操作顺序，在一个设备起动之后另一个设备才能起动的一种控制方法。图 2-44 所示为顺序起动控制的电路原理图。接触器 KM2 要先起动是不行的，因为 SB2 的动合触点和接触器 KM1 的辅助动合触点是断开状态，7 号线无电；只有当 KM1 吸合实现自锁之后，7 号线有电，SB4 按钮才能起作用，使 KM2 通电吸合，这种控制多用于大型空调设备的控制电路。

4. 利用行程开关控制的自动循环电路

利用行程开关控制的自动循环电路，是工业上常用的一种电路。图 2-45 所示为利用行程开关控制的自动循环电路原理图。当接触器 KM1 吸合时，电动机正转运行；当机械运行到限位开关 SQ1 时，SQ1 的动断触点断开 KM1 线圈回路，动

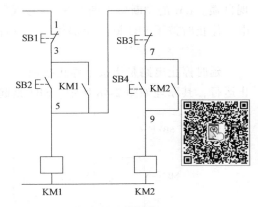

图 2-44　顺序起动控制的
电路原理图

合触点接通 KM2 线圈回路，KM2 接触器吸合动作，电动机反转。当机械到达限位开关 SQ2 时，SQ2 动作，动断触点断开 KM2，动合触点接通 KM1，电动机又正转，重复上述动作。

5. 按时间控制的自动循环电路

图 2-46 是利用时间继电器控制的循环电路原理图。

当接通 SA 后，KM 和 KT1 同时得电吸合，KT1 开始延时，达到整定值后，KT1 的延时闭合触点接通，KA 和 KT2 得电吸合，KA 辅助动合触点闭合（实现自锁），此时，KT2 开始延时，同时 KA 的动断触点断开了 KM 和 KT1，电动机停止。当 KT2 达到整定值后，KT2 的延时断开触点断开，KA 失电，其动合触点断开，动断触点闭合，KM 和 KT1 又得电，电动机运行，进入循环过程。

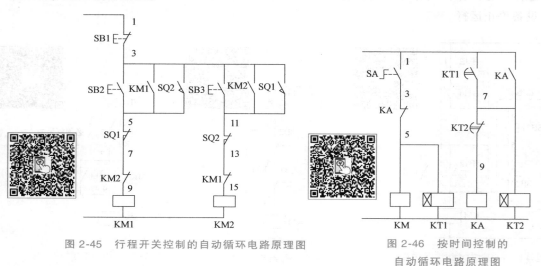

图 2-45　行程开关控制的自动循环电路原理图　　　图 2-46　按时间控制的自动循环电路原理图

6. 延时起动电路

如图 2-47 所示，按下起动按钮 SB2 时，中间继电器 KA 和时间继电器 KT 首先得电，KA 的动合触点闭合实现自锁，时间继电器得电开始延时，延时的时间到，时间继电器的延时闭合触点接通 3、9 号线段，9 号线得电，接触器 KM 得电工作，并通过辅助动合触点实现自锁。KM 的动断触点断开 3、7 号线段中间继电器的自锁，中间继电器和时间继电器断电。停止时按下 SB1 断开全部线路，设备停止工作。

7. 延时停止电路

延时停止电路是当按下停止按钮后，设备不是立即停止运行，而是延缓一段时间后再停止运行，其原理如图 2-48 所示。SB1 是起动按钮，起动时通过 KT 的延时断开触点使 KA1 得

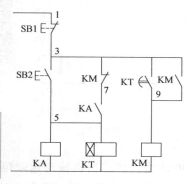

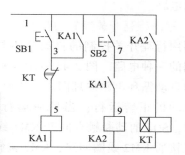

图 2-47　延时起动电路原理图　　　　　图 2-48　延时停止电路原理图

电吸合，KA1 的动合触点闭合并实现自锁，KA1 的动合触点接通 7、9 号线段，为停止做好准备。停止时，按下 SB2 按钮，接通 1、7 号线段，中间继电器 KA2 和时间继电器 KT 得电，KA2 的动合触点接通 1、7 号线段用于供电自锁，KT 开始延时，当延时时间到，KT 的延时断开触点断开 KA1 的电路，KA1 断电停止。

习题与思考题

2-1　常用低压电器的分类有哪些？

2-2　简述继电器与接触器的区别。

2-3　简述电流继电器与电压继电器的区别。

2-4　触点的接触形式有哪些分类？它们的适用场合分别是什么？

2-5　简述电磁继电器的结构和工作原理。

2-6　请说明几种常用的继电器及其使用场合。

2-7　请说明断路器的结构及工作原理。

2-8　请说明熔断器的结构和工作原理。

2-9　熔断器类型应该怎样选择？

2-10　常用的主令电器有哪些？

2-11　简述电动机的点动与连续运转的工作原理。

2-12　请阐述电动机的两地控制电路图。

2-13　请阐述通电延时型时间继电器的控制电路。

2-14　请阐述断电延时型时间继电器的控制电路。

第 3 章

电动机及其控制技术

在电气控制系统中，电动机作为电能转换为机械能的主要动力设备广泛应用于工农业生产、国防、科技等社会的各个方面。在实际应用中，有很大一部分生产机械要求控制和改变电动机的运行速度。为了控制电动机的运行，就要为电动机配上控制装置。

🔖 3.1 电动机概述

3.1.1 电动机简介

· 1. 电动机的分类

电动机的种类很多，按电动机工作电源的种类划分，可分为直流电动机和交流电动机。其中，直流电动机按照结构及工作原理可划分为无刷直流电动机和有刷直流电动机，而有刷直流电动机根据定子磁场产生方式的不同可划分为永磁直流电动机和电磁直流电动机。电磁直流电动机又可划分为串励直流电动机、并励直流电动机、他励直流电动机和复励直流电动机。永磁直流电动机可划分为稀土永磁直流电动机、铁氧体永磁直流电动机和铝镍钴永磁直流电动机；交流电动机可分为交流同步电动机和交流异步电动机，而交流同步电动机可划分为永磁同步电动机、磁阻同步电动机和磁滞同步电动机；交流异步电动机可划分为感应电动机和交流换向器电动机。感应电动机根据转子结构的不同可分为笼型电动机、绕线转子电动机两大类。交流换向器电动机可划分为交直流两用电动机和推斥电动机。电动机的分类如图 3-1 所示。

2. 电动机的结构和工作原理

以工业中常用的三相异步电动机为例，电动机由定子、转子、机座、端盖、风扇、风扇罩、接线盒和支撑转子的轴承构成。其中，定子是由定子铁心和定子绕组组成。转子是由转子铁心和转子绕组组成。笼型电动机一般是在转子铁心上笼形的槽内铸有铜制或铝制的转子线圈，该线圈是一个封闭的、不与其他部位连接的闭合回路。绕线转子电动机的转子绕组是在转子铁心上由铜线绕制的线圈，线圈末端经过集电环和电刷与外电路相连接。

电动机是一种旋转的电磁转换元件。当把三相交流电输入电动机时，在定子上产生三相合成的旋转磁场，置于磁场中的转子上则产生三相感应电动势和感应电流，随之产生与定子磁场方向相反的三相合成磁场。定子磁场与转子磁场相互作用，形成旋转转矩，推动转子旋转。电动机的磁极对数越少，转速越高；磁极对数越多，转速越低。其旋转转矩越大，负载

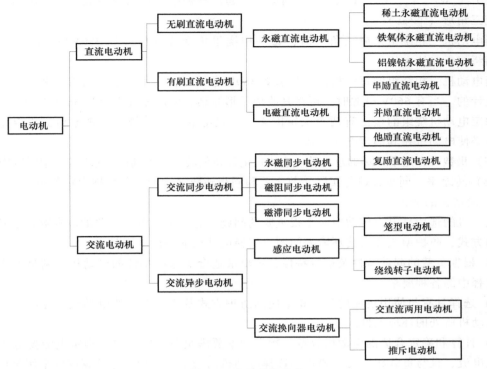

图 3-1　电动机的分类

能力越大，输出功率越大。

3. 电动机的技术参数

（1）额定电压（U_N）　电动机设计时确定的工作电压，通常单位为 V。它与所在电网电源电压相同。虽然额定电压是个定值，但允许它在一定的范围内偏移。

（2）额定电流（I_N）　电动机在额定电压、额定功率且频率不变的条件下，定子绕组的工作电流，通常单位为 A。当电源电压、负载功率以及频率发生变化时，电动机的工作电流亦随之变化。

（3）额定功率　又称额定容量，是指电动机在额定电压、额定电流及在固定的工频（50Hz 或 60Hz）条件下做功的能力，通常单位为 kW 或 W。

（4）额定转速（n_N）　电压、电流、频率及功率都在额定条件下时电动机的转速。如前所述，电动机的转速与磁极对数相对应。电源频率为 50Hz 时，两极电动机同步转速为 3000r/min，异步转速为 2950r/min 左右。4 极电动机同步转速为 1500r/min，异步转速为 1450r/min 左右等。但是，受负载状态、传动等因素的影响，电动机的实际转速与额定转速会有些差距。

（5）功率因数（$\cos\varphi$）　电动机输入的有功功率与视在功率之比，或者说输入的有功电流与总电流之比，称为功率因数。

（6）电动机绕组的接法　在选用电动机时，一定注意其绕组的接法。电动机绕组有三种接法。就低压三相电动机而言，一是将电动机的绕组接成星形（Y）即三相绕组的首端或末端接在一起为星点，另一端接三相电源；二是将电动机绕组接成三角形（△）即绕组的

引出端 U_1、W_2、V_1、U_2、W_1、V_2 分别接在一起；三是电动机的绕组既可接成星形，亦可以接成三角形（丫／△）。

当电动机三相绕组接成三角形时，每一相绕组承受线电压（如 380V）；接成星形时，是两相绕组承受线电压。

当电动机三相绕组的每一相设计为承受 380V 电压时，采用三角形联结，多数电动机是这样设计的。当有 660V 电源时，可将其改成星形联结，使两相绕组承受 660V 电压。

确定电动机绕组的接法有两个决定因素。一是电源电压等级，二是电动机绕组设计电压。务必使电动机在其额定电压下运行。

（7）极数　即定子磁场的总极数。它决定电动机的转速，不同的极数对应着固定的转速。

（8）转差率　同步转数与实际转数之差和同步转数之比的百分数称为转差率。

4. 电动机的选用

电动机的选用是电力传动中一个很重要的问题。它不单要考虑相关的电参数，还必须考虑传动方式、防护型式及安装环境等问题。选择电动机的一般原则是：

1）根据负载的起动特性及运行特性，选出最适合于这些特性的电动机，满足生产机械工作过程中的各种要求。

2）选择具有与使用场所的环境相适应的防护方式及冷却方式的电动机，在结构上应能适合电动机所处的环境条件。

3）计算和确定合适的电动机容量。额定功率要满足负载的需要，额定电流要等于或大于负载电流，且与负载相匹配。要正确选择电动机的功率，必须经过计算或者采用类比法进行选择。计算法是根据负载的工作方式以及机械和电动机的效率计算所需要的电动机功率。通常设计制造的电动机，工作载荷在 75%～100% 的额定值时，效率最高。因此应使设备需求的容量与被选电动机的容量差值最小，使电动机的功率被充分利用；类比法就是与类似机械设备的功率进行对比选择。

4）选择可靠性高、便于维护的电动机。

5）考虑到互换性，尽量选择标准电动机。

5. 电动机及其基础安装

电动机与一般的旋转部件相比，转速较高，转矩较大。因此，电动机安装时要注意以下基本要求：

1）基础牢固。基础坚实、底脚牢靠，底脚螺栓要加装防松弹簧垫。

2）电动机运行时，不允许有振动或颤动现象。

3）电动机的接线要整齐，绝缘良好，接线端紧固，且要有良好的保护措施，防止绝缘破损，跑电漏电。

4）保护装置齐全，保护定值正确，接地良好。电动机所在系统只能采取一种接地方式，杜绝接地接零混用，接地电阻符合要求。

5）附件齐全。风扇、风扇罩、接线盒及端盖螺栓要齐全完好。

6）电动机及传动系统的旋转部件必须加装防护罩。

3.1.2　电动机的运行管理

电动机是个旋转装置，必须使其稳固运行。转子轴承应经久耐用，电动机应散热良好，温度正常，运行的电参数在额定范围内。

1. 电动机的运行

1) 电动机运行时的声音应正常，不应有杂音和噪声。否则，可能是紧固件松动、转子轴承缺油、轴承磨损、转子下沉、转子断条、电源断相。

2) 电动机运行时温度应正常。否则，可能是电流升高、机壳烫手，可能是严重过载，或机械卡堵，负载过重；绕组匝间短路；绝缘老化等。

3) 绕线转子电动机的转子回路结构比较复杂，其集电环、电刷、导电辫不应有火花、过热和变色现象。否则，可能是转子绕组断线或匝间短路；转子引出线或导电杆虚接或断线；导电杆与集电环间氧化虚接；更换的电刷与原电刷型号不相同，硬度与集电环不匹配；刷根和电刷对集电环的压力不适宜。

4) 电动机运行电压应不高于额定电压的（1+10%），不低于额定电压的（1-5%）。过高过低都会使电动机的绝缘老化，缩短绝缘寿命，增大不应有的损耗。

2. 电动机的运行维护管理

1) 组合元件应完好无损，定位和紧固件应齐全。

2) 定期检修和紧固电动机的接线端子。

3) 定期测试三相电流，如不平衡应查找其原因。

4) 定期给轴瓦、轴承加注润滑油。

5) 煤矿、石油、化工、天然气等单位使用的防爆电动机应保持良好的防爆状态。其密封件齐全，导电件接头紧固；防爆面定期涂凡士林油；防爆机械闭锁完好。

3. 电动机保护装置的选用

1) 电动机保护装置动作整定值的确定。

单台电动机起动时保护熔丝按下式选用，即

$$I_c \geqslant \frac{I_g}{a} \tag{3-1}$$

式中，I_c 为熔体额定电流（A）；I_g 为电动机起动电流（A）；a 为起动系数，一般起动时间小于 8s，易于起动的取 2.5，起动困难或频繁起动的取 1.6~2。

2) 热继电器的选用。热继电器额定电流应大于或等于电动机的额定电流，但应按环境温度校验热继电器的整定电流。当热继电器为无温度补偿时，且制造厂规定的环境温度不是 35℃时，应按下式校验，即

$$I_t = I_{35} \sqrt{\frac{95-t}{60}} \tag{3-2}$$

式中，I_t 为环境温度为 t 时的额定电流（A）；I_{35} 为环境温度为 35℃时的额定电流（A）；t 为环境温度（℃）。

当回路过载 20%时，热继电器应可靠动作。但电动机起动时不应动作。另外应尽量选用带温度补偿易于调整整定电流的热继电器。

3) 断路器电流脱扣器的选用，按脱扣器整定电流灵敏度来整定，其公式为

$$\frac{I_{\mathrm{d}}^{(1)}}{I_{\mathrm{Z}}} \geqslant K_{\mathrm{m}}^{(1)}$$

$$\frac{I_{\mathrm{d}}^{(2)}}{I_{\mathrm{Z}}} \geqslant K_{\mathrm{m}}^{(2)} \tag{3-3}$$

式中，$K_{\mathrm{m}}^{(2)}$、$K_{\mathrm{m}}^{(1)}$ 分别为两相短路和单相短路时的灵敏度，一般取 2；$I_{\mathrm{d}}^{(2)}$、$I_{\mathrm{d}}^{(1)}$ 分别为电动机端部或母线两相或单相短路电流（A）；I_{Z} 为脱扣器整定电流值（A）。

应考虑断路器是否具备瞬时、短延时和长延时保护功能，并根据其特性选用。

3.1.3 电动机的控制元件

1. 交流接触器

交流接触器是一种可以频繁操作的电控元件。其中，电磁型的交流接触器是由组装底座、铁心、励磁线圈、主触点、辅助触点、触点传动轴、灭弧罩等组成。

当线圈通电时，铁心吸合，带动传动轴和触点系统，从而接通主电路和辅助电路，通过主触点向被控元件供电，通过辅助触点的动合触点构成自锁电路，动断触点构成互锁电路，以及信号电路。因此，采用交流接触器可实现手动、自动及远方控制等操作方式。

交流接触器的产生对电力传动技术几乎是一场革命，由机械传动变为电力传动，且使电力传动技术得到普及性的应用。其中，以接触器为核心元件的电动机控制中心（MCC）应用于工业、农业、国防、科研等各个领域之中。

（1）交流接触器的技术参数

1）交流接触器的结构形式。包括极数、操作方式、灭弧结构等。

2）额定电压。交流接触器有两个额定电压：一是线圈的工作电压；二是主触点接通主电路的电源电压。二者有时相同，有时不同，由应用环境决定。

3）工作频率。工作频率为交流 50Hz 或 60Hz。

4）额定绝缘电压。额定绝缘电压是接触器绝缘等级对应的最高电压。低压电器的绝缘电压一般为 500V。但根据需要，交流可提高到 1140V，直流可达 1000V。

5）约定发热电流。在使用类别条件下，允许温升对应的电流值，称为约定发热电流。例如：在使用类别 A2 时，正常操作条件下，紫铜块触点允许温升为 70℃，接通的约定发热电流为 2.5 倍额定电流（I_{e}）。

6）约定封闭发热电流。有封闭外壳时，在允许温升下的发热电流为约定封闭发热电流。

7）额定工作电流或额定控制功率。在额定电压条件下，主（或副）触点的工作电流或控制功率。

8）额定接通、分断能力。在短路状态下仍能接通分断电路的能力，一般设计有 25kA、30kA、50kA、100kA 等。

9）辅助电路。包括辅助触点的种类、辅助触点的数量、电流级次及其辅助元件组成的电路。辅助电路应满足控制电路的需要。

（2）选择交流接触器的技术条件　选择接触器是为了更好地使用，因此在选择时应切实考虑使用时的技术条件。

1）使用类别。所谓使用类别是指接触器所带负载性质及工作条件。接触器的使用类别有四种。

A1 类：用于非感性负载或稍带电感性的电阻炉负载。

A2 类：用于绕线转子异步电动机的起动及反接制动。

A3 类：用于笼型异步电动机的起动，但在运转时断开。

A4 类：用于笼型异步电动机的起动，以及短时反复接通和断开电容器及照明线路。

为了与国际标准接轨，使我国的电气产品适合国际 IEC 的规定和技术要求，在新的国家标准 GB 14048.4—2010 中对使用类别的规定，交流增加了 AC-5~AC-8，且每种又分为 a、b 两类，实际上相当于增加了 8 种 AC 的使用类别；而直流增加了一种 DC-6 使用类别。接触器主电路的标准使用类别见表 3-1。

表 3-1　接触器主电路的标准使用类别

电流	使用类别代号	典型用途电路的标准使用类别
AC	AC-1	无线或微感负载、电阻炉
	AC-2	绕线转子感应电动机的起动、分断
	AC-3	笼型异步电动机的起动、运转中分断
	AC-4	笼型异步电动机的起动、反接制动或反向运转、点动
	AC-5a	放电灯的通断
	AC-5b	白炽灯的通断
	AC-6a	变压器的通断
	AC-6b	电容器组的通断
	AC-7a	家用电器和类似用途的低电感负载
	AC-7b	家用的电动机负载
	AC-8a	具有手动复位过载脱扣器的密封制冷压缩机的电动机控制
	AC-8b	具有自动复位过载脱扣器的密封制冷压缩机的电动机控制
DC	DC-1	无感应或微感负载、电阻炉
	DC-3	并励电动机的起动、反接制动或反向运动、点动、电动机在动态中分断
	DC-5	串励电动机的起动、反接制动或反向运动、点动、电动机在动态中分断
	DC-6	白炽灯的通断

在选用接触器时，要考虑负载决定的使用类别，又要考虑所选的接触器要适应安装处的使用类别。

2）额定工作制。接触器有五种标准工作制。

① 8h 工作制。8h 工作制是接触器的基本工作制，约定发热电流参数就是按 8h 工作制确定的。

② 不间断工作制。这种工作制较 8h 工作制严酷，因为触点上氧化层和尘埃的积累会导致触点发热恶化。当为不间断工作制时，接触器需相应地增大设计容量，即分断能力要比正常数值大一些。

③ 断续周期工作制。断续周期工作制的通电持续率又称负载因数，其标准值为 15%、25%、40% 和 60%。每小时内可完成的操作循环次数称为操作频率，其优选级别见表 3-2。

表 3-2　断续周期工作制时接触器操作频率的优选级别

分级代号	1	2	12	30	120	300	600	1200
操作频率/(1/h)	1	3	12	30	120	300	600	1200

④ 短时工作制。其触点通断时间的标准值有 3min、10min、60min、90min 四种。

⑤ 周期工作制。

3）耐受过载电流能力。是指接触器承受电动机的起动电流和操作不当引起过载电流所造成热效应的能力。

当使用类别为 AC-2、AC-3、AC-4 时，接触器应能耐受相当于 AC-3 类最大额定工作电流的 8 倍的过载电流；当使用类别为 DC-3、DC-5 时，接触器应能耐受相当于 DC-3 类最大额定电流的 7 倍的过载电流。耐受过载电流的要求见表 3-3。

表 3-3　耐受过载电流的要求

接触器种类	额定工作电流/A	试验电流倍数	通电时间/s
AC	≤630	$8I_{emax}$(AC-3)	10
	>630	$6I_{emax}$(AC-3)	10
DC	全部值	$7I_{emax}$(AC-3)	10

4）接触器和短路保护器（SCPD）的配合。接触器和 SCPD 协调配合试验由制造厂进行，选用者应对这项技术指标有所了解，该技术指标的技术数据是接触器额定电流相对应的预期短路试验电流 I_r，见表 3-4。

表 3-4　接触器额定电流相对应的预期短路试验电流 I_r

额定工作电流 I_e(AC-3)/A	预期短路试验电流 I_r/kA
$I_e \leq 16$	1
$16 < I_e \leq 63$	3
$63 < I_e \leq 125$	5
$125 < I_e \leq 315$	10
$315 < I_e \leq 630$	18
$630 < I_e \leq 1000$	30
$1000 < I_e \leq 1600$	42
$I_e > 1600$	由用户与制造厂协商

（3）新型交流接触器

1）施耐德 LC1-D 系列交流接触器。

LC1-D 系列交流接触器适用于交流 50Hz 或 60Hz、额定工作电压至 60V、额定工作电流至 95A 的电路中，远距离接通与分断电路及频繁起动、控制交流电动机。接触器还可加装积木式辅助触点组空气延时头、机械联锁机构等附件，组成延时接触器、可逆接触器、星三角起动器，并且可以和热继电器直接安装组成电磁起动器。

LC1-D 系列交流接触器的结构特点：LC1-D 系列交流接触器为模块式结构，功能组合齐全。在其顶部加装空气延时头，即可成为延时接触器；由 2 个接触器加装机械联锁功能部件，即可组成可逆接触器；热继电器与接触器组装后可成为磁力起动器；接触器顶部加装专用限流触点组及限流电阻，即可成为切换电容接触器；3 台接触器及空气延进头、辅助触点组可组合成星三角起动器，加装辅助触点可组成接触器式继电器等。

2）ABB A 系列交流接触器。

ABB A 系列交流接触器主要用于交流 50Hz 或 60Hz、额定工作电压至 690V、额定工作电流至 1650A 的电力系统中，频繁接通和分断电路及控制电动机，并可与适当的热过载继电器组成电磁起动器，以保护可能发生过载的电路，还可与断路器、熔断器组合使用。

ABB A 系列交流接触器的结构特点：接触器为开启式，触点为双断点，动作机构为直动式。接触器具有 3 对动合主触点，最多具有 4 对动合、4 对动断辅助触点。接触器除了可用螺钉安装外，还可以用 35mm 和 75mm 标准型卡轨安装。

3）富士 SC 系列交流接触器。

SC 系列交流接触器适用于交流 50Hz 或 60Hz、额定绝缘电压 1000V 以下、额定工作电流至 800A 的电力系统中，远距离接通和分断电路及频繁起动、控制交流电动机，并可与适当的热继电器组合以保护可能发生过载的电路。同时也可在 AC-6b 使用类别下用于额定工作电压为 400V、额定工作电流至 87A 的低压无功功率补偿用的电器组，用以调整电力系统的功率因数 $\cos\varphi$ 的值，接触器附有抑制涌流装置，能有效地减少合闸涌流对电容器组的冲击和降低操作过电压。本系列交流接触器优化了触点和灭弧系统的结构，合理设计了磁吹回路，因而降低了电弧弧根在触点上的停滞时间。反力弹簧采用特殊截锥螺旋弹簧，使接触器吸力与反力特性配合良好。

SC 系列交流接触器的功能特点：多功能组合模块结构；可加装辅助触点模块；体积小，安装方便，可用螺钉安装也可用导轨安装；安装垂直倾斜角度为 ±22.5°；大电流采用直流模块保持吸合，节约电能；主触点系统结构独特，触点磨损少，电寿命高；电磁系统工作可靠，损耗少，噪声小，且具有很高的机械强度；封闭型灭弧室，飞弧距离小。

另外，日本三菱的 S-T、S-K 和 S-N 系列交流接触器，常熟开关的 CK3 系列交流接触器，西门子的 3TB 系列交流接触器等也得到了广泛的使用。

2. 其他控制和保护元件

构成电动机控制电路的元件有熔断器、断路器、热过载继电器、时间继电器、中间继电器、电流继电器；按钮、行程开关、信号灯；双向晶闸管以及制动电磁铁等。在此，只介绍以下几种。

（1）熔断器　熔断器以其反时限的熔断特性，在电动机的主电器和辅助电路中做短路保护。

1）当在主电路中保护电动机时，要选用 M 类或与 M 类组合的 gM、aM 类熔断器。其中，gM 类是适用于保护电动机全范围分断的熔断器；aM 类是适用于保护电动机部分范围分断的熔断器。

2）在短路电流较大的场合，即对大容量电动机实施保护时，要切实考虑熔断器的限流作用及截断电流。而最好的方案是：对大容量电动机的短路保护，选用带有过电流脱扣器的断路器。

3）对同一系上、下级熔断器之间的选择，要结合熔断器的门限值、I^2t 和时间-电流特性，注意其过电流选择比，从而保证熔断的选择性。一般选择比为1.6∶1。

4）在同一系统与断路器组成保护时，且熔断器在电源侧发生短路故障时，要使断路器先动作。

5）对容量较小的电动机的短路保护，熔断器的额定电流（I_N）应大于电动机额定电流，按相关规定选用。

（2）制动电磁铁　制动电磁铁是电动机的制动元件，安装在电动机传动轴上，得电松闸，失电制动，是实施机械制动的理想元件。常用的制动电磁铁国产型号：MZD1系列、MZS1系列以及直流MZZ2系列。

（3）变频器　变频器是交流电动机调速最理想的装置。将其串接在主电路中，利用晶闸管的可控制性，组成双向晶闸管交流开关，通过触发有规律的脉冲，实现交—交变频来控制电动机的转速。

3.2 步进电动机的控制

步进电动机属于断续运转的同步发动机。它将输入的脉冲信号变换为阶跃的角位移或直线位移，也就是给一个脉冲信号，电动机就转一个角度或者前进一步，因此这种电动机叫作步进电动机。因为它输入的既不是正弦交流，也不是恒定直流，而是脉冲电流，所以又叫作脉冲电动机。它是数字控制系统中的一种重要的执行元件，主要用于开环控制系统，也可用于闭环系统。

3.2.1 步进电动机的结构

它与普通电动机一样，也是由定子和转子构成，其中定子又分为定子铁心和定子绕组。定子铁心由电工钢片叠压而成。以三相步进电动机为例，定子绕组是绕制在定子铁心6个均匀分布的齿上的线圈，在直径方向上相对的两个齿上的线圈串联在一起，构成一相控制绕组。图3-2所示的步进电动机可构成A、B、C三相控制绕组，故称三相步进电动机。任一相绕组通电，便形成一组定子磁极，其方向即图中所示的N、S极方向。在定子的每个磁极上，即定子铁心上的每个齿上又开了5个小齿，齿槽等宽，齿间夹角为9°，转子上没有绕组，只有均匀分布的40个小齿，齿槽也是等宽的，齿间夹角也是

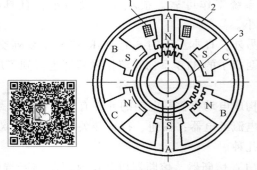

图3-2　反应式步进电动机结构原理图
1—定子绕组　2—定子铁心　3—转子铁心

9°，与磁极上的小齿一致。此外，三相定子磁极上的小齿在空间位置上依次错开1/3齿距。当A相磁极上的齿与转子上的齿对齐时，B相磁极上的齿刚好超前（或滞后）转子齿1/3齿距角，C相磁极上的齿超前（或滞后）转子齿2/3齿距角。

3.2.2 步进电动机的工作原理

步进电动机的工作原理实际上是电磁铁的作用原理。如图3-3所示，当A相绕组通电

时，转子的齿与定子 AA 上的齿对齐。若 A 相断电，B 相通电，由于磁力的作用，转子的齿与定子 BB 上的齿对齐，转子沿顺时针方向转过 30°。如果控制线路不停地按 A→B→C→A… 的顺序控制步进电动机绕组的通断电，步进电动机的转子便不停地顺时针转动，此时步进电动机的步距角为 30°。若通电顺序改为 A→C→B→A…，步进电动机的转子将逆时针转动。这种通电方式称为三相三拍；而通常为了使转子转动平稳，每次通断电切换只改变一相绕组，称为三相六拍，其通电顺序为 A → AB → B → BC → C → CA→A… 及 A→AC→C→CB→B→BA→ A…，相应地，定子绕组的通电状态每改变一次，转子转过 15°，此时步距角为 15°。

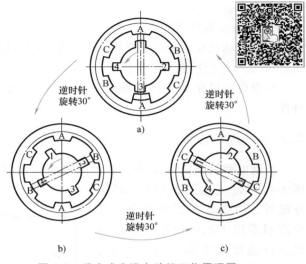

图3-3 反应式步进电动机工作原理图

3.2.3 步进电动机的运行特性和技术指标

1. 相数

相数为产生不同对极 N、S 磁场的励磁线圈对数，常用 m 表示。

2. 步距角和静态步距角误差

步距角为对应一个电脉冲信号，步进电动机转子转过的角位移用 θ 表示。

$$\theta = \frac{360°}{转子齿数 \times 运行拍数}$$

如常规二相步进电动机，其转子齿为 50 齿，四拍运行时步距角为 $\theta = \dfrac{360°}{50 \times 4} = 1.8°$，俗称整步运行；而八拍运行时，步距角为 $\theta = \dfrac{360°}{50 \times 8} = 0.9°$，俗称半步运行。

步距角一般是固定的，国内步进电动机的步距角一般为 0.375°～90°，常用的有 1.2°/0.6°、1.5°/0.75°、1.8°/0.9°、3°/1.5° 等几种。

通常，由于加工工艺等因素造成实际的步距角与理论步距角之间存在一定的偏差，这一偏差又称为静态步距角误差。

3. 最大转矩

最大转矩又称起动转矩，它是指转子正常运行时的最大输出转矩。

4. 最大保持转矩

最大保持转矩又称静转矩，它是指定子绕组通电，转子保持不转时的最大电磁转矩。

5. 最大空载起动频率

步进电动机在某种驱动形式、电压及额定电流下，在不加负载的情况下，能够直接起动的最大频率。

6. 最大空载运行频率

步进电动机在某种驱动形式、电压及额定电流下，不带负载时的最高转速频率。

7. 运行矩频特性

步进电动机在某种测试条件下测得运行中输出力矩与频率关系的曲线称为运行矩频特性。

3.2.4 步进电动机驱动电路

步进电动机要正常工作，必须配以相应的驱动电路。步进电动机的驱动电路框图如图3-4所示。它包括控制器、环形分配器、功率放大器等部分，其中控制器用于发出控制步进电动机运行速度及方向的控制信号，环形分配器将控制器发出的控制信号转变为按一定顺序切换的各绕组的通电控制序列信号，而功率放大器则将环形分配器输出的各绕组通电控制序列信号放大，以满足用于步进电动机运行的各

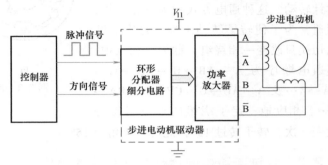

图3-4 步进电动机驱动电路框图

绕组的通电电流。下面对环形分配器和功率放大器作简要说明。

1. 环形分配器

环形分配器的作用是把控制器输出的脉冲信号和方向信号按一定的逻辑关系加到功率放大器上，控制步进电动机定子各绕组按照一定的顺序通电、断电，使步进电动机按一定的方式工作，又叫脉冲分配器。

环形分配器电路有多种方案：用普通集成电路实现、用专用集成电路实现，以及用微机实现。

采用专用集成电路有利于降低系统成本和提高系统的可靠性，而且使用、维护方便，专用集成电路如 CH250、PMM8713 等。

集成电路 CH250 是专为三相反应式步进电动机设计的环形分配器。这种集成电路采用 CMOS 工艺，集成度高、可靠性好。图3-5 为脉冲分配器集成电路 CH250 引脚图及三相六拍工作时的接线图。

CH250 有 A、B、C 三个输出端，外接功率放大器后再驱动步进电动机。CH250 可输出双三拍、三相六拍运行的脉冲信号，由复位端 R、R* 选择，正向脉冲为复位信号，当 R 加上正脉冲，ABC 的状态为 110，而 R* 加上正脉冲后，ABC 的状态为 100，以避免 ABC 出现 000 或 111 非法状态。正反转由相应的 J3r、J3L、J6r、J6L 端选择，高电平为选中信号。当输入端 CL 或 EN 加上时钟脉冲后，输出波形将符合三相反应式步进电动机的要求。采用 CL 脉冲输入端时，是上升沿触发，同时 EN 为使能端，EN＝1 时工作，EN＝0 时禁止。反之，采用 EN 作时钟端，则下降沿触发，此时 CL 为使能端，CL＝0 时工作，CL＝1 时禁止。

CH250 工作状态见表3-5。

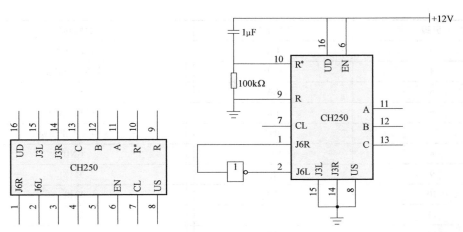

图 3-5　CH250 引脚图及三相六拍接线图

表 3-5　CH250 工作状态

R	R*	CL	EN	J3r	J3L	J6r	J6L	功能	
		↑	1	1	0	0	0	双三拍	正转
		↑	1	0	1	0	0		反转
		↑	1	0	0	1	0	六拍(1~2 相)	正转
		↑	1	0	0	0	1		反转
		0	↓	1	0	0	0	双三拍	正转
0	0	0	↓	0	1	0	0		反转
		0	↓	0	0	1	0	六拍(1~2 相)	正转
		0	↓	0	0	0	1		反转
		↓	1	×	×	×	×	不变	
		×	0	×	×	×	×		
		0	↑	×	×	×	×		
		1	×	×	×	×	×		
1	0	×	×	×	×	×	×	A=1、B=1、C=0	
0	1	×	×	×	×	×	×	A=1、B=0、C=0	

　　PMM8713 是日本三洋电机公司生产的步进电动机脉冲分配器。该器件采用 DIP16 封装，适用于两相或四相步进电动机。PMM8713 在控制两相或四相步进电动机时都可选择三种励磁方式（1 相励磁、2 相励磁、3 相励磁），每相最小的拉电流和灌电流为 20mA，它不但可满足后级功率放大器的要求，而且在所有输入端上均内嵌有施密特触发电路，抗干扰能力很强。PMM8713 引脚功能见表 3-6。

表 3-6　PMM8713 引脚功能

引脚	引脚名称	引脚功能
1	CU	UP 计时脉冲
2	CD	DOWN 计时脉冲

（续）

引脚	引脚名称	引脚功能
3	CK	计时脉冲
4	U/D	旋转方向转换
5	EA	励磁模式转换
6	EB	励磁模式转换
7	ΦC	3 相及 4 相转换
8	VSS	GND
9	$\overline{R}$	复位
10	Φ4	输出
11	Φ3	输出
12	Φ2	输出
13	Φ1	输出
14	EM	励磁监测
15	CO	输入脉冲检测
16	VCC	4.5~5.5V

图 3-6 是采用脉冲分配器专用集成电路 PMM8713 的实例。设定在双四拍工作方式，电动机的转速由端子 CK 的脉冲输入频率决定，正、反转切换是由 U/D 端子取 "1" 还是取 "0" 来决定（电动机的正、反转也可以采用脉冲控制的方法通过 CU 和 CD 端子来进行。CU 端输入的脉冲使电动机正转，CD 端输入的脉冲使电动机反转，此时 CK 和 U/D 端同时接地）。ΦC 端是为切换电动机相数用的控制端，三相电动机时 ΦC = "0"，四相电动机时 ΦC = "1"。Φ1~Φ4 为脉冲输出端，去连接驱动电路。EA、EB 为励磁方式选择用，1~2 相励磁时，EA = EB = "1"；2 相励磁时，EA = EB = "0"；1 相励磁时，其中一端为 "1"，另一端为 "0"。$\overline{R}$ 为复位端，$\overline{R}$ = "0"

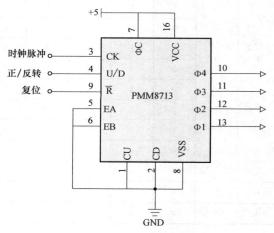

图 3-6 PMM8713 的应用实例

时，Φ1~Φ4 均为 "1" 状态，此时步进电动机锁住不动。

2. 步进电动机的功率放大

（1）单电压功率放大电路 图 3-7 是单电压功率放大电路，此电路的优点是电路结构简单，不足之处是 R_c 消耗能量大，电流脉冲前后沿不够陡，在改善了高频性能后，低频工作时会使振荡有所增加，使低频特性变坏。

（2）高低电压功率放大电路 如图 3-8 所示，电源 U_1 为高电压电源，为 80~150V；U_2 为低电压电源，为 5~20V。在绕组指令脉冲到来时，脉冲的上升沿同时使 VT_1 和 VT_2 导通。由于二极管 VD_1 的作用，使绕组只加上高电压 U_1，绕组的电流很快达到规定值。到达规定值后，VT_1 的输入脉冲先变成下降沿，使 VT_1 截止，电动机由低电压 U_2 供电，维持规定电流值，直到 VT_2 输入脉冲下降沿到来，VT_2 截止。

不足之处是在高低压衔接处的电流波形在顶部有下凹，影响电动机运行的平稳性。

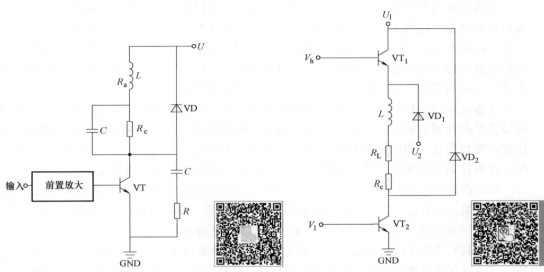

图 3-7　单电压功率放大电路　　　　　　图 3-8　高低电压功率放大电路

（3）斩波恒流功放电路　如图 3-9 所示，该电路的特点是工作时 V_{in} 端输入方波步进信号，当 V_{in} 为"0"电平，由与门 A2 输出 V_b 为"0"电平，功率管 VT 截止，绕组 L 上无电流通过，采样电阻 R_3 上无反馈电压，A1 放大器输出高电平；而当 V_{in} 为高电平时，由与门 A2 输出的 V_b 也是高电平，功率管 VT 导通，绕组 L 上有电流，采样电阻 R_3 上出现反馈电压 V_f，由分压电阻 R_1、R_2 得到的设定电压与反馈电压相减，来决定 A1 输出电平的高低，从而决定 V_{in} 信号能否通过与门 A2。若 $V_{ref} > V_f$，V_{in} 信号通过与门，形成 V_b 正脉冲，打开功率管 VT；反之，若 $V_{ref} < V_f$，V_{in} 信号被截止，无 V_b 正脉冲，功率管 VT 截止。这样在一个 V_{in} 脉冲内，功率管 VT 会多次通断，使绕组电流在设定值上下波动。

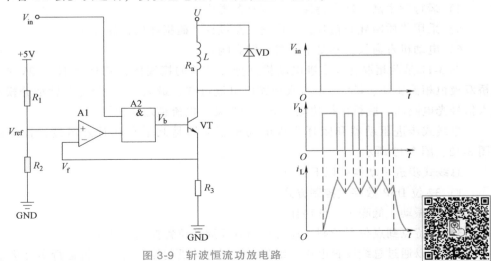

图 3-9　斩波恒流功放电路

总之，步进电动机驱动电源的作用是对控制脉冲进行功率放大，以使步进电动机获得足够大的功率驱动负载运行。

3. 集成的步进电动机驱动器

步进电动机在控制系统中具有广泛的应用。它可以把脉冲信号转换成角位移，并且可用作电磁制动轮、电磁差分器或角位移发生器等。步进电动机不能直接接到直流或交流电源上工作，必须使用专用的驱动电源（步进电动机驱动器）。控制器（脉冲信号发生器）可以通过控制脉冲的个数来控制角位移量，从而达到准确定位的目的；同时可以通过控制脉冲频率来控制电动机转动的速度和加速度，从而达到调速的目的。

步进电动机的控制方式一般分为开环控制与闭环控制两种控制方式，其中开环控制方式是最简单的控制方式，在这样的控制方式下，步进电动机控制脉冲的输入并不依赖于转子的位置，反而是按一固定的规律发出其控制脉冲，步进电动机仅依靠这一系列既定的脉冲而工作，这种控制方式由于步进电动机的独特性而比较适合于控制步进电动机。

闭环控制是控制论的一个基本概念，指作为被控对象的输出以一定方式返回到作为控制对象的输入端，并对输入端施加控制影响的一种控制关系。步进电动机的闭环控制是采用位置反馈和（或）速度反馈来确定与转子位置相适应的相位转换，可大大改进步进电动机的性能。在闭环控制的步进电动机系统中，可以在具有给定精确度下跟踪和反馈，以扩大工作速度范围，也可以在给定速度下提高跟踪和定位精度，从而得到极限速度指标和极限精度指标。

目前最常用的是开环步进电动机，它又分为两相混合式步进电动机、三相混合式步进电动机和五相混合式步进电动机，图 3-10 是 42 系列两相混合式步进电动机，它具有以下优点：

图 3-10　两相混合式
步进电动机

1）结构设计紧凑，体积小，单位体积出力显著提高。

2）精度高，如采用高细分驱动器可显著提高定位精度，无累积定位误差。

3）有良好的内部阻尼特性，运行平稳，无明显低频振荡区。

4）运行频率高，动态特性好，调整范围广。

5）采用优质冷轧矽钢片，并优化磁路设计，磁损耗低，温升低。

6）电动机寿命长，不受电动机堵转影响。

图 3-11 是两相混合式步进电动机细分驱动器的接线图，它具有 10～40V 直流供电、H 桥双极恒相流驱动、最大 3A 的八种输出电流可选、最大 64 细分的七种细分模式可选、输入信号光电隔离、脱机保持功能和节能的自动半电流锁定功能等特点。

总线式步进驱动器和闭环步进电动机驱动器是北京和利时公司最近推出的产品，如图 3-12、图 3-13 所示。

总线式步进驱动器有以下优点：

1）32 位 DSP 数字式控制方式。

2）低振动、低噪声、低功耗。

3）支持点到点位置控制、速度控制以及周期位置控制三种模式。

4）可以通过总线设置电流、细分、控制电动机起停及对电动机运行实时状态监控。

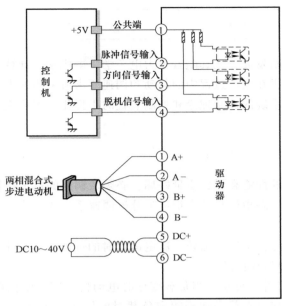

图 3-11　总线式步进驱动器

图 3-12　总线式步进驱动器

图 3-13　闭环步进电动机驱动器

闭环步进电动机驱动器有以下优点：

1）闭环控制模式防止失步发生。

2）拓展电动机的力矩输出。

3）根据负载自动调整输出大小，降低电动机温升。

4）适应各种机械负载状态，参数免调节。

5）电动机运行更平滑，振动更轻微。

6）加减速动态性大幅度提升。

7）完善的报警监控。

8）无振动的零速静止能力。

9）最大 25600 步/r 的 16 种细分模式可选。

随着技术的进步，步进电动机及驱动器正在向着集成化和一体化的方向改进与完善。

3.3 直流电动机的控制

随着科学技术的不断发展，尤其随着电力电子学、电机学、计算机科学、自动控制理论研究的深入，直流电动机在生产过程中的起动和调速要求所采用的方法和设备都有了长足的进步。直流电动机调速系统的控制理论和控制装置的小型化、集成化、工作的稳定性都比以前有了极大的提高。

3.3.1 直流调速系统的性能指标

衡量一个调速系统的性能高低、质量好坏，必须从调速的稳定指标和动态指标两个方面考虑，即从调速系统的稳态指标和动态指标来分解调速系统的性能。

1. 稳态指标

调速系统的稳态指标，是指系统处于稳定运行时的性能指标。主要有静差率 s、调速范围 D、调速系统与负载配合能力等。

（1）静差率 s　静差率 s 反映了当负载变化时电动机转速的变化程度，表示在电动机的某一条机械特性上，由理想空载增加到额定负载时的转速降落 Δn_N（又称静态速降）与理想空载转速 n_0 之比，即 $s = \dfrac{n_0 - n_N}{n_0} = \dfrac{\Delta n_N}{n_0}$，生产机械对静差率的要求是针对最低转速而言的。

（2）调速范围 D　生产机械要求电动机能提供的最高转速 n_{max} 与最低转速之比 n_{min} 叫作调速范围，通常用 D 表示，即

$$D = \frac{n_{max}}{n_{min}}$$

（3）调速系统与负载配合能力　各种生产机械在调速过程中，电动机输出转矩与输出功率以及负载转矩与消耗功率，随转速变化的规律是各不相同的。

例如起重机、卷扬机等机械，在调速时，电动机轴上承受的负载转矩不变，其输出功率与转速成正比，这种调速称为恒转矩调速。另一类生产机械，例如金属切削机床的主轴调速，电动机轴上的负载随转速的增大而减小，其输出功率基本维持不变，这种调速称为恒功率调速。

还有一类生产机械，如轧钢机，在其整个调速过程中，一部分要求恒功率调速，一部分要求恒转矩调速，这种调速可称为混合调速。而风机、离心泵等负载，在调速时，负载转矩与转速的二次方成正比，轴上输出功率随转矩的三次方成正比。

一般来说，调速方案的选择应充分考虑到拖动负载的性质，以保证拖动要求的实现，且充分发挥电动机的作用，否则，电动机容量不能充分利用而造成电能的浪费。

2. 动态指标

生产机械的调速过程，即从一种转速调节到所需的另一种转速，并不是瞬间完成的，而是一个动态的过渡过程。调速系统的动态指标是表示调速系统在速度变化过程中的技术指标。对于调速精度要求较高的调速控制系统，如龙门刨床的主拖动、造纸机等都必须充分考虑改善动态指标，否则不能满足生产要求。

调速系统的动态指标主要有最大超调量、调整时间、振荡次数、最大动态速降和恢复时

间等。

（1）最大超调量 σ　最大超调量是指调速系统在外来突变信号的作用下，系统达到的最大转速和稳态值的稳态转速之比，用 σ 表示。

（2）调速时间 t_s　又称为动态响应时间，它是指从信号加入，到系统开始进入允许偏差区为止的时间。它反映系统调整的快速性。

（3）振荡次数 N　振荡次数表示在调整时间内，转速在稳态值上下摆动的次数。它反映了系统的调速稳定性。

（4）最大动态速降 Δn_{max}　调速系统的一项抗干扰指标，即在稳定运行中，系统突加一个负载转矩所引起的最大速降。

（5）恢复时间 t_r　从扰动量作用开始，到被调量开始转入稳定转速允许偏差区为止的一段时间。t_r 越小，说明系统的抗干扰能力越强。

3.3.2　直流电动机调速方法

从直流电动机的电路分析可知，一个是电枢回路，另一个是励磁回路，如图 3-14a 所示，电枢回路有电阻 R 和漏磁电感 L，其等效电路如图 3-14b 所示。

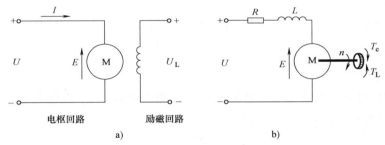

图 3-14　直流电动机原理及其等效电路图

a）直流电动机原理图　b）直流电动机电枢回路等效电路图

当电动机正常运行时，其各物理量可表示如下：

$$U = IR + E \tag{3-4}$$

$$T_e = k_r \Phi I \tag{3-5}$$

$$E = k_e \Phi n \tag{3-6}$$

由式（3-6）可知：

$$n = \frac{E}{k_e \Phi} = \frac{U - IR}{k_e \Phi} = \frac{U - T_e R / (k_T \Phi)}{k_e} \tag{3-7}$$

式中，U 为加在电枢回路上的电压；R 为电动机电枢电路总电阻；Φ 为电动机磁通；k_e 为电动势常数；k_T 为转矩常数；T_e 为电磁转矩。

式（3-7）即为直流电动机的机械特征方程式。对于每一台特定的电动机来说，其 k_T、k_e 为常数，当负载一定时，要调节电动机的转速 n，便可以有以下三种方法：改变电动机电枢回路的电阻 R、改变电动机磁通 Φ 和改变加在电枢回路的外加电压 U。

1. 改变电枢回路电阻调速

采用电枢回路串联电阻的方法调速，其机械特性变软（图 3-15），系统转速受负载影响大，轻载时达不到调速的目的，重载时还会产生堵转现象，而且在串联电阻中通过的是电枢电流，长期运行时损耗也大，经济性差，因此在直流传动调速系统中已很少应用。

2. 改变磁通调速

在电动机励磁回路中，改变其串联电阻的大小或采用专门的励磁调节器来控制励磁电压，都可以改变励磁电流和磁通。此时电动机的电枢电压通常为额定值，而且不附加电阻。由式（3-4）可知，理想空载转速与磁通成反比，即减弱磁通使理想空载转速增加；机械特征斜率与磁通二次方成正比，即随着磁通减弱，斜率急剧增加（图3-16）。因此，采用调节磁通进行调速时，在高速下由于电枢电流去磁作用增大，使转速特征变得不稳定，换相性能也会下降。所以采用改变磁通来调速的范围是有限的。无换向极电动机的调速范围为基速的1.5倍，有换向极电动机的调速范围为基速的3~4倍。

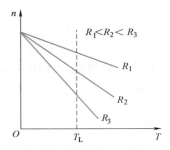

图 3-15　改变电枢回路电阻调速的调节特性　　图 3-16　改变磁通调速时系统的调节特性和机械特性

3. 改变电枢电压调速

由式（3-7）可知，当改变电枢电压 U 时，理想空载转速 n_0 也将改变，而机械特征的斜率不变，此时电动机的特征方程式为

$$n = \frac{U'}{k_e \Phi} - \frac{R T_e}{k_T k_e \Phi^2} = n_0' - k_m T \tag{3-8}$$

其特征曲线为一组以 U 为参数的平行曲线（图3-17）。由此可知，在整个调速范围内有较大的硬度，在允许的转速变化范围内可以获得较低的稳定转速，故此种方法的调速范围较宽，一般可达 100∶1~150∶1。

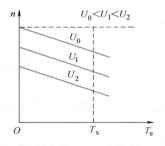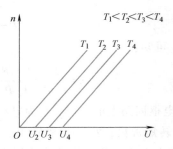

图 3-17　改变电枢电压调速时系统的调节特性和机械特性

改变电枢电压调速方法属于恒转矩调速，在空载或负载转矩变化时也可以得到稳定转速，通过电压正反向变化，使电动机能平滑地起动和工作在四个象限，能实现回馈制动，而且控制功率较小，效率较高，配上各种调节器可以组成性能较高的调速系统，因此在工业中

得到广泛应用。

3.3.3 直流调速系统原理分析

1. 开环调速系统

从式（3-7）可知，若供给的电枢电压可连续调节，则能实现直流电动机的平滑调速。目前，由电力器件（或晶闸管）组成的半导体变流装置可将单相或三相交流电转换成可调输出电压的直流电，给直流电动机供电，其开环控制系统如图 3-18 所示。

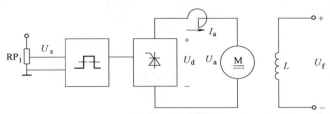

图 3-18 开环直流调速系统原理图

图中的 L 为电抗器，其作用是使电动机的工作电流连续平稳，使电动机的机械特性变硬。稳定运行时，忽略电抗器 L 的绕线电阻后，有

$$U_a = U_d \tag{3-9}$$

$$n = \frac{U_a - I_a R_a}{K_e \Phi} = \frac{U_a - T_L R_a / (k_r \Phi)}{k_e \Phi} = \frac{U_a}{k_e \Phi} - \frac{R_a T_L}{k_r k_e \Phi^2} \tag{3-10}$$

从式（3-10）可知，稳定后的转速 n 与负载阻力矩 T_L 呈线性关系，负载阻力矩 T_L 引起的转速变化部分为

$$\Delta n = \frac{I_a R_a}{K_e \Phi} = \frac{T_L R_a}{K_T K_e \Phi^2} \propto T_L \tag{3-11}$$

当 $T_L = 0$ 即理想空载的情况下，其转速为理想空载转速 n_0，则 $n_0 = \dfrac{U_a}{K_e \Phi}$，$n = n_0 - \Delta n$。$\Delta n$ 也就称为负载引起的转速降。

2. 闭环调速系统

闭环系统是把反映输出转速的电压信号反馈到系统输入端，与给定电压比较，形成一个闭环。由于反馈的作用，系统可以自行调整转速，这种方式也称为反馈控制。

典型的单闭环直流调速系统由他励直流电动机、整流装置、永磁式测速发电机、放大器和触发器等组成，测速发电机通过对直流电动机转速的测量，实现转速电压变换和速度负反馈，这称为转速负反馈调速系统。除此以外，还有电压负反馈、带电流截止负反馈、电压微分及转速微分负反馈等。

（1）转速负反馈调速系统 图 3-19 为转速负反馈调速系统原理图，检测的反馈信号 U_{fn} 与转速 n 成正比，$U_{fn} = \alpha n$，α 又称为转速反馈系数。

由图 3-19 可知：

$$\Delta U = U_s - U_{fn} \tag{3-12}$$

$$U_c = K_p \Delta U \tag{3-13}$$

$$U_a = K_s U_c \tag{3-14}$$

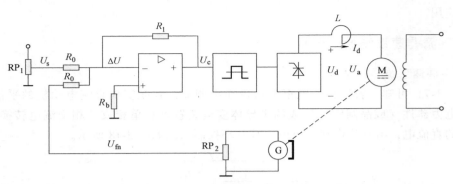

图 3-19 带有转速负反馈的单闭环直流调速系统原理图

$$n = \frac{U_a - I_a R_a}{K_e \Phi} \tag{3-15}$$

式中，ΔU 为电压偏差信号；K_p 为放大器的电压放大倍数；K_s 为整流装置的电压放大倍数；U_a 为整流输出理想空载电压（忽略直流装置的内阻抗）；R_a 为电枢回路总电阻；I_a 为电动机工作电流；$K_e \Phi$ 为电动机常数。

消除中间变量，可得

$$n = \frac{K_p K_s U_s}{K_e \Phi} - \frac{1}{1+K} \frac{I_a R_a}{K_e \Phi} = n_0 - \Delta n' \tag{3-16}$$

式中，n_0 为系统理想空载时（$I_a = 0$）的转速；$\Delta n'$ 为负载引起的转速降；$K = \dfrac{K_p K_s \alpha}{K_e \Phi}$ 称为开

环增益系数。同时，推出 $\Delta n' = \dfrac{1}{1+K} \dfrac{I_a R_a}{K_e \Phi}$。

由此对照开环调速系统的转速降公式可知，调速系统增加了电压负反馈环节后，将使转速降为开环时的 $\dfrac{1}{1+K}$ 倍，大大提高了系统的控制精度，从而提高了整个系统对于工艺状况要求的适应性。

加入转速负反馈环节后的自动调节过程如图 3-20 所示（忽略电动机内部自动调节过程）。负载转矩 T_L 增加时，转速负反馈电压 U_{fn} 下降，使偏差电压 ΔU 增加，整流装置电压 U_d 上升，电枢电压 U_a 上升，使得电枢电流 I_a 增加。在电枢电流增加的情况下，由于磁场的作用，将使直流电动机电枢电路中的电磁转矩 T_e 增加，以适应机械负载转矩 T_L 的增加，这个过程将一直进行到 $T_L = T_e$ 时才结束。同理，在机械负载转矩 T_L 减少的情况下，也会同样减小电枢回路的电流 I_a 而引起电枢电路中电磁转矩 T_L 的减小，一直进行到 $T_L = T_e$ 为止。

$$T_L \uparrow \longrightarrow n \downarrow \longrightarrow U_{fn} \downarrow \longrightarrow \Delta U \uparrow \longrightarrow U_c \uparrow \longrightarrow U_d \uparrow \longrightarrow U_a \uparrow \longrightarrow I_a \uparrow \longrightarrow T_e \uparrow$$

图 3-20 带有转速负反馈的单闭环直流调速系统自动调节过程

图 3-21 表示在自动调节过程中，带转速负反馈环节与开环环节对调速系统机械特性的影响。I_d 为整流装置输出电流，即直流电动机的电枢电流 I_a，T_L 为负载转矩。当负载转矩

由 T_1 变为 T_3 时，对于开环系统，此时，转速由 n_a 降到 n_d。加入转速负反馈环节后，负载转矩 T_L 的增加将使转速 n 下降，而导致 U_{fn} 的下降，使 $\Delta U = U_a - U_{fn}$ 增加，整流装置的电压输出值由 U_{d1} 增加到 U_{d3}，这样使机械负载增加后电动机的转速由 n_a 变为 n_c，由图 3-20 可知 $n_c > n_d$，显然对于转速降来说，带转速负反馈环节的直流调速系统的机械特性比开环直流调速系统的机械特性"硬"多了。

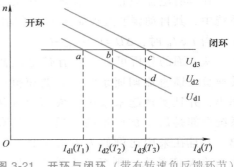

图 3-21 开环与闭环（带有转速负反馈环节）对直流调速系统机械特性的影响原理

在实际应用的过程中，若直流电动机在起动、堵转（或过载）时，由于负载转矩 T_L 的增大，在单纯的带转速负反馈的过程中，将会使电枢回路的电流 I_a 增加很大，这样将会使整流器件和直流电动机经受很大的电流冲击，严重时将会烧毁整流器件和电动机，因此要对电枢电流加以限制，须采用带电流截止负反馈调速系统。

（2）带电流截止负反馈调速系统 在电枢电流大于截止电流（也可以为极限电流或最大允许电流）时，电流负反馈环节起作用，图 3-22 是带电流截止负反馈的转速负反馈调速系统原理图。在其电枢电路中串联入一个取样电阻 R_c，外部辅助电源经电位器提供一个比较阈值电压 U_0，电流反馈信号 $I_d R_c$ 经二极管 VD 与比较电压 U_0 反极性串联后，再加到放大器的输入端，即 $U_{fi} = I_d R_c - U_0$。当 $U_{fi} \leq 0$ 时，二极管 VD 截止，电流截止负反馈不起作用；当 $U_{fi} \geq 0$ 时，二极管 VD 导通。此时，电流截止负反馈环节起作用，反馈信号电压 U_{fi} 将加到放大器的输入端，此时偏差电压差为：$\Delta U = U_s - U_{fi} - U_{fn}$。当电流继续增加时，$U_{fi}$ 使 ΔU 降低，U_d 也可同时降低，从而限制电流增加过大。这时，由于电枢电压 U_a 的下降，再加上 $I_d R_c$ 的增大，由 $n = \dfrac{U_a - I_a R_a}{K_e \Phi}$ 可知转速将急剧下降，使机械特性出现很陡的下垂特性。整个系统的机械特性如图 3-23 所示，图中 I_N 为电动机额定电流，I_B 为电动机截止电流，I_m 为电动机堵转电流。在 a 段，转速负反馈不起作用；而在 b 段，电流截止负反馈起作用，这样在电动机堵转（或起动）时，电流不会很大。这是因为，虽然转速 $n = 0$，但由于电流截止负反馈的作用，使电枢电压 U_a 下降。

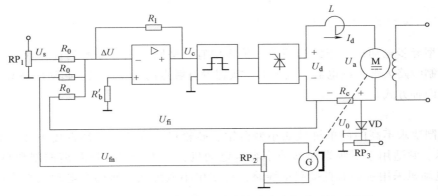

图 3-22 带电流截止负反馈的转速直流调速系统原理图

在具有电流截止负反馈的转速负反馈直流调速系统中，其自动调节过程如图 3-24 所示。

当 $I_a > I_B$ 时，$\Delta U = U_s - U_{fn} - U_{fi}$

从上面的分析可知，具有带电流截止负反馈的转速负反馈直流调速系统具有调速范围较大和静差率小，并且实现起来系统组成简单等优点。但整个系统全部是属于被调量的负反馈，具有反馈控制规律，并且在采用比例放大器时是具有静差率的。放大系数 K 值越大，则静差率越小。所以，对于一些要求静差率极小的场合，也可以采用积分调节器或比例积分调节器来消除静差率。

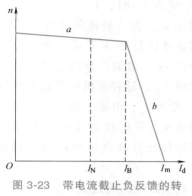

图 3-23　带电流截止负反馈的转速直流调速系统的机械特性

在上述直流调速系统中，由于电流截止负反馈环节限制了最大电流，使直流电动机反电动势随着转速的上升而增加，使电流达到最大值以后便迅速下降，这样，就会造成电动机的电磁转矩减小，使起动加速时间变慢，起动时间变长。这对于要求不太高的调速系统，基本上能够满足要求。但对于一些经常要求工作在正、反转状态，并且起动电流保持在最大值上的电动机，在低速状态下能输出最大转矩，从而缩短起动时间的场合（如轧钢机、龙门刨床等）就不适应，此时可以采用转速和电流双闭环直流调速系统。转速、电流双闭环直流调速系统具有单闭环直流调速系统不可比拟的优点，具有良好的稳态、动态特性。

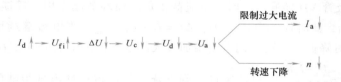

图 3-24　电枢电流大于截止电流时电流截止负反馈的作用

🔧 3.4　交流电动机的控制

3.4.1　三相异步电动机的起动控制

三相笼型异步电动机由于结构简单、价格便宜、坚固耐用等一系列优点获得了广泛应用。它的控制线路大都由继电器、接触器、按钮等有触点的电器组成。起动控制有直接起动和减压起动两种方式。

1. 直接起动控制线路

一些控制要求不高的简单机械如小型台钻、砂轮机、冷却泵等都直接用开关起动，如图 3-25 所示，它适用于不频繁起动的小容量电动机，但不能实现远距离控制和自动控制。图 3-26 是电动机采用接触器直接起动线路，许多中小型卧式车床的主电动机都采用这种起动方式。

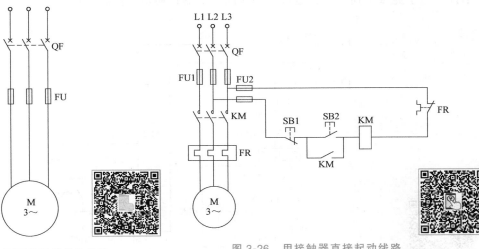

图 3-25 用开关直接起动线路 图 3-26 用接触器直接起动线路

控制线路中的接触器辅助触点 KM 是自锁触点。其作用是：当放开起动按钮 SB2 后，仍可保证 KM 线圈通电，电动机运行。通常将这种用接触器本身的触点来使其线圈保持通电的环节称作自锁环节。

2. 减压起动控制线路

较大容量的笼型异步电动机（大于 10kW）因起动电流较大，一般都采用减压起动方式起动，起动时降低加在电动机定子绕组上的电压，起动后再将电压恢复到额定值，使之在正常电压下运行。电枢电流和电压成正比例，所以降低电压可以减小起动电流，不至于在电路中产生过大的电压降，减小对线路电压的影响。常用的减压起动有星形-三角形换接、定子串电阻、自耦变压器等起动方法。

（1）星形-三角形换接减压起动控制线路

正常运行时定子绕组接成三角形的笼型异步电动机，可采用星形-三角形换接的减压起动方法来达到限制起动电流的目的。

起动时，定子绕组首先接成星形，待转速上升到接近额定转速时，将定子绕组的接线由星形换接成三角形，电动机便进入全电压正常运行状态。目前 4kW 以上的 Y、Y2 系列的三相笼型异步电动机定子绕组在正常运行时，都是接成三角形的，故都可以采用星形-三角形换接减压起动方法。

图 3-27 为按钮切换星形-三角形减压起动控制线路。工作情况如下：

电动机星形联结起动：先合上电源开关 QS，按下 SB2，接触器 KM1 线圈通电，KM1 自锁触点闭合，同时 KM2 线圈通电，KM2 主触点闭合，电动机星形联结起动，此时，KM2 动断互锁触点断开，使得 KM3 线圈不能得电，实现电气互锁。

电动机三角形联结运行：当电动机转速升高到一定值时，按下 SB3，KM2 线圈断电，KM2 主触点断开，电动机暂时失电，KM2 动断互锁触点恢复闭合，使得 KM3 线圈通电，KM3 自锁触点闭合，同时 KM3 主触点闭合，电动机三角形联结运行；KM3 动断互锁触点断开，使得 KM2 线圈不能得电，实现电气互锁。

这种起动电路由起动到全压运行，需要两次按动按钮，不太方便，并且切换时间也不易掌握。为了克服上述缺点，也可采用时间继电器自动切换控制线路。

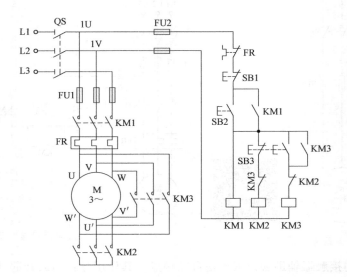

图 3-27　按钮切换星形-三角形减压起动控制线路

图 3-28 是时间继电器自动切换星形-三角形减压起动控制线路。工作情况如下：合上 QS，按下 SB2，接触器 KM1 线圈通电，KM1 动合主触点闭合，KM1 辅助触点闭合并自锁。同时星形控制接触器 KM2 和时间继电器 KT 的线圈通电，KM2 主触点闭合，电动机作星形联结起动。KM2 动断互锁触点断开，使三角形控制接触器 KM3 线圈不能得电，实现电气互锁。经过一定时间后，时间继电器的动断延时触点打开，动合延时触点闭合，使 KM2 线圈断电，其动合主触点断开，动断互锁触点闭合，使 KM3 线圈通电，KM3 动合触点闭合并自锁，电动机恢复三角形联结全压运行。KM3 的动断互锁触点分断，切断 KT 线圈电路，并使 KM2 不能得电，实现电气互锁。

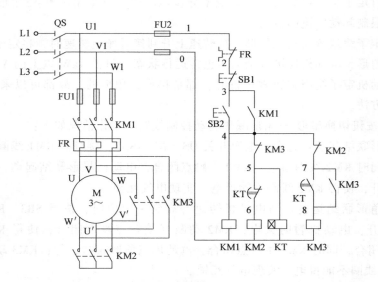

图 3-28　时间继电器自动切换星形-三角形减压起动控制线路

SB1 为停止按钮。KM2 和 KM3 实行电气互锁的目的，是为了避免 KM2 和 KM3 同时通电吸合而造成严重的短路事故。

三相笼型异步电动机采用星形-三角形减压起动时，定子绕组星形联结状态下起动电压为三角形联结直接起动电压的 $1/\sqrt{3}$。起动转矩为三角形联结直接起动的 $1/3$，起动电流也为三角形联结直接起动电流的 $1/3$。与其他减压起动相比，星形-三角形减压起动投资少，线路简单，但起动转矩小。这种起动方法适用于空载或轻载状态下起动，同时，这种减压起动方法只能用于正常运转时定子绕组接成三角形的异步电动机。

（2）定子串电阻减压起动控制线路　图 3-29 是定子串电阻减压起动控制线路。电动机起动时在三相定子电路中串接电阻 R，使电动机定子绕组电压降低，起动后再将电阻短路，电动机仍然在正常电压下运行。这种起动方式由于不受电动机接线形式的限制，设备简单，因而在中小型生产机械中应用较广。机床中也常用这种串接电阻的方法限制点动及制动的电流。

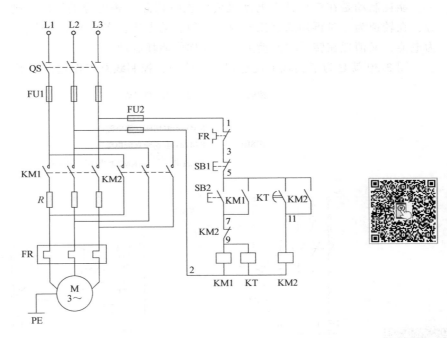

图 3-29　定子串电阻减压起动控制线路

图 3-29 所示控制线路的工作过程如下：

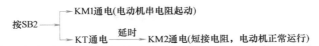

合上电源开关 QS，线路通电。按下起动按钮 SB2，接触器 KM1 和时间继电器 KT 的线圈同时得电吸合，KM1 的主触点闭合，电动机定子串电阻 R 减压起动。接触器 KM1 的辅助动合触点闭合，电路实现自锁。时间继电器 KT 的线圈得电后，开始延时。

时间继电器延时的时间到，时间继电器延时闭合的动合触点闭合，接触器 KM2 线圈得电吸合，KM2 的主触点闭合，将电阻 R 短接，电动机在全压下运行，KM2 的辅助动合触点闭合实现电路自锁，同时 KM2 的辅助动断触点断开，切除接触器 KM1 和时间继电器 KT 线圈的电路，使 KM1 和 KT 失电复位。电动机过电流保护由热继电器 FR 完成。

3.4.2 三相异步电动机的制动控制

三相异步电动机从切断电源到完全停止旋转，由于惯性，总要经过一定时间，这往往不能适应某些生产机械工艺要求。如万能铣床、卧式镗床、组合机床等，无论从提高生产效率，还是从安全等方面考虑，都要求能迅速停机和准确定位。这就要求对电动机进行制动，强迫其立即停机。制动的方式有两大类，即机械制动和电气制动。机械制动采用机械抱闸或液压装置制动；电气制动实质是使电动机产生一个与原来转子的转动方向相反的制动转矩。常用的电气制动是能耗制动和反接制动。

1. 能耗制动控制线路

能耗制动是在三相异步电动机要停机时切除三相电源的同时，把定子绕组接通直流电源，在转速为零时再切除直流电源。这种制动方法，实质上是把转子原来储存的机械能转变为电能，又消耗在转子的制动上，所以称作能耗制动。

图 3-30 就是为了实现上述过程而设计的，控制线路工作过程如下：

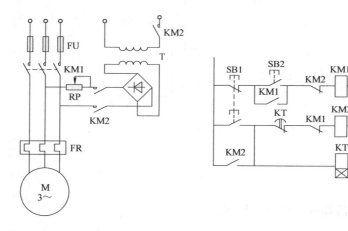

图 3-30　能耗制动控制线路

能耗制动的特点是制动作用的强弱与直流电流的大小和电动机转速有关，在同样的转速下电流越大制动作用越强。一般取直流电流为电动机空载电流的 3~4 倍，过大会使定子过热。

2. 反接制动控制线路

反接制动实质上是改变异步电动机定子绕组中的三相电源相序，产生与转子转动方向相反的转矩，因而起制动作用。

反接制动过程为：当想要停机时，首先将三相电源切换，然后当电动机转速接近零时，再将三相电源切除。图 3-31 所示的控制线路就是要实现这一过程。

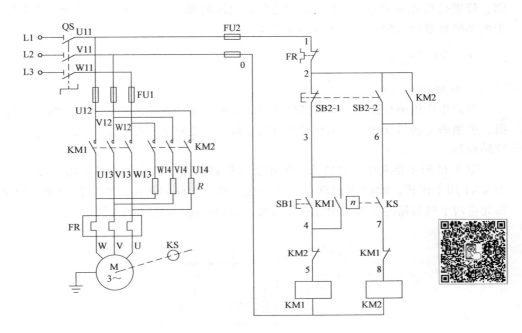

图 3-31　反接制动控制线路

电动机正在正方向运行时，如果把电源反接，电动机转速将由正转急速下降到零。如果反接电源不及时切除，则电动机又要从零速反向起动运行。所以必须在电动机制动到零速时，将反接电源切断，电动机才能真正停下来。控制线路是用速度继电器来"判断"电动机的停与转的。电动机与速度继电器的转子同轴连接，电动机转动时，速度继电器的动合触点闭合，电动机停止时动合触点打开。

工作过程如下：

起动

按下SB1—→ KM1线圈得电 —→ 电动机正转 —→ 转速上升到 n 时，KS动合触点闭合，为制动做准备

反接制动

按下SB2

　—→ SB2动断触点先断开 —→ KM1线圈失电 —→ 电动机失电惯性运转

　—→ KM2线圈得电 —→ 电动机反接制动 —→ $n \approx 0$，KS动合触点打开 —→ KM2线圈失电 —→ 电动机制动结束

图 3-31 所示控制线路中的停止按钮使用了复合按钮 SB2，并在其动合触点上并联了 KM2 的动合触点，使 KM2 能自锁。这样在用手转动电动机时，虽然 KS 的动合触点闭合，但只要不按停止按钮 SB2，KM2 不会得电，电动机也就不会反接电源；只有操作停止按钮 SB2 时，KM2 才能得电，制动线路才能接通。

电动机反接制动电流很大，故在主电路中串入电阻 R，以防止制动时电动机绕组过热。

反接制动时，旋转磁场的相对速度很大，定子电流也很大，因此制动效果显著。但制动

过程中有冲击，对传动部件有害，能量消耗也大，故反接制动适用于不太经常起停的设备，如铣床、镗床、中型车床主轴的制动。

能耗制动与反接制动相比较，具有制动准确、平稳、能量消耗小等优点。但制动力较弱，特别是在低速时尤为突出，而且还需要直流电源，控制线路也较复杂，故能耗制动适用于电动机容量较大和起制动频繁的场合。

3.4.3 电动机正反转控制

1. 接触器互锁的正反转控制线路

有的生产机械往往要求运动部件具有正反两个方向运动。例如，机床的工作台前进与后退、主轴的正转与反转、起重机的上升与下降等，这就要求拖动生产机械的电动机能实现正反转控制。

图 3-32 所示是利用接触器互锁的正反转控制线路，图中主电路采用了两个接触器，其中 KM1 用于正转，KM2 用于反转。两个接触器不能同时通电，否则会造成两相电源短路。因此将两个接触器的动断辅助触点接入对方线圈电路，以实现互锁。

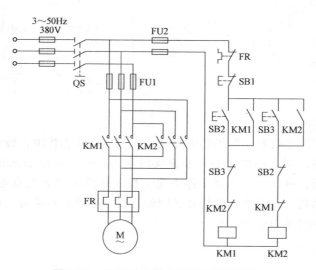

图 3-32　接触器互锁的正反转控制线路

正向转动控制：合上电源开关 QS，按下正向起动按钮 SB2，接触器 KM1 的线圈通电并吸合，其主触点闭合，动合辅助触点闭合自锁，电动机 M 正向旋转。同时 KM 的动断辅助触点断开，避免接触器 KM2 通电。

这时电动机所接电源的相序为 A—B—C。

反向转动控制：如果需要电动机由正向旋转变为反向旋转，先按下停止按钮 SB1，使正转电路断开，然后再按下反向起动按钮 SB3，接触器 KM2 线圈通电并吸合，其主触点和动合辅助触点闭合，使电动机反转。同时 KM2 的动断辅助触点断开，避免接触器 KM1 通电。这时电动机所接电源相序为 C—B—A。

2. 行程开关控制的正反转控制线路

行程开关（又称位置开关、限位开关）是一种常用的小电流主令电器。利用生产机械运动部件的碰撞使其触点动作来实现接通或断开控制电路,达到一定的控制作用。通常,这类开关被用来限制机械运动的位置或行程,使运动机械按一定位置或行程自动停止、反向运动、变速运动或自动往返运动等。

图3-33是用行程开关控制的正反转控制线路,设KM1为正转接触器,KM2为反转接触器,行程开关SQ1、SQ2为返程行程开关,并已经设置好行程开关的挡块在工作台上的位置。

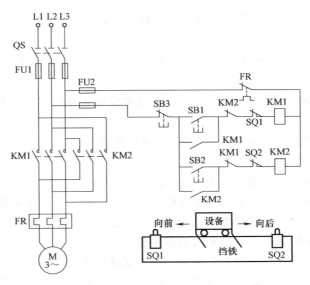

图 3-33 用行程开关控制的正反转控制线路

工作台运行工作过程:

合上电源开关,按下起动按钮SB1,接触器KM1线圈通电,其主触点闭合,电动机正转起动运行。小车向前运行。

当小车运行到终端位置时,由于小车的挡铁碰撞位置开关SQ1,使SQ1的动断触点断开,接触器KM1线圈断电释放,电动机停止运转,小车停止运行。

当按下后行起动按钮SB2时,接触器KM2线圈通电,KM2主触点闭合,电动机反向旋转,小车向后运行,位置开关SQ1复位闭合。

当小车运行到另一终端位置时,挡铁碰撞行程开关SQ2,使之动断触点断开,切断接触器KM2线圈电源,电动机停转,小车停止运行。

停止过程:

按下停止按钮SB3,接触器KM1或KM2失电释放,电动机停止运转,工作台停止运动。

3.4.4 交流电动机的调速控制

交流电动机因为结构简单、体积小、质量轻、价格便宜、维护方便等特点,在生产和生活中得到了广泛的应用。然而,长期以来,交流电动机的调速始终是一个不好解决的难题。

直到20世纪70年代,随着电力电子器件、微电子技术、电动机控制理论的发展,近年来交流电动机传动调速系统也有了极大的发展，并得到了迅速普及。目前，交流电动机的调速系统已广泛应用于数控机床、风机、泵类、给料系统、传送带、空调系统等工业及生活设备中，并在节能、提高设备的自动化、提高产品质量和产量等方面产生良好效果。

1. 交流电动机调速的基本原理

由电机学理论可知，交流电动机转速公式可表示为

$$n = \frac{60f}{p}(1 - s) \tag{3-17}$$

式中，n 为电动机额定转速；f 为供电电源额定频率；p 为电动机极对数；s 为转差率（同步电动机时，$s = 0$）。

由式（3-17）可知，影响电动机转速的因素有电动机的磁极对数 p、转差率 s 和电源频率 f。因此，要改变异步电动机的转速，可从下列三个方面着手：

1）改变异步电动机定子绕组的极对数 p，以改变定子旋转磁场的转速，即所谓变极调速（不能均匀调速）。

2）改变电动机所接电源的频率 f，即所谓变频调速。

3）改变电动机的转差率 s。

其中，改变转差率 s 有很多种方法。当负载的总制动转矩不变时，与它平衡的电磁转矩也跟着不变，于是，从电磁转矩参数表达式（略）可见，当频率 f_1 和极对数 p 不变时，转差率 s 是定子端电压、定子电阻、漏抗等物理量的函数，因此，改变转差率 s 的方法有下列几种：

1）改变加于定子的端电压，为此需用调压器调压。

2）改变定子电阻或漏抗，为此需在定子上串联外加电阻或电抗器。

3）改变转子电阻，为此需采用绕线转子电动机，在转子回路串入外加电阻。

4）改变转子电抗，为此需在转子回路串入电抗或电容器。

5）在转子回路中引入一个附加电动势，为此需利用另一台电动机来供给所需的外加电动势，该电动机可与原来的电动机共轴，也可不共轴，这样将几台电动机在电方面串联在一起以达到调速目的，称为串级调速。串级调速可用一种晶闸管调速来代替。其基本原理为：先将异步电动机转子回路中的交流电流用半导体整流器整流为直流，再经过晶闸管逆变器把直流变为交流，送回到交流电网中去。这时逆变器的电压便相当于加到转子回路中的电动势，控制逆变器的逆变角，可改变逆变器的电压，也即改变附加于转子回路中的电动势，从而实现调速的目的。

2. 交流电动机的调速方法

从节能的角度，交流电动机的调速装置可以分为高效调速装置和低效调速装置两大类。

高效调速装置的特点是：调速时基本保持额定转差，不增加转差损耗，或者可以将转差损耗回馈至电网。

低效调速装置的特点是：调速时改变转差，增加转差损耗，效率较低。

具体的交流调速方法有以下几种：

（1）变极调速 通过变换异步电动机绕组磁极对数从而改变同步转速进行调速的方式称为变极调速。定子磁场的磁极对数取决于定子绕组的结构。所以，要改变电动机的磁极对数，就必须将电动机定子绕组设计成可以变换成两种或几种磁极对数的特殊结构形式，通常，一套绕组只能变换成两种磁极对数。

变极调速的电动机转速按阶跃方式变化，而非连续变化。变极调速主要用于笼型异步电动机。

变极调速的主要优点是：设备简单、操作方便、机械特性较硬、效率高，既适用于恒转矩调速，又适用于恒功率调速；缺点是其属于有级调速，由于电动机极数有限，因而只适用于不需平滑调速的场合。

（2）转子串电阻调速　转子串电阻调速是通过改变串联于转子电路中的电阻阻值的方式，来改变电动机的转差率，进而达到调速的目的。采用串电阻调速的电动机转速可以按阶跃方式变化，也可以连续变化实现无级调速。转子串电阻调速主要用于绕线转子异步电动机。

由于串联电阻消耗功率，效率较低，同时这种调速方式机械特性较软，因此只适用于调速性能要求不高的场合。

（3）串级调速　串级调速是指绕线转子电动机转子回路中串入可调节的附加电动势来改变电动机的转差，从而达到调速的目的。

大部分转差功率被串入的附加电动势所吸收，再利用附加的装置，把吸收的转差功率返回电网或转换能量加以利用。

根据转差功率吸收利用方式，串级调速可分为电机串级调速、机械串级调速及晶闸管串级调速形式。通常多采用晶闸管串级调速的形式。

（4）定子调压调速　如图3-34所示是将晶闸管反并联连接，构成交流调速电路，通过调整晶闸管的触发延迟角，改变异步电动机的端电压进行调速。这种方式也改变转差率，转差功率消耗在转子回路中，效率较低，较适用于特殊转子电动机（例如深槽电动机等高转差率电动机）中。通常，这种调速方法应构成转速或电压闭环，才能实际应用。

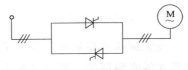

图3-34　调压调速示意图

（5）电磁调速　电磁调速系统是在异步电动机与负载之间通过电磁耦合传递机械功率，调节电磁耦合器的励磁，可调整转差率的大小，从而达到调速的目的。这种调速系统结构简单、价格便宜，适用于简单的调整系统中。但它的转差功率消耗在耦合器上，效率较低。

（6）液力耦合器调速　液力耦合器调速是在异步电动机和负载之间串接液力耦合器，通过液力耦合器的前倾管，对耦合器的油量进行调整，改变转差率从而实现调速的一种方法。

（7）变频调速　变频调速是利用电动机的同步转速随频率变化的特性，通过改变电动机定子绕组的供电频率进行调速的方法。由于同步转速与定子绕组的供电频率成正比，改变定子绕组的供电频率，便可实现转子转速的平滑调节，并且可以获得较宽的调速范围和足够硬的机械特性，因而，在各种调速方法中，变频调速是一种高性能的调速方案。采用变频器构成变频电源对异步电动机进行调速已被广泛采用。

3.5 变频调速技术及应用

3.5.1 变频调速的目的

直流电动机调速系统具有良好的起动、制动性能及在大范围内平滑调速等优点。因此过去很长一段时间内，在需要进行调速控制的拖动系统中一直占主导地位。但直流电动机采用机械换向器换向，它在单机容量、最高电压、最大转速等方面受到限制，而且维护、维修复杂。20世纪70年代以来，随着交流电动机调速控制理论、电力电子技术、以微处理器为核心的全数字化控制等关键技术的发展，交流电动机变频调速技术逐步成熟。目前，变频调速技术的应用几乎已经扩展到了工业生产的所有领域，并且在空调、洗衣机、电冰箱等家电产品中也得到了广泛的应用。

在工业日益发展的今天，节能和自动化已经成为提高生产力的策略，经过长时间的发展，变频技术成为实现这一策略的手段，电动机和它的驱动控制电路是工业生产设备中不可缺少的设备。驱动电动机的变频技术及器件已经成为改造传统产业、改善工艺流程、提高生产自动化水平、提高产品质量、推动技术进步的重要手段，广泛应用于工业自动化的各个领域。

变频的基本作用就是调速和软起动控制。目前，变频调速已被公认为是最理想、最有发展前途的调速方式之一。变频调速的主要目的有以下两个：

1）为了达到提高劳动生产率、改善产品质量、提高设备自动化程度、提高生活质量及改善生活环境等目的。

2）为了节约能源、降低生产成本。用户根据自己的实际工艺要求和运用场合选择不同类型的变频器。

3.5.2 变频调速的原理

变频调速可在基频（即额定频率）以下进行，也可以在基频以上进行。但是无论是何种形式的变频调速，都应尽可能满足下列两个约束条件：①主磁通不应超过额定运行时的数值；②电动机的过载能力（或最大电磁转矩）保持不变。对于前者，若条件不满足，即主磁通超过额定运行时的数值，则容易造成定子铁心饱和，励磁电流过大，甚至烧坏电动机；后者则是电动机可靠运行的必要条件。

变频是在近代对异步电动机进行起动和调速所采用的主要方法。目前异步电动机变频调速最常用的控制方式是以气隙磁通链或转子全磁通链为控制变量的调速方式。

1. 以气隙磁通链 ψ_1 为控制变量的调速方式

由电机学可知，气隙磁通在定子绕组中产生的感应电动势 E_1 和电磁转矩 T 为

$$E_1 = \omega_1 \psi_1 = 2\pi f_1 \psi_1 \tag{3-18}$$

$$T = \frac{3n_p}{r_2} \frac{\omega_2}{1 + \omega_2^2 \left(\dfrac{L_2}{r_2}\right)^2} \psi_1^2 = \frac{3n_p}{4\pi^2 r_2} \frac{\omega_2}{1 + \omega_2^2 \left(\dfrac{L_2}{r_2}\right)^2} \left(\frac{E_1}{f_1}\right)^2 \tag{3-19}$$

式中，E_1 为定子感应电动势；ω_1 为定子角频率；n_p 为极对数；ω_2 为转差角频率（转差率 $s = \omega_2/\omega_1$）；r_2 为转子相电阻的折算值；L_2 为转子相漏感的折算值。

由电机学可知，在调速过程中可能出现磁路饱和或弱磁现象，严重时会造成电动机的损坏。因此，以气隙磁通链 ψ_1 为控制变量的调速方式分为基频（额定频率）以下和基频以上两种调速情况。

（1）基频以下调速（恒转矩调速）　由式（3-18）和式（3-19）可知，在变频调速中，

若保持 $E_1/f_1 = C$ 的协调控制条件，可以满足主磁通 $\Phi_m = C$ ［相当于式（3-18）中的气隙磁通链 ψ_1］的要求，实现恒转矩调速。

（2）基频以上调速（恒功率调速） 在基频以上调速时，主磁通与频率成反比关系，相当于直流电动机弱磁升速现象。由异步电动机的电磁功率 $P_m = T\omega_1/n_p$ 可知，$P_m \propto Tf_1 = C$。若保持 $E_1^2/f_1 = C$ 的协调控制条件，则 $T \propto 1/f_1$ 时，即 $Tf_1 = C$。因此，在 $E_1^2/f_1 = C$ 时，实现恒功率调速。

2. 以转子全磁链 ψ_2 为控制变量的调速方式

由电机学可知，以转子全磁链 ψ_2 为控制变量的调速方式的转矩特性方程式为

$$T = \frac{3n_p}{r_2}\psi_2^2\omega_2 \tag{3-20}$$

由式（3-20）可知，如果能保持 $\psi_2 = C$，则该特性与直流电动机的机械特性完全一样，T 与 ω_2 成正比关系，这种关系不因定子频率 f_1 的改变而改变，与 f_1 无关。目前异步电动机的矢量控制中，大多数采用转子磁链定向的方式，就是因为在这种情况下数学模型相对简单，且与直流电动机的转矩类型十分相似，矢量计算也相对简单。

在此种调速方式下，因为电动机可控制的量是电压与频率，$\psi_2 = C$ 的关系是由电压与频率之间的关系来保证的，ψ_2 是气隙磁链与转子漏磁链的矢量和。当负载增加时，转子漏磁链的幅值将随之增加，这会导致气隙磁链的增加，电动机的功率因数和效率都会变差，铁心可能过饱和。因此，选择电动机的工作点在最大转矩时，要考虑铁心的饱和程度。

3.5.3 变频调速的基本形式

根据交流变频调速系统的结构，变频调速分为直接变换方式（交-交变频）和间接变换方式（交-直-交变频）两种形式。

1. 交-交变频调速系统

交-交变频装置只用一个变换环节就可以把恒压恒频（CVCF）的交流电源变换成变压变频（VVVF）电源。其优点是没有中间环节，变频效率较高。整个变频电路直接与电网相连，各晶闸管承受的是交流电压，故可采用电网电压自然换流，无需强迫换流装置。

交-交变频装置主要用于大容量低速场合。实际使用的交-交变频装置多为三相输入、三相输出电路，但其基础都是三相输入、单相输出电路。

（1）三相输入、单相输出的交-交变频电路 由反并联的三相晶闸管可控整流桥和单相负载组成，正、反两组按一定周期相互切换，在负载上就获得交变的输出电压 u_o，当正组变流器工作在整流状态，反组封锁实现无环流控制，负载上的电压 u_o 为上正下负；反之，负载上的电压 u_o 为下正上负。u_o 的幅值取决于各组整流装置的触发延迟角，u_o 的频率取决于两组整流装置的切换频率。

当整流器的触发延迟角和两组三相桥式整流装置的切换频率不断变化时，即可得到变压变频的交流电源。当触发延迟角从90°减小到0°，再增加到90°时，相应的变流器输出电压的平均值可以按正弦规律变化，形成平均意义上的正弦波电压波形输出。

（2）三相输入、三相输出的交-交变频电路 对于三相负载，需用三套输出电压相位互差120°的三相输入、单相输出的交-交变频电路按一定方式组成。平均输出电压的相位依次相差120°。这样，如果每个整流环节都采用桥式电路，共需要36个晶闸管。交-交变频器虽

然在结构上只有一个交换环节，但所用元器件数量多，最高输出频率不超过电网频率的1/3～1/2。交-交变频器一般只用于低转速、大容量的调速系统，如轧钢机、球磨机、水泥回转窑等。

三相输入、三相输出的交-交变频电路有两种主要的接线方式：

1) 输出Y接方式。三组三相输入、单相输出的交-交变频电路接成Y且中性点为0，三相交流电动机也接成Y且中性点为0。由于三组输出连接在一起，电源接线必须采用变压器隔离，这种方法可用于较大容量的交流调速系统。

2) 公共交流母线进线方式。它由三组彼此独立、相位差为120°的三相输入、单相输出的交-交变频电路构成，其电源进线经交流进线电抗器接至公用电源。因电源进线公用，故三组单相输出必须隔离。为此，交流电动机的三个绕组必须拆开，共引出六根线。此方法主要用于中等容量的交流调速系统。

2. 交-直-交变频调速系统

交-直-交变频器先把频率固定的交流电整流成直流电，再把直流电逆变成频率连续可调的三相交流电。它主要有以下三种形式：

（1）用可控整流器调压　这种装置结构简单，控制方便。由于采用可控整流器调压，在电压或转速较低时，电网端的功率因数较低，输出环节多采用由功率器件组成的三相六拍逆变器，输出谐波较大。

（2）用不可控整流器整流、斩波器调压　这种调压方式在主电路增设的斩波器上用脉宽调压，而整流环节采用二极管不可控整流器。这样多增加一个功率环节，但是输入功率因数高，而逆变器输出的谐波仍较大。

（3）用不可控整流PWM型逆变器调压　在此类装置中用不可控整流电路，则输入功率因数高；用PWM逆变，输出谐波较小。这样以上两种调压方式的缺点就都解决了。输出谐波减小的程度取决于PWM的开关频率，而开关频率又受开关时间的限制。如果仍采用普通功率开关器件，则其开关频率比六拍逆变器高不了多少。只有采用可控关断的全控式功率开关器件，开关频率才大大提高，输出波形几乎是正弦波。该调压方式是目前广泛采用的一种调压方式。

3.5.4　变频器简介

1. 变频器的基本结构

各生产厂家生产的通用变频器，虽然主电路的结构和控制电路并不完全相同，但基本的构造原理和基本功能都大同小异。通用变频器通常由以下五个部分构成：整流及逆变单元、驱动控制单元（LSI）、中央处理单元、保护及报警单元、参数设定和监视单元等，如图3-35所示。

（1）整流及逆变单元　整流器和逆变器是变频器的两个主要功率变换单元。电网电压由输入端输入变频器，经整流器整流成为直流电压（整流器通常是由二极管组成的三相桥式整流器），直流电压由逆变器再逆变成交流电压，交流电压的频率和大小受基极驱动信号的控制，由输出端输出到交流电动机。

（2）驱动控制单元（LSI）　驱动控制单元主要包括PWM信号分配电路、输出信号电路等，其主要作用是产生符合系统控制要求的驱动信号。驱动控制单元受中央处理单元

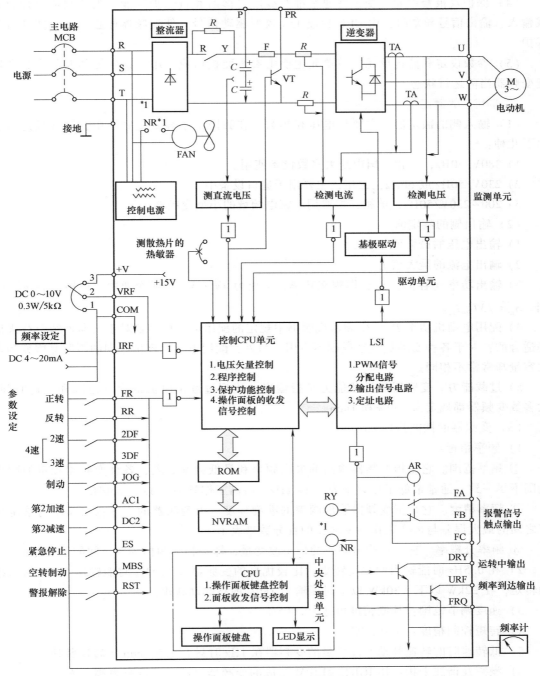

图 3-35　通用变频器结构框图

（CPU）的控制。

（3）中央处理单元（CPU）　中央处理单元包括控制程序、控制方式等部分，是变频器的控制中心。外部控制信号、内部检测信号、用户对变频器的参数设定信号等送到 CPU，经 CPU 处理后，对变频器进行相关控制。

（4）保护及报警单元　变频器通常都有故障自诊断和自保护功能。当变频器出现故障或输入、输出信号异常时，由 CPU 控制 LSI 改变驱动信号，使变频器停止工作，实现自我保护。

（5）参数设定和监视单元　该单元主要由参数面板组成，用于设定变频器的参数和监视变频器当前运行状态。

2. 变频器的额定值和性能指标

（1）输入侧的额定值　主要指电压和相数。在我国中小容量变频器中，输入额定值有以下几种：

1）380V/50Hz，三相，国内绝大多数设备使用。

2）230V/50Hz 或 60Hz，三相，主要用于进口设备中。

3）200~230V/50Hz，单相，主要用于家电领域的小型变频器。

（2）输出侧的额定值

1）输出电压的最大值 U_m。

2）输出电流的最大值 I_m。

3）输出功率（容量）S_m，即视在功率，单位为 kV·A。工矿企业中习惯用"容量"一词。$S_m = \sqrt{3}\, U_m I_m$。

4）配用电动机功率 P_N。变频器说明书中规定的配用电动机容量对于长期连续负载来说是适合的；对于各种变动负载来说则不适用。另外，配用电动机容量相同的不同品牌变频器的容量却常常不相同。

5）过载能力。变频器的过载能力是指输出电流超过额定电流的允许范围和允许时间。大多数变频器都规定为 150% 和 1min。

（3）变频器的性能指标

1）频率指标：

① 频率范围。它是指变频器输出的最高频率和最低频率之差，各种变频器规定的频率范围不尽一致。通常最低工作频率为 0.1~1Hz，最高工作频率为 120~650Hz。

② 频率精度。它是指变频器输出频率的准确程度。由变频器的实际输出频率与给定频率之间的最大误差与最高工作频率之比的百分数来表示。

③ 频率分辨率。它是指输出频率的最小改变量，即每相邻两档频率之间的最小差值。

2）在 0.5Hz 时能输出的起动转矩：比较优良的变频器在 0.5Hz 时能输出 200% 的高起动转矩，在 22kW 以下、30kW 以上时能输出 180% 的高起动转矩。

3）速度调节范围：控制精度可达 ±0.005%。

4）转矩控制精度：可达 ±3%。

5）低转速时的转速脉动：高质量的变频器在 1Hz 时只有 1.5r/min 的转速脉动。

6）噪声及谐波干扰：用 IGBTt 和 IPM 制成的变频器，由于调制频率高，噪声很小，一般情况下连人耳都听不见，但高次谐波始终存在。

7）发热量：越小越好。

3.5.5　变频器的分类

变频器种类很多，其分类的方式也是多种多样，可以根据需求，按变频变换的方式、电源性质、变频控制方式、调压方式以及用途等多种方式进行分类。

1. 按变频变换方式分类

（1）交-交变频器　交-交变频器把固定的交流电源直接变换成连续可调的交流电源，其优点是没有中间环节，变频效率较高，但其连续可调的频率范围窄，主要用于大容量低速场合。

（2）交-直-交变频器　交-直-交变频器先把频率固定的交流电整流成直流电，再把直流电逆变成频率连续可调的三相交流电。在此类装置中，若用不可控整流电路，则输入功率因数不变；若用PWM逆变，则输出谐波较小。用PWM逆变器需要全控式电力电子器件，输出谐波减小的程度取决于PWM的开关频率，而开关频率又受开关时间的限制。采用P-MOSFET或IGBT时开关频率可达2kHz以上，输出波形非常接近正弦波，因此又称为SPWM逆变器。由于把直流电逆变成交流电的环节较易控制，因此该变频装置在频率的调节范围及改善变频后电动机的特性等方面都具有明显的优势。目前迅速普及采用的主要就是交-直-交变频器。

2. 按电源的性质分类

（1）电压型变频器　在电压型变频器中，整流电路产生的直流电压，通过电容进行滤波后供给逆变电路。由于采用大电容滤波，故输出电压的波形比较平直。在理想情况下，它可以看成是一个内阻为零的电压源，逆变电路输出的电压为矩形波或阶梯波。电压型变频器多用于不要求正反转或快速加减速的通用变频器中。

（2）电流型变频器　当交-直-交变频器的中间直流环节采用大电感滤波时，直流电流波形比较平直，因而电源内阻很大，对负载来说基本上是一个电流源，逆变电路输出的电流为矩形波。电流型变频器适用于频繁可逆运转的变频器和大容量的变频器中。

3. 根据调制方式分类

（1）脉幅调制（PAM）型变频器　它是通过改变电压源的电压U或电流I的幅值进行输出控制的变频器。因此，在逆变器部分只控制频率，在整流部分只控制电压或电流。

（2）脉宽调制（PWM）型变频器　PWM型变频器中的整流器件采用不可控的二极管整流电路。该变频器输出电压的大小是通过改变输出脉冲的占空比来实现的，利用脉冲宽度的改变来得到幅值不同的正弦基波电压。这种参考信号为正弦波，输出电压平均值近似为正弦波脉宽调制方式，即SPWM方式。

4. 按变频的控制方式分类

变频器根据电动机的外特性对供电电压、电流和频率进行控制。不同的控制方式所得到的调速性能、特性及用途是不同的。按系统调速规律来分，变频调速主要有恒压频比（V/F）控制、矢量控制和直接转矩控制三种结构形式。

（1）V/F控制变频器　V/F控制即恒压频比控制。它的基本特点是对变频器输出的电压和频率同时进行控制，使电动机获得所需的转矩特性。基频以下可以实现恒转矩调速，基频以上可以实现恒功率调速。这种方式的控制电路成本低，多用于精度要求不高的通用变频器。

（2）矢量控制（VC）变频器　矢量控制（VC）的基本思想是将异步电动机的定子电流分解为产生磁场的电流分量（励磁电流）和与其相垂直的、产生转矩的电流分量（转矩电流），并分别加以控制，即模仿直流电动机的控制方式对电动机的磁场和转矩分别进行控制，可获得类似于直流调速系统的动态性能。由于在这种控制方式中必须同时控制异步电动机定子电流的幅值和相位，即控制定子电流矢量，故这种控制方式被称为矢量控制方式。矢量控制方式使异步电动机的高性能成为可能。采用矢量控制方式的变频器不仅在调速范围上可以与直流电动机相匹敌，而且可以直接控制异步电动机转矩的变化，所以已经在许多需要精密或快速控制的领域得到应用。

（3）直接转矩控制变频器　直接转矩控制变频器不是通过控制电流、磁链等量来间接控制转矩，而是把转矩直接作为被控矢量来控制的，其特点是转矩控制定子磁链，并实现无传感器测速。

5. 按变频器用途分类

变频器按用途分可分为通用变频器、高性能专用变频器、高频变频器、高压变频器等。

（1）通用变频器　通用变频器的特点是与普通的异步电动机配套使用。通用变频器也在朝着两个方向发展：一是低成本的简易型通用变频器，二是高性能的多功能通用变频器。

1）简易型通用变频器。它是一种以节能为主要目的且简化了一些系统功能的通用变频器。它主要应用于水泵、风扇、鼓风机等对系统调速性能要求不高的场合，并具有体积小、价格低等方面的优势。

2）高性能的多功能通用变频器。就是在设计过程中充分考虑了应用时可能出现的各种需要，并为满足这些需要而在系统软件和硬件方面都做了相应的准备。在使用时，用户可以根据负载特性选择算法并对变频器的各种参数进行设定，也可以根据系统的不同选择厂家所提供的各种备用选件来满足系统的特殊需要。高性能的多功能通用变频器除了可以应用于简易型变频器的所有应用领域之外，还可以广泛应用于电梯、数控机床、电动车辆等对调速系统性能有较高要求的场合。

（2）高性能专用变频器　它主要用于对电动机控制性能要求较高的系统。高性能专用变频器多采用矢量控制方式，驱动对象通常是变频器生产厂家指定的专用电动机。

（3）高频变频器　在超精密机械加工中常用到高速电动机。为了满足其驱动的需要，出现了采用PAM控制的高频变频器，其输出频率可达3kHz，驱动两极异步电动机时的最高转速可达18000r/min。

（4）高压变频器　高压变频器一般是大容量的变频器，最高功率可做到5000kW，电压等级为3kV、6kV、10kV。

3.5.6　变频调速系统应用实例

利用变频器控制电动机起动与运行是电力拖动中的典型应用。

1. 水泵电动机的变频控制系统

图3-36是水泵供水系统结构示意图。

在供水系统中，最根本的控制对象是流量。因此，想要节能，就必须从考察调节流量的方法入手。常见的方法有阀门控制法和转速控制法两种。

（1）阀门控制法　就是通过关小或开大阀门来调节流量，而转速则保持不变（通常为额定转速）。阀门控制法的实质是：水泵本身的供水能力不变，而是通过改变水路中的阻力大小来改变供水的能力（反映为供水流量），以适应用户对流量的需求。这时，管阻特性将随阀门开度的改变而改变，但扬程特性则不变。

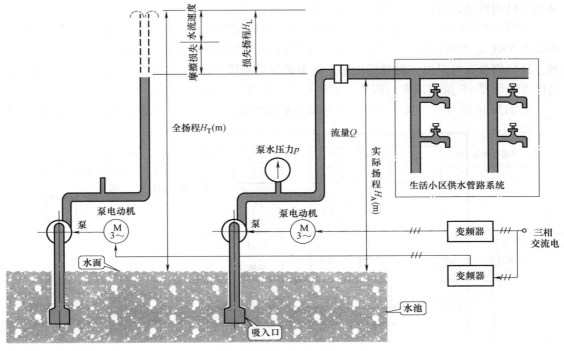

图 3-36　水泵供水系统结构示意图

（2）转速控制法　就是通过改变水泵的转速来调节流量，而阀门开度则保持不变（通常为最大开度）。转速控制法的实质是通过改变水泵的全扬程来适应用户对流量的需求。当水泵的转速改变时，扬程特性将随之改变，而管阻特性则不变。

比较上述两种调节流量的方法可以看出，在所需流量小于额定流量的情况下，转速控制时的扬程比阀门控制时小得多，所以转速控制方式所需的供水功率也比阀门控制方式小得多。

转速控制方式与阀门控制方式相比，水泵的工作效率要大得多。这是变频调速供水系统具有节能效果的第二个方面。

图 3-37 是采用变频器控制水泵转速的恒压供水系统框图。在此系统中采用变频器对水

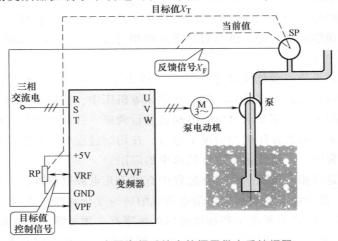

图 3-37　水泵变频系统中的恒压供水系统框图

泵电动机的转速进行控制，可以实现节能。

由图 3-37 可知，变频器有两个控制信号：目标信号和反馈信号。其中目标信号为 X_T，即给定 VRF 上得到的信号，该信号是一个与压力的控制目标相对应的值，通常用百分数表示。目标信号也可以由键盘直接给定，而不必通过外接电路来给定。另一个反馈信号为 X_F，是压力变送器 SP 反馈回来的信号，该信号是一个反映实际压力的信号。

图 3-38 所示为恒压供水系统中使用的变频器内部框图，该变频器具有 PID 调节功能。

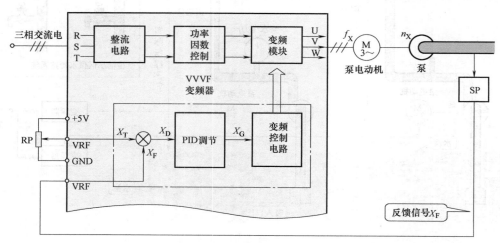

图 3-38　恒压供水系统中使用的变频器内部框图

当用水流量减小时，供水能力大于用水量，则压力上升，反馈信号 X_F 增大，合成信号 $X_D = (X_T - X_F)$ 减小，从而使变频器输出频率 f_X 降低，电动机的转速 n_X 降低，供水能力减小，供水能力与用水量又重新达到平衡，即供水能力与用水量相适应；反之，当用水量增加时，供水能力小于用水量，反馈信号 X_F 减小，合成信号 $X_D = (X_T - X_F)$ 增大，从而使变频器输出频率 f_X 上升，电动机转速 n_X 上升，供水能力与用水量重新达到新的平衡，即供水能力自动增加满足用水量的需求。变频器可自动根据用水量调整水泵电动机的转速，满足用水需求。

2. 机床电动机的变频控制系统

金属切削机床的种类很多，主要有车床、铣床、磨床、钻床、刨床、镗床等，金属切削机床的基本运动是切削运动，即工件与刀具之间的相对运动，切削运动由主运动和进给运动组成。

在切削运动中，承受主要切削功率的运动，称为主运动。在车床、磨床和刨床等机床中，主运动是工件的运动；而在铣床、镗床和钻床等机床中，主运动是刀具的运动。

金属切削机床的主运动都要求对驱动电动机进行调速，并且调速的范围往往较大。主运动驱动电动机的调速一般都在停机的情况下进行，在切削过程中是不能进行调速的。

在这里以刨床为例，介绍变频系统在机床中的应用。

刨床的动力源是三相电动机，在工作过程中有以下几点控制要求：

1）控制程序。必须能够满足刨床驱动电动机的转速变化和控制要求。

2）转速的条件。刨床的刨削率和高速返回的速率都必须能够十分方便地进行调节。

3）点动功能。刨床必须能够点动，常称为"刨床步进"和"刨床步退"，以利于切削前的调整。

4）联锁功能。其一是与横梁、刀架的联锁。刨床的往复运动与横梁的移动、刀架的运行之间，必须有可靠的联锁。其二是与油泵电动机的联锁。一方面，只有在油泵正常供油的情况下，才允许进行刨床的往复运动；另一方面，如果在刨床往复运动过程中，油泵电动机因为发生故障而停机，刨床将不允许在刨削中间停止运行，而必须等到刨床返回至起始位置时再停止。

图 3-39 是刨床拖动系统中的变频调速示意图。

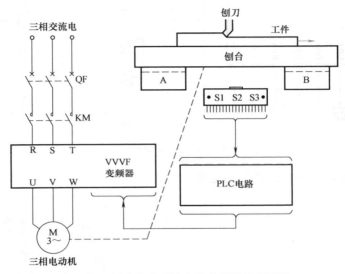

图 3-39　刨床拖动系统中的变频调速示意图

主拖动系统需要一台异步电动机，调速系统由专用的接近开关得到的信号，连接至 PLC 的输入端，PLC 的输出端控制变频器，以调整刨床在各时间段的转速。可见，控制电路也比较简单明了。

采用变频调速的主要优点有以下几点：

1）减小了静差度。由于采用了有反馈的矢量控制，电动机调速后的机械特性很"硬"，静差度可小于 3%。

2）具有转矩限制功能。下垂特性是指在电动机严重过载时，能自动将电流限制在一定范围内，即使堵转也能将电流限制住。新系列的变频器都具有转矩限制功能。

3）爬行距离容易控制。各种变频器在采用有反馈矢量控制的情况下，一般都具有"零速转矩"，即使工作频率为 0，也有足够大的转矩，使负载的转速为 0，从而可有效地控制刨床的爬行距离，使刨床不越位。

4）节能效果可观。拖动系统的简化使附加损失大为减少，采用变频调速后，电动机的有效转矩曲线十分贴近负载的机械特性，进一步提高了电动机的效率，节能效果是十分可观的。

图 3-40 所示为采用外接电位器的刨床电动机的变频驱动和控制电路。

接触器 KM 用于接通变频器的电源，由 SB1 和 SB2 控制；继电器 KA1 用于正转，由 SF 和 ST 控制；KA2 用于反转，由 SR 和 ST 控制。

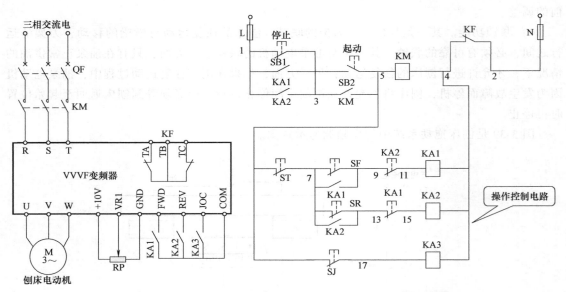

图 3-40　采用外接电位器的刨床电动机的变频驱动和控制电路

如图 3-41 所示为采用 PLC 的控制电路。

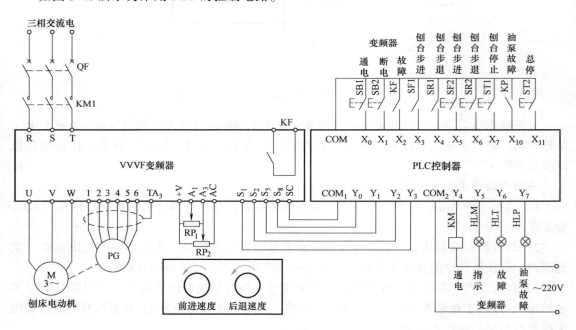

图 3-41　采用 PLC 的刨床控制电路

当断路器合闸后，由按钮 SB1 和 SB2 控制接触器 KM，进而控制变频器的通电与断电，并由指示灯 HLM 进行指示。

刨床的刨削速度和返回速度分别通过电位器 RP_1 和 RP_2 来调节，刨床步进和步退的转速由变频器预置的点动频率决定。

往复运动的起动：通过按钮 SF2 和 SR2 来控制，具体按哪个按钮，需根据刨床的初始位置来决定。

故障处理：一旦变频器发生故障，触点 KF 闭合，一方面切断变频器的电源，同时指示灯 HLT 亮，进行报警。

油泵故障的处理：一旦变频器发生故障，继电器 KP 闭合，PLC 将使刨床在往复周期结束之后，停止刨床的继续运行，同时指示灯 HLP 亮，进行报警。

停机处理：正常情况下按 ST2，刨床应在一个往复周期结束之后才切断电动机的电源。如遇紧急情况，则按 ST1，使整台刨床停止运行。

 ## 习题与思考题

3-1 如何合理地选用电动机？

3-2 请描述电动机的控制元件及技术参数。

3-3 请简述步进电动机的结构和工作原理。

3-4 请简述步进电动机驱动电路的组成及作用。

3-5 直流调速系统的性能指标有哪些？

3-6 直流电动机的调速方法有哪些？

3-7 请分析在直流调速系统中开环调速系统与闭环调速系统的区别。

3-8 请简述三相异步电动机的起动与制动控制方法。

3-9 请描述交流电动机的调速原理及调速方法。

3-10 请描述变频调速的原理。

第4章

PLC的基本组成及工作原理

🔧 4.1 可编程控制器概述

可编程控制器是在继电器控制和计算机技术的基础上，逐渐发展起来的以微处理器为核心，集微电子技术、自动化技术、计算机技术、通信技术为一体，以工业自动化控制为目标的新型高可靠性工业自动化控制装置。由于早期的可编程控制器只能进行计数、定时以及对开关量的逻辑控制，因此，它被称为可编程逻辑控制器（programmable logic controller），简称PLC。后来，可编程控制器采用微处理器作为其控制核心，它的功能已经远远超出逻辑控制的范畴，于是人们又将其称为programmable controller，简称PC。但个人计算机（personal computer）也常简称PC，所以为了避免混淆，可编程控制器仍被称为PLC。其控制能力强、可靠性高、配置灵活、编程简单、使用方便、易于扩展、通用性强。PLC以其优异的性能、低廉的价格和高可靠性等优点，在机械制造、冶金、矿山、化工、煤炭、汽车、纺织、食品等诸多行业的自动控制系统中得到广泛应用，正在迅速改变工业自动控制的面貌和进程。

4.1.1 PLC的由来和发展

20世纪60年代末，美国最大的汽车制造商通用汽车公司（GM），为了适应汽车型号不断更新的需要，想寻找一种方法，尽可能减少重新设计继电接触器控制系统和接线的工作量，降低成本，缩短周期，于是设想把计算机功能完备、灵活性、通用性好等优点和继电接触器控制系统简单易懂、操作方便、价格便宜等优点结合起来，制造一种新型的工业控制装置。为此，1968年美国汽车通用公司公开招标，要求制造商为其装配线提供一种新型的通用控制器，提出了十项设计指标：

1）编程简单，可在现场修改和调试程序。

2）维护方便，各部件最好采用插件方式。

3）可靠性高于继电接触器控制系统。

4）设备体积要小于继电器控制柜。

5）数据可以直接送给管理计算机。

6）成本可与继电接触器控制系统相竞争。

7）输入量是115V交流电压。

8）输出量为115V交流电压，输出电流在2A以上，能直接驱动电磁阀。

9）系统扩展时，原系统只需作很小的变动。

10）用户程序存储器容量能扩展到4KB。

美国数字设备公司（DEC）中标，于1969年研制成功了一台符合要求的控制器，在通用汽车公司（GM）的汽车装配线上试验获得成功。由于这种控制器适用于工业环境，便于安装，可以重复使用，通过编程来改变控制规律，完全可以取代继电接触器控制系统，因此在短时间内该控制器的应用很快就扩展到其他工业领域。美国电气制造商协会（national electrical manufactures association，NEMA）于1980年把这种控制器正式命名为可编程控制器（PLC）。为使这一新型工业控制装置的生产和发展规范化，国际电工委员会（IEC）制定了PLC的标准，给出PLC的定义如下：可编程控制器是一种数字运算操作的电子系统，是专为在工业环境下应用而设计的。它采用可编程的存储器，用来在其内部存储执行逻辑运算、顺序控制、定时、计数和算术运算等操作指令，并通过数字式和模拟式的输入和输出，控制各种类型的机械或生产过程。可编程控制器及其有关设备，都应按易于与工业控制系统形成一个整体、易于扩展其功能的原则设计。

从1969年出现第一台PLC，经过几十年的发展，PLC已经发展到了第四代。其发展过程大致如下：

第一代在1969~1972年。这个时期是PLC发展的初期，该时期的产品，CPU由中小规模集成电路组成，存储器为磁心存储器。其功能也比较单一，仅能实现逻辑运算、定时、记数和顺序控制等功能，可靠性比以前的顺序控制器有较大提高，灵活性也有所增加。

第二代在1973~1975年。该时期是PLC的发展中期，随着微处理器的出现，该时期的产品已开始使用微处理器作为CPU，存储器采用半导体存储器。其功能上进一步发展和完善，能够实现数字运算、传送、比较、PID调节、通信等功能，并初步具备自诊断功能，可靠性有了一定提高，但扫描速度不太理想。

第三代在1976~1983年。PLC进入大发展阶段，这个时期的产品已采用8位和16位微处理器作为CPU，部分产品还采用了多微处理器结构。其功能显著增强，速度大大提高，并能进行多种复杂的数学运算，具备完善的通信功能和较强的远程I/O能力，具有较强的自诊断功能并采用了容错技术。在规模上向两极发展，即向小型、超小型和大型发展。

第四代为1983年到现在。这个时期的产品除采用16位以上的微处理器作为CPU外，内存容量更大，有的已达数兆字节；可以将多台PLC链接起来，实现资源共享；可以直接用于一些规模较大的复杂控制系统；编程语言除了可使用传统的梯形图、流程图等，还可以使用高级语言；外设多样化，可以配置CRT和打印机等。

随着微处理技术的发展，可编程控制器也得到了迅速发展，其技术和产品日趋完善。它不仅以其良好的性能特点满足了工业生产控制的广泛需要，而且将通信技术和信息处理技术融为一体，使得其功能日趋完善化。目前PLC技术和产品的发展非常活跃，各厂家不同类型的PLC品种繁多，各具特色，各有千秋。综合起来看，PLC的发展趋势有以下几个方面：

（1）系统功能完善化　现今的PLC在功能上已有很大发展，它不再是仅仅能够取代继电接触器控制的简单逻辑控制器，而是采用了功能强大的高档微处理器加上完善的输入/输出系统，使得系统的处理功能和控制功能得到大大增强。同时它还采用了现代数据通信和网络技术，配以交互图形显示及信息存储、输出设备，使得PLC系统的功能日趋完美，足以能够满足绝大多数的生产控制需要。

（2）体系结构开放化及通信功能标准化　大多数 PLC 系统都采用了开放性体系结构，通过制定系统总线接口标准、扩展和通信接口标准，使得 PLC 系统能够根据应用需求任意扩展大小。绝大多数公司推出的硬件产品均采用模块化、单元化结构，根据应用需求确定模块的数量，这样既减少了系统投资，又保证了今后系统升级、扩展的需要。

在通信接口上虽然大多数产品采用了标准化接口，但在通信功能上大多是非标准化的。为适应应用环境要求，制定统一的、规范化的 PLC 产品标准是今后发展的必然趋势。

（3）I/O 模块智能化及安装现场化　为了提高系统的处理能力和可靠性，大多数 PLC 产品均采用了智能化 I/O 模块，以减轻主 CPU 的负担，同时也为 I/O 系统的冗余带来了方便。另一方面，为了减少系统配线，减少 I/O 信号在长线传输时引入的干扰，很多 PLC 系统将其 I/O 模块通过通信电缆或光纤与主 CPU 进行数据通信，完成信息的交换。

（4）功能模块专用化　为满足控制系统的特殊要求，提高系统的响应速度，很多 PLC 公司推出了专用化功能模块，以满足系统诸如快速响应、闭环控制、复杂控制模式等特殊要求，从而解决了 PLC 周期扫描时间过长的矛盾。

（5）编程组态软件图形化　为了给用户提供一个友好、方便、高效的编程组态界面，大多数 PLC 公司均开发了图形化编程组态软件。该软件提供了简捷、直观的图形符号以及注释信息，使得用户控制逻辑的表达更加直观、明了，操作和使用也更加方便。

（6）硬件结构集成化、冗余化　随着专用集成电路（ASIC）和表面安装技术（SMT）在 PLC 硬件设计上的应用，使得 PLC 产品硬件元件数量更少、集成度更高、体积更小、可靠性更高。同时，为了进一步提高系统的可靠性，PLC 产品还采用了硬件冗余和容错技术。用户可以选择 CPU 单元、通信单元、电源单元或 I/O 单元甚至整个系统的冗余配置，使得整个 PLC 系统的可靠性得以进一步加强。

（7）控制与管理功能一体化　为了更进一步满足控制需要，提高工厂自动化水平，PLC 产品广泛采用了计算机信息处理技术、网络通信技术和图形显示技术，使得 PLC 系统的生产控制功能和信息管理功能融为一体，进一步提高了 PLC 产品的功能，更好地满足了现代化大生产的控制与管理需要。

（8）向控制的开放性、SoftPLC 的方向发展　SoftPLC 是把标准工业控制计算机转变成为一个功能类似 PLC 的过程控制器的软件技术。SoftPLC 把 PID 算法、离散和模拟输入输出控制以及计算机的数据处理、计算和联网功能结合起来。作为一个多任务控制内核，它提供一个强大的指令系统，快速、准确的扫描时间，一个可与许多 I/O 系统、其他装置和网络相连的开放式结构。它不仅具有"硬"PLC 所具有的特征和功能，而且具有它不具备的开放式系统特征。SoftPLC 通常作为内置式系统在硬件上运行，它允许用户为满足特殊需要而去扩展指令表，采取梯形逻辑执行功能，由于维护人员已经熟悉基于控制系统梯形逻辑的故障诊断和编程，这使得从"硬"PLC 到 SoftPLC 的转变很容易。另外，它允许用户用 C、C++ 或 Java 语言来进行编程，Java 虚拟机和内置式网络服务器为 SoftPLC 提供了如数据共享、操作、远程检测和维修等功能。另外，SoftPLC 提供了可用于编程和监测的工具——TOPDOC，该软件提供了离线和在线编程、监控、文档和试验软件包。SoftPLC 作为一种 PLC，不同于其他由软件控制的系统，它具有实时逻辑控制功能，可与其他类型的 PLC 接口，与 I/O 系统、PLC 及其他装置进行联网通信，具有良好的人机界面，是将来 PLC 发展的方向。

可编程控制器从产生到现在，由于其编程简单、可靠性高、使用方便、维护容易、价格适中等优点，使其得到了迅猛的发展，在冶金、机械、石油、化工、纺织、轻工、建筑、运输、电力等部门得到了广泛的应用。可编程控制器技术已与机器人技术、CAD/CAM技术并列为现代工业生产自动化的三大支柱。从单机自动化到生产线的自动化、柔性制造系统，乃至整个工厂的生产自动化，PLC均担当着重要的角色。

4.1.2　PLC的特点

PLC最初是为了替代继电器控制系统而研制的，其自身又是一个计算机系统，所以它除了具备继电器控制系统和微型计算机系统的原有功能外，还有其自己的特点：

（1）使用灵活、通用性强　PLC的硬件是标准化的，加之PLC的产品已经系列化，功能模块品种多，可以灵活组成各种不同大小和不同功能的控制系统。在PLC构成的控制系统中，只需在PLC的端子上接入相应的输入输出信号线。当需要变更控制系统的功能时，可以用编程器在线或离线修改程序，同一个PLC装置用于不同的控制对象，只是输入/输出组件和应用软件的不同。

（2）可靠性高、抗干扰能力强

微机功能强大但抗干扰能力差，工业现场的电磁干扰、电源波动、机械振动、温度和湿度的变化，都可能导致普通的通用微机不能正常工作；传统的继电接触器控制系统抗干扰能力强，但由于存在大量的机械触点（易磨损、烧蚀）而寿命短、系统可靠性差。而PLC采用微电子技术，大量的开关动作由无触点的电子存储器件来完成，大部分继电器和繁杂连线被软件程序所取代，故寿命长，可靠性大大提高。从实际使用情况来看，PLC控制系统的平均无故障时间一般可达4万~5万h。PLC采取了一系列硬件和软件抗干扰措施，能适应有各种强烈干扰的工业现场，并具有故障自诊断能力。如一般PLC能抗1000V、1ms脉冲的干扰，其工作环境温度为0~60℃，无须强迫风冷。

（3）接口简单、维护方便　PLC的接口按工业控制的要求设计，有较强的带负载能力（输入/输出可直接与交流220V、直流24V等电源相连），接口电路一般为模块式，便于维修更换。有的PLC甚至可以带电插拔输入输出模块，可不脱机停电而直接更换故障模块，大大缩短了故障修复时间。

（4）体积小、功耗低、性价比高　以小型PLC的SIMATIC S7-1200为例，CPU 1214C的宽度仅为110mm，CPU 1212C和CPU 1211C的宽度仅为90mm。可在CPU的前方加入信号板，轻松扩展数字或模拟量I/O，同时不影响控制器的实际大小，其右侧也可扩展信号模块，进一步扩展数字量或模拟量I/O容量，左侧可连接多达3个通信模块，便于实现端到端的串行通信。由于通信模块和信号模块占用空间较小，在安装过程中，该模块化的紧凑系统节省了宝贵的空间，提供了最高效率和最大灵活性。

PLC的输入输出系统能够直观地反映现场信号的变化状态，还能通过各种方式直观地反映控制系统的运行状态，如内部工作状态、通信状态、I/O点状态、异常状态和电源状态等，对此均有醒目的指示，非常有利于运行和维护人员对系统进行监视。

（5）编程简单、容易掌握　PLC是面向用户的设备，PLC的设计者充分考虑了现场工程技术人员的技能和习惯。大多数PLC的编程均提供了常用的梯形图方式和面向工业控制的简单指令方式。编程语言形象直观、指令少、语法简便，不需要专门的计算机知识和语言，具有一定的电工和工艺知识的人员都可在短时间内掌握。利用专用的编程器，可方便地查看、编辑、修改用户程序。

（6）设计、施工、调试周期短　用继电器、接触器控制完成一项控制工程时，必须首先按工艺要求画出电气原理图，然后画出继电器屏（柜）的布置和接线图等，再进行安装调试，以后修改起来十分不便。而采用 PLC 控制时，由于其靠软件实现控制，硬件线路非常简洁，并为模块化积木式结构，且已商品化，故仅需按性能、容量（输入输出点数、内存大小）等选用组装，而大量具体的程序编制工作也可在 PLC 到货前进行，因而缩短了设计周期，使设计和施工可同时进行。由于用软件编程取代了硬接线实现控制功能，大大减轻了繁重的安装接线工作，因此缩短了施工周期。PLC 是通过程序完成控制任务的，采用了方便用户的工业编程语言，且都具有强制和仿真的功能，故程序的设计、修改和调试都很方便，这样可大大缩短设计和投运周期。

4.2　PLC 的工作原理

4.2.1　PLC 的硬件结构

PLC 是一种以微处理器为核心，综合了计算机技术、半导体存储技术和自动控制技术的一种工业控制专用计算机，其结构组成与微机基本相同，包括以下几部分：中央处理单元（CPU）、存储器、输入/输出（I/O）单元、电源部件和外部设备等。其结构框图如图 4-1 所示。

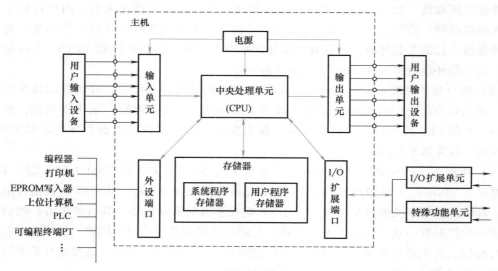

图 4-1　PLC 的结构组成示意图

1. 中央处理单元（CPU）

CPU 作为整个 PLC 的核心，起着总指挥的作用，是控制的"司令部"，能指挥 PLC 按照预先编好的用户程序完成各种任务。

由微处理器（MPU）通过数据总线、地址总线、控制总线以及辅助电路连接存储器、接口及 I/O 单元，诊断 PLC 的硬件状态；它按 PLC 中的系统程序赋予的功能接收并存储从编程器键入的用户程序和数据；按存放的先后次序取出指令并进行编译；完成用户指令规定的各种操作；将结果送到输出端；响应各种外部设备的请求。

CPU的作用主要有以下几点：

1）接收、存储由编程工具输入的用户程序和数据，并可通过显示器显示出程序的内容和存储地址。

2）检查、校验用户程序。对正在输入的用户程序进行检查，发现语法错误立即报警，并停止输入；在程序运行过程中若发现错误，则立即报警或停止程序的执行。

3）接收、调用现场信息。将接收到现场输入的数据保存起来，在需要该数据的时候将其调出并送到需要该数据的地方。

4）执行用户程序。当PLC进入运行状态后，CPU根据用户程序存放的先后顺序，逐条读取、解释和执行程序，完成用户程序中规定的各种操作，并将程序执行的结果送至输出端，以驱动PLC外部的负载。

5）故障诊断。诊断电源、PLC内部电路的故障，根据故障或错误的类型，通过显示器显示出相应的信息，以提示用户及时排除故障或纠正错误。

2. 存储器

PLC配有系统程序存储器和用户程序存储器。前者存放监控程序、模块化应用功能子程序、命令解释和各种系统参数等系统程序，一般采用ROM（只读存储器）或EPROM，PLC在出厂时，系统程序已固化在存储器中；后者存放用户编制的梯形图等应用程序，通过编程器输入到存储器中，中小型PLC的用户程序存储器一般采用EPROM、E^2PROM或加后备电池的RAM（随机存取存储器）。

存储器可以分为以下三种。

（1）系统程序存储器　系统程序是厂家根据其选用的CPU的指令系统编写的，决定了PLC的功能。系统程序存储器是只读存储器，用户不能更改其内容。

（2）用户程序存储器　根据控制要求而编制的应用程序称为用户程序。不同机型的PLC，其用户程序存储器的容量可能差异较大。根据生产过程或工艺的要求，用户程序经常需要改动，所以用户程序存储器必须可读写。一般要用后备电池（锂电池）进行掉电保护，以防掉电时丢失程序。有的PLC采用可随时读写的快闪存储器作为用户程序存储器。快闪存储器不需要后备电池，掉电时数据也不会丢失。

（3）工作数据存储器　用来存储工作数据的区域称为工作数据区。工作数据是经常变化、经常存取的，所以这种存储器必须可读写。

在工作数据区中开辟有元件映像寄存器和数据表。其中，元件映像寄存器用来存储开关量输入/输出状态以及定时器、计数器、辅助继电器等内部器件的ON/OFF状态。数据表用来存放各种数据，存储用户程序执行时的某些可变参数值及A/D转换得到的数字量和数学运算的结果等。在PLC断电时能保持数据的存储器区称为数据保持区。

3. 输入/输出单元

输入部件和输出部件通常也称为I/O单元、I/O模块，它是PLC与外部设备相互联系的窗口。输入单元接收现场设备向PLC提供的信号，如由按钮、操作开关、限位开关、继电器触点、接近开关、拨码器等提供的开关量信号。这些信号经过输入电路的滤波、光电隔离、电平转换等处理变成CPU能够接收和处理的信号。输出单元将经过CPU处理的微弱电信号通过光电隔离、功率放大等处理转换成外部设备所需要的强电信号，以驱动各种执行元件，如接触器、电磁阀、电磁铁、调节阀、调速装置等。

PLC 提供了各种操作电平和驱动能力的 I/O 单元，有各种各样功能与用途的 I/O 扩展单元供用户选用。

对输入/输出接口的要求是良好的抗干扰能力以及对各类输入/输出信号（开关量、模拟量、直流量、交流量）的匹配能力。

下面介绍几种常用的 I/O 单元的工作原理。

（1）开关量输入单元　按照输入端电源类型的不同，开关量输入单元可分为直流输入单元和交流输入单元。

1）直流输入单元。直流输入单元的电路如图 4-2 所示，外接的直流电源极性可任意。点画线框内是 PLC 内部的输入电路，框外左侧为外部用户接线。图中只画出对应于一个输入点的输入电路，各个输入点所对应的输入电路均相同。

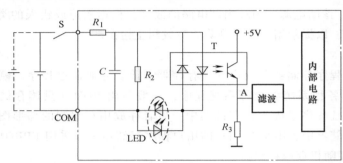

图 4-2　直流输入单元

图 4-2 中，T 为一个光电耦合器，发光二极管与光电晶体管封装在一个管壳中。当发光二极管（LED）中有电流时发光，此时光电晶体管导通。R_1 为限流电阻，R_2 和 C 构成滤波电路，可滤除输入信号中的高频干扰。LED 显示该输入点的状态。

工作原理是：当 S 闭合时光电耦合器导通，LED 点亮，表示输入开关 S 处于接通状态。此时 A 点为高电平，该电平经滤波器送到内部电路中。当 CPU 访问该路信号时，将该输入点对应的输入映像寄存器状态置 1；当 S 断开时光电耦合器不导通，LED 不亮，表示输入开关 S 处于断开状态。此时 A 点为低电平，该电平经滤波器送到内部电路中。当 CPU 访问该路信号时，将该输入点对应的输入映像寄存器状态置 0。

有的 PLC 内部提供 24V 的直流电源，这时直流输入单元无需外接电源，用户只需将开关接在输入端子和公共端子之间即可，这就是所谓无源式直流输入单元。无源式直流输入单元简化了输入端的接线，方便了用户。

2）交流输入单元。交流输入单元的电路如图 4-3 所示。点画线框内是 PLC 内部输入电路，框外左侧为外

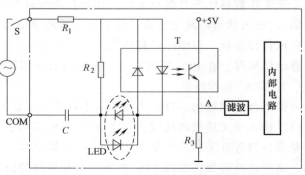

图 4-3　交流输入单元

部用户接线。图中只画出对应于一个输入点的输入电路，各个输入点所对应的输入电路均相同。

图4-3中，电容器 C 为隔直电容，对交流相当于短路。R_1 和 R_2 构成分压电路。这里光电耦合器中是两个反向并联的 LED，任意一个二极管发光都可以使光电晶体管导通。显示用的两个 LED 也是反向并联的。所以这个电路可以接收外部的交流输入电压，其工作原理与直流输入电路基本相同。

PLC 的输入电路有共点式、分组式、隔离式之别。共点式的输入单元只有一个公共端子（COM），外部各输入元件都有一个端子与 COM 相接；分组式是将输入端子分为若干组，每组各共用一个公共端子；隔离式输入单元中具有公共端子的各组输入点之间互相隔离，可各自使用独立的电源。

（2）开关量输出单元　按照输出电路所用开关器件的不同，PLC 的开关量输出单元可分为晶体管输出单元、双向晶闸管输出单元和继电器输出单元。

1）晶体管输出单元。晶体管输出单元的电路如图4-4所示。点画线框内是 PLC 内部的输出电路，框外右侧为外部用户接线。图中只画出对应于一个输出点的输出电路，各个输出点所对应的输出电路均相同。

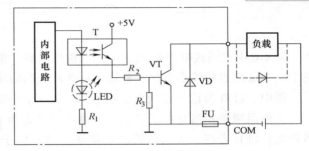

图4-4　晶体管输出单元

图4-4中，T 为光电耦合器，LED 用于指示输出点的状态，VT 为输出晶体管，VD 为保护二极管，FU 为熔断器，防止负载短路时损坏 PLC。

工作原理是：当对应于晶体管 VT 的内部继电器的状态为 1 时，通过内部电路使光电耦合器 T 导通，从而使晶体管 VT 饱和导通，因此负载得电。CPU 使与该点对应的输出锁存器为高电平，使 LED 点亮，表示该输出点状态为 1；当对应于 VT 的内部继电器的状态为 0 时，光电耦合器 T 不导通，晶体管 VT 截止，负载失电。如果负载是感性的，则必须与负载并接续流二极管（见图4-4中虚线），负载通过续流二极管释放能量。此时 LED 不亮，表示该输出点的状态为 0。

晶体管为无触点开关，所以晶体管输出单元使用寿命长，响应速度快。

2）双向晶闸管输出单元。在双向晶闸管输出单元中，输出电路采用的开关器件是光控双向晶闸管，电路如图4-5所示。点画线框内是 PLC 内部的输出电路，框外右侧为外部用户接线。图中只画出对应于一个输出点的输出电路，各个输出点所对应的输出电路均相同。

图4-5中，T 为光控双向晶闸管，两个晶闸管反向并联，LED 为输出点状态指示，R_2、C 构成阻容吸收保护电路，FU 为熔断器。

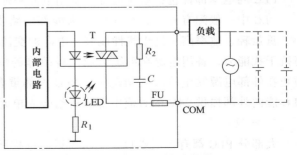

图4-5　双向晶闸管输出单元

工作原理是：当对应于 T 的内部继电器的状态为 1 时，发光二极管导通发光，不论外接电源极性如何，都能使双向晶闸管 T 导通，负载得电，同时输出指示灯 LED 点亮，表示该输出点接通；当对应于 T 的内部继电器的状态为 0 时，T 关断，负载失电，指示灯 LED 熄灭。

双向晶闸管输出型 PLC 的负载电源可以根据负载的需要选用直流或交流。

3）继电器输出单元。继电器输出单元的电路如图 4-6 所示。

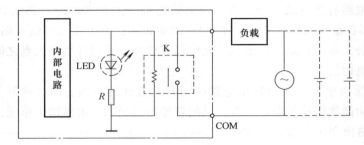

图 4-6　继电器输出单元

图 4-6 中点画线框内是 PLC 内部的输出电路，框外右侧为外部用户接线。图中只画出对应于一个输出点的输出电路，各输出点所对应的输出电路均相同。

图中，LED 为输出点状态显示器，K 为一个小型直流继电器。

工作原理是：当对应于 K 的内部继电器状态为 1 时，K 得电吸合，其动合触点闭合，负载得电。LED 点亮，表示该输出点接通。当对应于 K 的内部继电器状态为 0 时，K 失电，其动合触点断开，负载失电。指示灯 LED 灭，表示该输出点断开。

继电器输出型 PLC 的负载电源可以根据需要选用直流或交流。继电器触点电气寿命一般为 10 万~30 万次，因此在需要输出点频繁通断的场合（如高频脉冲输出），应选用晶体管或晶闸管输出型的 PLC。另外，继电器从线圈得电到触点动作存在延迟时间，这是造成输出滞后于输入的原因之一。

PLC 输出电路也有共点式、分组式、隔离式之别。共点式中输出只有一个公共端子；分组式是将输出端子分为若干组，每组共用一个公共端子；隔离式中具有公共端子的各组输出点之间互相隔离，但同一组内的各点必须使用同一电压类型和同一电压等级，各组可使用不同电压类型和等级的负载。

4. 电源部件

PLC 的电源部件包括系统电源、备用电源和掉电保护电源。

PLC 中一般配有开关式稳压电源为内部电路供电。开关电源的输入电压范围宽、体积小、重量轻、效率高、抗干扰性能好。电源的交流输入端一般接有尖峰脉冲吸收电路，以提高抗干扰能力。备用电源在系统电源出现故障的情况下使用，以保证 PLC 正常工作。为了防止在外部电源发生故障的情况下，PLC 内部重要数据丢失，PLC 还带有后备电池。有的 PLC 能向外部提供 24V 的直流电源，可给输入单元所连接的外部开关或传感器供电。

5. 扩展端口

大部分 PLC 都有扩展端口。主机可以通过扩展端口连接 I/O 扩展单元来增加 I/O 点数，也可以通过扩展端口连接各种特殊功能单元以扩展 PLC 的功能。

6. 外部设备端口

一般 PLC 都有外部设备端口。通过外部设备端口，PLC 可与各种外部设备连接。例如，连接编程器可以输入、修改用户程序或监控程序的运行；连接终端设备 PT 进行程序的设计、调试和系统监控；连接打印机以打印用户程序、打印 PLC 运行过程中的状态、打印故障报警的种类和时间等；连接 EPROM 写入器，将调试好的用户程序写入 EPROM，以免被误改动等；有的 PLC 可以通过外部设备端口与其他 PLC、上位计算机进行通信或加入各种网络等。

7. 编程工具

编程工具是开发应用和检查维护 PLC 以及监控系统运行不可缺少的外部设备。编程工具的主要作用是用来编辑程序、调试程序和监控程序的执行，还可以在线测试 PLC 的内部状态和参数，与 PLC 进行人机对话等。编程工具可以是专用编程器，也可以是配有专用编程软件包的通用计算机。

（1）专用编程器　专用编程器是生产厂家提供的与该厂家 PLC 配套的编程工具。专用编程器分为简易编程器和图形编程器两种。

简易编程器的优点是价格低、体积小、重量轻、方便携带。但简易编程器不能直接输入梯形图程序，只能输入语句表程序。用简易编程器编程时，简易编程器必须与 PLC 相连接。有的简易编程器可以直接插在 PLC 主机的编程器插座上，有的简易编程器必须用专用电缆与 PLC 相连。

图形编程器的优点是屏幕大、显示功能强，但是其价格昂贵。图形编程器可以直接输入梯形图程序。图形编程器分为手持式和台式。台式图形编程器具有用户程序存储器，可以把用户输入的程序存放在自己的存储器中，也可以把用户程序下载到 PLC 中。一般还能提供盒式磁带录音机接口和打印机接口，可将用户程序转存到磁带上或打印出来。有的还带有磁盘驱动器，可将程序转存到磁盘上。

专用编程器可以不参与现场运行，所以一台编程器可以供多台 PLC 使用。

（2）计算机辅助编程　许多厂家对自己的 PLC 产品设计了计算机辅助编程软件。当 PLC 与装有编程软件的计算机连接通信时，可进行计算机辅助编程。如今编程软件的功能已经非常强，可以编辑、修改用户的程序，监控系统运行，采集和分析数据，在屏幕上显示系统运行状况，对工业现场和系统进行仿真，实现计算机和 PLC 之间的程序传送，打印文件，等等。

8. 特殊功能单元

一般特殊功能单元本身是一个独立的系统。对于组合式 PLC，特殊功能单元是 PLC 系统中的一个模块，与 CPU 通过系统总线相连接，并在 CPU 的协调管理下独立地进行工作（不参与循环扫描）。对整体式 PLC，主机通过扩展端口与特殊功能单元连接。常用的特殊功能单元有 A/D 单元、D/A 单元、高速计数器单元、位置控制单元、PID 控制单元、温度控制单元、各种通信单元等。

4.2.2　PLC 的工作原理及其工作方式

PLC 与其他计算机一样，其功能在硬件支持的基础上，也必须由软件支持。PLC 的软件包括系统软件和应用软件。

在继电器控制电路中，当某些梯级同时满足导通条件时，这些梯级中的继电器线圈会同时通电，也就是说，继电器控制电路是一种并行工作方式。

PLC采用循环扫描的工作方式，在PLC执行用户程序时，CPU对梯形图自上而下、自左向右地逐次进行扫描，程序的执行是按语句排列的先后顺序进行的。这样，PLC梯形图中各线圈状态的变化在时间上是串行的，不会出现多个线圈同时改变状态的情况，这是PLC控制与继电器控制最主要的区别。

PLC的工作方式是在其系统软件的控制和指挥下，对应用软件（用户程序）做周期性的循环扫描工作。每一循环称为一个扫描周期，每一个扫描周期又分为几个工作阶段，每个工作阶段完成不同的任务。图4-7为某种典型PLC的扫描工作流程。

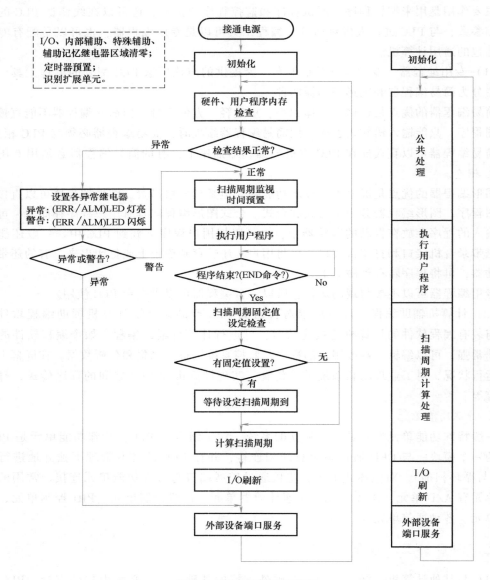

图4-7 PLC扫描工作流程

1. 公共处理阶段

在每一次扫描开始之前，CPU都要进行监视定时器复位、硬件检查、用户内存检查等操作。如果有异常情况，除了故障显示指示灯亮以外，还判断并显示故障的性质。如果属于一般性故障，则只报警不停机，等待处理。如果属于严重故障，则停止PLC的运行。公共处理阶段所用的时间一般是固定的，不同机型的PLC有所差异。

2. 执行用户程序阶段

在执行用户程序阶段，CPU对用户程序按先上后下、先左后右的顺序逐条地进行解释和执行。CPU从输入映像寄存器和元件映像寄存器中读取各继电器当前的状态，根据用户程序给出的逻辑关系进行逻辑运算，运算结果再写入元件映像寄存器中。

执行用户程序阶段的扫描时间不是固定的，主要取决于以下几方面：

1）用户程序中所用语句条数的多少。用户程序的语句条数多少不同，所用的扫描时间必然不同。因此，为了减少扫描时间，应使所编写的程序尽量简洁。

2）每条指令的执行时间不同。对同一种控制功能，若选用不同的指令进行编程，扫描时间会有很大差异，因为有的指令执行时间只有几微秒，而有的则多达上百微秒。所以在实现同样控制功能的情况下，应选择那些执行时间短的指令来编写程序。

3）程序中有改变程序执行流向的指令。例如，有的用户程序中安排了跳转指令，当条件满足时某段程序被扫描并执行，否则不对其扫描并且跳过该段程序去执行下面的程序；有的用户程序使用了子程序调用指令，当条件满足时就停止执行当前程序去执行预先编排的子程序，当条件不满足时就不扫描子程序；有的用户程序安排了中断控制程序，当有中断申请信号时就转去执行中断处理子程序，否则就不扫描中断处理子程序，等等。

由此可见，执行用户程序的扫描时间是影响扫描周期长短的主要因素，而且，在不同时段执行用户程序的扫描时间也不尽相同。

3. 扫描周期计算处理阶段

若预先设定扫描周期为固定值则进入等待状态，直至达到该设定值时扫描再往下进行。若设定扫描周期为不定的（即扫描周期取决于用户程序的长短等），则要进行扫描周期的计算。

计算处理扫描周期所用的时间很短，对一般PLC都可视为零。

4. I/O刷新阶段

在I/O刷新阶段，CPU要做两件事情。其一，从输入电路中读取各输入点的状态，并将此状态写入输入映像寄存器中，也就是刷新输入映像寄存器的内容。自此输入映像寄存器就与外界隔离，无论输入点的状态怎样变化，输入映像寄存器的内容都保持不变，直到下一个扫描周期的I/O刷新阶段才会写进新内容。这就是说，各输入映像寄存器的状态要保持一个扫描周期不变。其二，将所有输出继电器的元件映像寄存器的状态传送到相应的输出锁存电路中，再经输出电路的隔离和功率放大部分传送到PLC的输出端，驱动外部执行元件动作。I/O刷新阶段的时间长短取决于I/O点数的多少。

5. 外部设备端口服务阶段

这个阶段里，CPU完成与外部设备端口连接的外部设备的通信处理。

完成上述各阶段的处理后，返回公共处理阶段，周而复始地进行扫描。

图4-8所示为信号从PLC的输入端子到输出端子的传递过程。

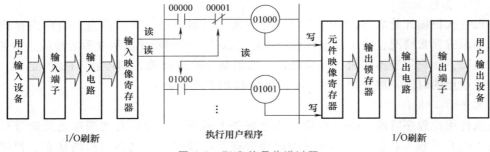

图 4-8　PLC 信号传递过程

在 I/O 刷新阶段，CPU 从输入电路的输出端读出各输入点的状态，并将其写入输入映像寄存器中。在紧接着的下一个扫描周期执行用户程序阶段，CPU 从输入映像寄存器和元件映像寄存器中读出各继电器的状态，并根据此状态执行用户程序，再将执行结果写入元件映像寄存器中，在 I/O 刷新阶段，将输出映像寄存器的状态写入输出锁存器，再经过输出电路传递到输出端子，在执行用户程序阶段，要注意所使用的输入和输出数据的问题。设输入数据为 X，输出数据为 Y。在第 n 次扫描执行用户程序时，所依据的输入数据是第 $n-1$ 次扫描 I/O 刷新阶段读取的 X_{n-1}；执行用户程序过程中，元件映像寄存器中的数据既有第 $n-1$ 次扫描存入的数据 Y_{n-1}，也有本次执行程序的中间结果。第 n 次扫描的 I/O 刷新时输出的数据是 Y_n。

如图 4-8 所示，在某一个扫描周期里执行用户程序的具体过程是：执行第 1 个梯级时，CPU 从输入映像寄存器中读出 00000 号输入继电器的状态，设其为 1；再读出 00001 号输入继电器的状态，设其为 0。由 00000 和 00001 的状态算出 01000 号继电器当前的状态是 1。若此前 01000 的状态是 0，则 CPU 用当前的 1 去改写元件映像寄存器中 01000 对应的位。下一步再执行第 2 个梯级，从元件映像寄存器中读出 01000 号继电器的状态 1（即前一步存入的），算出 01001 号继电器的状态是 1。若此前 01001 的状态是 0，则 CPU 用当前的 1 去改写元件映像寄存器中 01001 对应的位。本次扫描 I/O 刷新的结果是：01000 为 1，01001 为 1。

由上述分析可以得出执行用户程序扫描阶段的特点。其一，在执行用户程序的过程中，输入映像寄存器的状态不变。其二，元件映像寄存器的内容随程序的执行而改变，前一步的结果随即作为下一步的条件，这一点与输入映像寄存器完全不同。其三，程序的执行是由上而下进行的，所以各梯级中的继电器线圈不可能同时改变状态。其四，执行用户程序的结果要保持到下一个扫描周期的用户程序执行阶段。在编写应用程序时，务必要注意 PLC 的这种循环扫描工作方式，不少应用程序的错误就是由于忽视了这个问题而造成的。

PLC 的循环扫描工作方式也为 PLC 提供了一条死循环自诊断功能。在 PLC 内部设置了一个监视定时器 WDT，其定时时间可设置为大于用户程序的扫描时间，在每个扫描周期的公共处理阶段将监视定时器复位。正常情况下，监视定时器不会动作。如果由于 CPU 内部故障使程序执行进入死循环，那么扫描周期将超过监视定时器的定时时间，这时监视定时器 WDT 动作使 PLC 运行停止，以提示用户排查故障。

PLC 的基本工作模式有运行模式和停止模式。

运行模式：当处于运行工作模式时，PLC 要进行循环扫描工作。在运行模式下，PLC

通过反复执行反映控制要求的用户程序来实现控制功能，为了使 PLC 的输出及时地响应随时可能变化的输入信号，用户程序不是只执行一次，而是不断地重复执行，直至 PLC 停机或切换到 STOP 工作模式。PLC 的这种周而复始的循环工作方式称为扫描工作方式。

停止模式：当处于停止工作模式时，PLC 只进行内部的处理和通信服务等内容。

4.2.3　PLC 的软件系统

PLC 的软件分为两大部分：系统监控程序和用户程序。

（1）系统监控程序　用于控制 PLC 本身的运行。系统程序由 PLC 制造厂商设计编写，并存入 PLC 的系统存储器中，用户不能直接读写与更改。系统程序一般包括系统诊断程序、输入处理程序、编译程序、信息传送程序及监控程序等。

（2）用户程序　PLC 的用户程序是用户利用 PLC 的编程语言，根据控制要求编制的程序。在 PLC 的应用中，最重要的是用 PLC 的编程语言来编写用户程序，以实现控制目的。由于 PLC 是专门为工业控制而开发的装置，其主要使用者是广大电气技术人员，因此为了满足他们的传统习惯和掌握能力，PLC 的主要编程语言采用比计算机语言相对简单、易懂、形象的专用语言。

在 PLC 的发展初期，选择控制系统首先应做出的重要决定是选择 PLC 生产厂家。之后，用户就必须应用该厂家的软件及编程方法，选择自由较小。由于不同厂家的 PLC 具有不同的编程语言，各个厂家的 PLC 之间无法兼容，这样就给 PLC 的普及带来一定的困难。国际电工委员会（IEC）于 1994 年 5 月公布了专门用于 PLC 编程的标准——IEC1131-3，该标准介绍了 5 种 PLC 编程语言的表达方式：顺序功能表图（sequential function chart，SFC）、梯形图（ladder diagram，LD）、功能块图（Function block diagram，FBD）、指令表（instruction list，IL）和结构文本（structured text，ST）。其中，梯形图（LD）和功能块图（FBD）是图形语言，指令表（IL）和结构文本（ST）是文字语言，而顺序功能表图（SFC）是一种结构块控制程序流程图。

1. 顺序功能表图（SFC）

顺序功能表图是描述控制系统的控制过程、功能和特性的一种图形，它主要由步、动作、转换、转换条件、有向连线组成，如图 4-9 所示。

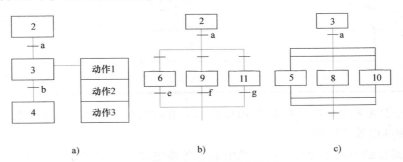

图 4-9　顺序功能表图结构图

a）顺序结构　b）选择结构　c）并行结构

步：将系统的一个工作周期划分为若干个顺序相连的阶段，这些阶段即称为步。步是一种逻辑块，即对应于特定控制任务的编程逻辑。步是根据 PLC 的输出状态的变化来划分的，在任何一步内，PLC 各输出状态不变。步也可根据被控对象工作状态的变化来划分，但被控对象工作状态的变化应该是由 PLC 输出状态的变化引起的。否则就不能这样划分，例如从快进到工进与 PLC 输出无关，那么快进和工进只能算一步。在 SFC 中，步采用矩形框表示，矩形框内是该步的编号，编程时一般用 PLC 内部编程元件来代表各步。

动作：动作是控制任务的独立部分。转换是从一个任务到另一个任务的原因。一个控制系统可以划分为被控系统和施控系统。对于被控系统，在某一步要完成某些"动作"；对于施控系统，在某一步中则要向被控系统发出某些"命令"，这些动作或命令即通称为动作。在 SFC 中，动作用矩形框中的文字或符号表示，且该矩形框应与相应的步的符号相连。

有向连线：功能表图中步的活动状态的顺序进展按有向连线规定的路线和方向进行。活动状态的进展方向习惯上是从上到下或从左至右，在这两个方向有向连线上的箭头可以省略。如果不是上述方向，应在有向连线上用箭头注明进展方向。

转换：转换是用有向连线上与有向连线垂直的短划线来表示，转换将相邻两步分隔开。步的活动状态的进展是由转换的实现来完成的，并与控制过程的发展相对应。

转换条件：转换条件可以用文字语言、布尔代数表达式或图形符号标注在表示转换的短线的旁边。

在顺序结构中，CPU 首先反复执行步 2 中的动作，直到转换 a 变为"真"，以后 CPU 将处理步 3。

在选择结构中，取决于哪一个转换是活动的。CPU 只执行一条支路。

在并行结构中，所有的支路被同时执行，直到转换变为活动的。

2. 梯形图（LD）

对于熟悉传统继电接触器控制系统的人来说，梯形图使用起来很方便。PLC 的梯形图是在上述梯形图基础上发展而来的，其基本思想一致，只是在使用符号和表达方式上有一定区别。PLC 梯形图使用的是内部继电器、定时/计数器等，都是由软件实现的。表 4-1 是物理继电器和 PLC 输出继电器的梯形图符号比较。

表 4-1　两种继电器符号对比

		物理的继电器	PLC 输出继电器
线圈		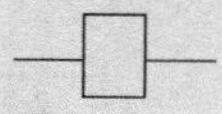 ⊏⊐	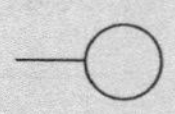 ◯
触点	动合		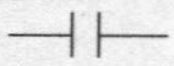 —||—
	动断		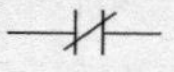 —|/|—

图 4-10 分别为采用继电器控制和 PLC 控制的电动机直接起动、停止控制的梯形图。

（1）两种继电器的区别

1）继电器控制电路中使用的物理继电器，各继电器与其他电器间必须用硬接线实现连接；而 PLC 的继电器不是物理的电器，而是 PLC 内部的寄存器位，常称为"软继电器"。"软继电器"与物理继电器有着相似的功能。例如，当其线圈通电时，其所属的动合触点闭合，动断触点断开；当其线圈断电时，其所属的动合触点和动断触点均恢复常态。PLC 梯形图中的接线称为"软接线"，这种"软接线"是通过编写程序来实现的。

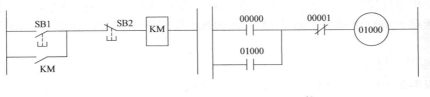

a)　　　　　　　　　　　　　　　　b)

图 4-10　两种控制方式的梯形图

a）继电器控制　b）PLC 控制

2）PLC 的每一个继电器都对应着内部的一个寄存器位，由于可以无限次地读取某一寄存器位的内容，所以，可以认为 PLC 的继电器有无数个动合、动断触点可供用户使用。而物理继电器的触点个数是有限的。

3）PLC 的输入继电器是由外部信号驱动的。在梯形图中，只能使用输入继电器的触点，并不出现其线圈。而物理继电器触点的状态取决于其线圈状态（通、断电），若控制电路中不接继电器线圈而只接其触点，则触点永远不会动作。

（2）两种梯形图的区别　两种梯形图形式很相似，但存在着本质的差别。

1）PLC 梯形图左、右边的两条线也称为母线，但与继电器控制电路的两根母线不同。继电器控制电路的母线与电源连接，每梯级在满足一定条件时将通过两条母线形成电流通路，从而使继电器动作；而 PLC 梯形图的母线并不接电源，它只表示每个梯级的起始和终了，且 PLC 的每一个梯级中并没有实际的电流通过。通常说 PLC 的某个线圈通电了，只不过是为了分析问题方便而假设的概念电流通路，且此概念电流只能从左向右流动。这是 PLC 梯形图与继电器控制电路本质的区别。

2）继电器控制是通过改变梯形图中电器间的硬接线来实现不同的控制，而 PLC 是通过编写不同的程序来实现各种控制的。

图 4-11 是对应图 4-10b 梯形图的 PLC 外部接线图。图中只画出部分输入和输出端子。00000、00001 等是输入端子，01000、01001 等是输出端子，COM 是输入和输出各自的公共端。

现就图 4-11 和图 4-10b，分析 PLC 控制的原理。

参照图 4-4～图 4-6 和图 4-11 中输入输出设备与输入输出继电器的关系为：当起动按钮 SB1 闭合时，00000 输入端子对应的输入继电器线圈通电，其触点相应动作；当停止按钮 SB2 闭合时，00001 输入端子对应的输入继电器线圈通电，其触点相应动作。当 01000

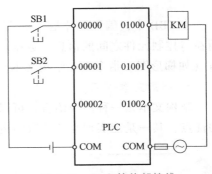

图 4-11　PLC 的外部接线

输出端子对应的输出继电器线圈通电时，外部负载接触器 KM 的线圈通电。图 4-10b 起、停电动机的过程如下：

按一下起动按钮 SB1，00000 输入端子对应的输入继电器线圈通电，其动合触点 00000 闭合。由于没有按动 SB2，所以动断触点 00001 处于闭合状态。因此，输出继电器 01000 线圈通电，使接触器 KM 通电。由于 KM 的主触点接在电动机的主电路中，于是电动机起动。释放起动按钮 SB1 后，由于 01000 线圈通电，因此其动合触点 01000 闭合起自锁作用。

在电动机运行过程中按一下停止按钮 SB2，00001 输入端子对应的输入继电器线圈通电，其动断触点 00001 断开，输出继电器 01000 线圈断电，使接触器 KM 断电，电动机停转。

3. 指令表编程语言（IL）

指令表类似于计算机的汇编语言，是用一个或几个容易记忆的字符来代表 PLC 的某种操作功能。PLC 的指令表达形式与微机的语句表达式相类似，也是由操作码和操作数两部分组成。操作码用助记符表示，如 LD 表示取、OR 表示或等，用来执行要执行的功能，告诉 CPU 该进行什么操作，例如逻辑运算的与、或、非，算术运算的加、减、乘、除，时间或条件控制中的计时、计数、移位等功能。操作数一般由标识符和参数组成。标识符表示操作数的类别，例如表明是输入继电器、输出继电器、定时器、计数器、数据寄存器等。参数用来指明操作数的地址或一个预先设定值。需要注意的是，对于同样功能的指令，不同厂家的 PLC 使用的指令助记符有可能不同。

对应图 4-10b 的指令表语句如下：

LD	00000
OR	01000
AND NOT	00001
OUT	01000

指令表语句格式如下：

操作码　操作对象

符号 LD、AND、OR、OUT 等属于操作码，告诉 PLC 该进行什么操作；00000、01000 等是操作数，表示执行该操作的必要信息。

指令表不如梯形图那样直观、形象，但是在使用简易编程器向 PLC 输入用户程序时，必须把梯形图程序转换为指令表语句才能够输入。

4. 功能块图（FBD）

在 FBD 中，编程元件是"块状"的，与电路图类似，它们被"导线"连接在一起，应用在与控制元件之间的信息、数据流动有关的高级应用场合。在 FBD 中也允许嵌入别的语言（如梯形图、指令表和结构文本）来编程。

5. 结构文本（ST）

结构文本是一种高级语言，可以用它来编制控制逻辑。与梯形图相比，ST 有两个最大的优点，其一是能实现复杂的数学运算，其二是非常简洁和紧凑。

4.3 PLC 的分类及选择

4.3.1 PLC 的分类

PLC 产品种类繁多，其规格和性能也各不相同。通常各类 PLC 产品可按结构形式、I/O 点数以及具备的功能等三个方面进行分类。依据不同的分类方式，PLC 可分为不同的类型。

1. 按 I/O 点数和存储容量分类

PLC 按 I/O 点数和存储容量来分可分为小型、中型、大型三类。

（1）小型PLC　小型PLC的I/O点数在256点以下，具有单CPU及8位或16位处理器，存储器容量2K步，可用于逻辑控制、定时、计数、顺序控制等场合。部分小型PLC还带有模拟量处理、数据通信处理和算术运算功能，其应用范围更广。

（2）中型PLC　中型PLC的I/O点数在256～2048点之间，通常具有双CPU，存储容量达2～8K步。具有逻辑运算、算术运算、数据传送、中断、数据通信、模拟量处理等功能。用于开关量、数字量与模拟量混合控制的较复杂控制系统。

（3）大型PLC　大型PLC的I/O点数在2048点以上，具有多CPU及16位或32位处理器，存储容量达8KB以上。具有数据运算、模拟量调节、联网通信、监视记录、打印等功能，能进行中断、智能控制、远程控制。可用于大规模过程控制，也可构成分布式或控制网络以及整个工厂自动化网络控制。

2. 按结构形式分类

按结构形式分类，可以分为整体式和模块式两类。

（1）整体式PLC　整体式PLC又称单元式PLC，是将PLC的CPU、存储器、I/O单元、电源等集中在同一机体内，构成主机。整体式PLC的基本单元通常可以带I/O扩展单元，用以扩展I/O点数，基本单元和扩展单元之间一般用扁平电缆连接。整体式PLC一般配备有特殊功能的扩展单元，如模拟量单元、位置控制单元等，使PLC的功能得以加强。整体式PLC的特点是结构紧凑、体积小、成本低、安装方便，但输入输出点数固定，灵活性较低，一般小型PLC多采用这种结构。

（2）模块式PLC　模块式PLC又称为积木式PLC，是由一些标准模块单元组成，采用总线结构，不同功能的模块（如CPU模块、输入模块、输出模块、电源模块等）通过总线连接起来。模块式PLC由框架和各种模块组成，模块插在框架的插座上。有的PLC没有框架，各种模块安装在底板上。模块式PLC的特点是：可以根据功能需要灵活配置，构成具有不同功能和不同控制规模的PLC，配置灵活，装配方便，便于扩展和维修。一般大中型PLC都采用模块式结构，有的小型PLC也采用这种结构。

还有一些PLC将整体式和模块式的特点结合起来，构成所谓的叠装式PLC。叠装式PLC的CPU、电源、I/O接口等也是各自独立的模块，但它们之间是靠电缆进行连接的，并且各模块可以一层层地叠装。这样，不但系统可以灵活配置，还可做得体积小巧。

3. 按功能划分

PLC按照功能来分可分为低档、中档、高档机三类。

（1）低档PLC　低档PLC具有逻辑运算、计时、计数移位以及自诊断、监控等基本功能，还可能增设少量模拟量输入/输出（即A/D、D/A转换）、算术运算、数据转送、远程I/O、通信等功能，主要用于逻辑控制、顺序控制或少量模拟量控制的单机控制系统。

（2）中档PLC　中档PLC除具有低档机的功能外，还具有较强的模拟量输入/输出、算术运算、数据传送和比较、数制转换、远程I/O、子程序以及通信联网等功能，有些还可能增设中断控制、PID回路控制等功能，适用于复杂的控制系统。

（3）高档PLC　高档PLC除具有中档机的功能外，还增设有带符号算术运算（32位双精度加、减、乘、除和比较）、矩阵运算、位逻辑运算（位置位、位清除、右移、左移）、二次方根运算以及其他特殊功能函数的运算、表格传送及表格功能等。高档PLC具有更强的通信联网功能，可用于大规模的过程控制，或构成全PLC的分布式控制系统，实现整个工厂的自动化。

4.3.2　PLC 的主要技术指标

在描述 PLC 的性能时，经常用到以下术语：位（Bit）、数字（Digit）、字节（Byte）及字（Word）。一个位对应 PLC 的一个继电器，某位的状态为 1 或 0，分别对应该继电器线圈得电（ON）或失电（OFF）。4 位二进制数构成一个数字，这个数字可以是 0000～1001（即十进制数的 0~9），也可以是 0000～1111（即十六进制数的 0H～FH）。2 个数字或 8 位二进制数构成一个字节，2 个字节构成一个字。在 PLC 术语中，字也称为通道。一个字含 16 位，即一个通道含 16 个继电器。

PLC 的主要性能指标包括以下几个方面。

1. 存储容量

这里说的存储容量指的是用户程序存储器的容量。用户程序存储器的容量决定了 PLC 可以容纳用户程序的长短。一般以字为单位来计算，每 1024 个字为 1K 字。小型 PLC 的存储容量一般在几 K 至几十 K 字，中、大型 PLC 的存储容量可在几百 K 字至几 M（1M＝1024K）字。也有的 PLC 用存放用户程序的指令条数来描述容量。

2. 输入/输出点数

I/O 点数即 PLC 面板上的输入、输出端子的个数。I/O 点数越多，外部可接的输入器件和输出器件越多，控制规模就越大。因此，I/O 点数是衡量 PLC 性能的重要指标之一。

3. 扫描速度

扫描速度是指 PLC 执行程序的速度，是衡量 PLC 性能的重要指标之一。一般以扫描 1K 字所用的时间来衡量扫描速度。PLC 用户手册一般给出执行各条指令所用的时间，用各种 PLC 执行相同操作所用的时间，可粗略衡量其扫描速度的快慢。

4. 编程指令的种类和条数

编程指令的种类和条数是衡量 PLC 控制能力强弱的重要指标。编程指令的种类和条数越多，PLC 的处理能力、控制能力就越强。

5. 内部器件的种类和数量

内部器件包括各种继电器、计数器/定时器、数据存储器等。其种类越多、数量越大，存储各种信息的能力和控制能力就越强。

6. 扩展能力

PLC 的扩展能力是衡量 PLC 控制功能的重要指标。大部分 PLC 可以用 I/O 扩展单元进行 I/O 点数的扩展。当今，多数 PLC 可以使用各种特殊功能模块进行各种功能的扩展。

7. 特殊功能单元的数量

PLC 不但能完成开关量的逻辑控制，而且利用特殊功能单元可以完成模拟量控制、位置和速度控制以及通信联网等功能。特殊功能单元种类的多少和功能的强弱是衡量 PLC 产品水平高低的一个重要指标。特殊功能单元的种类日益增多，功能也越来越强。

4.4　PLC 的应用

由于 PLC 具有可靠性高、体积小、功能强、程序设计简单、灵活通用及维护方便等一系列的优点，因而在冶金、能源、化工、交通、电力等领域中有着广泛的应用，成为现代工业控制的三大支柱（PLC、机器人和 CAD/CAM）之一。根据 PLC 的特点，可以将其应用形式归纳为以下几种类型。

（1）开关量的逻辑控制　这是 PLC 最基本，也是最广泛的应用领域，它取代了传统的继电器电路，实现逻辑控制、顺序控制；既可用于单台设备的控制，也可用于多机群控及自动化流水线，如注塑机、印刷机、订书机械、组合机床、磨床、包装生产线及电镀流水线等。

（2）模拟量控制　在工业生产过程当中，有许多连续变化的量，如温度、压力、流量、液位和速度等都是模拟量。为了使 PLC 处理模拟量，必须实现模拟量和数字量之间的 A/D 转换及 D/A 转换。PLC 厂家都生产配套的 A/D 和 D/A 转换模块，使 PLC 用于模拟量控制。

（3）运动控制　PLC 可以用于圆周运动或直线运动的控制。从控制机构配置来说，早期直接用于开关量 I/O 模块连接位置传感器和执行机构，现在一般使用专用的运动控制模块，可驱动步进电动机或伺服电动机的单轴或多轴位置控制模块。世界上各主要 PLC 生产厂家的产品几乎都具有运动控制功能，广泛用于各种机械、机床、机器人、电梯等场合。

（4）过程控制　过程控制通常是对温度、压力、流量等模拟量的闭环控制，在冶金、化工、热处理、锅炉控制等场合有非常广泛的应用。作为工业控制计算机，PLC 能编制各种各样的控制算法程序，完成闭环控制。PID 调节是一般闭环控制系统中用得较多的调节方法，大中型 PLC 都有 PID 模块，目前许多小型 PLC 也具有此功能模块。PID 处理一般是运行专用的 PID 子程序。

（5）数据处理　现代 PLC 一般具有数学运算（含矩阵运算、函数运算、逻辑运算）、数据传送、数据转换、排序、查表及位操作等功能，可以完成数据的采集、分析及处理。这些数据可以与存储在存储器中的参考值比较，进而完成一定的控制操作；也可以利用通信功能传送到别的智能装置，或将它们打印制表。用 PLC 可以构成监控系统，进行数据采集和处理、监控生产过程。数据处理一般用于大型控制系统，如无人控制的柔性制造系统；也可用于过程控制系统，如造纸、冶金、食品工业中的一些大型控制系统。

（6）通信及联网　PLC 通信含 PLC 间的通信及 PLC 与其他智能设备间的通信。随着计算机控制的发展，工厂自动化网络发展得很快，各 PLC 生产厂商都十分重视 PLC 的通信功能，纷纷推出各自的网络系统。新近生产的 PLC 都具有通信接口，通信非常方便。

4.5　PLC 控制系统的设计方法

PLC 控制系统根据实际需要，可以采用以下几种物理结构和控制方式：

（1）单机控制系统　这种控制系统采用一台 PLC 就可以完成控制要求，控制对象往往是单个设备或多个设备的某些专用功能。其特点是被控设备的 I/O 点数较少，设备之间或 PLC 间无通信要求，各自独立工作，主要应用于老设备的改造和小型系统，具体采用局部式结构还是离散式结构，应视现场的情况而定。

（2）复杂控制系统　复杂控制系统根据控制形式的不同又可分为多种，如集中控制系统、远程控制系统、集散控制系统和冗余控制系统等，也可以是上述系统的组合。

集中控制系统用一台 PLC 控制几台设备，这些设备的地理位置相距不远，相互之间有一定的联系。如果设备之间相距很远，被控对象的远程 I/O 装置分布又广，远程 I/O 单元与

PLC 主机之间的信息交换需要远程通信的接口模块来完成，用很少几根电缆就可以控制远程装置，称为远程 I/O 控制方式，如大型仓库、料场和采集基站等。有些控制系统，如大型冷、热轧钢厂的辅助生产机组和供油、供风系统，薄板厂的冷轧过程生产线控制，显示器的彩枪生产线控制等，这些系统传动的逻辑控制部分都单独采用一台 PLC 控制一台电动机，通过数据通信总线，把各台独立的 PLC 连接起来，这样现场的信号和数据通过 PLC 送给上位机（工业控制计算机）来集中管理，可以把复杂系统简单化、编程容易、调试方便，当某台 PLC 停止运行时，不会影响其他 PLC 的工作，这种系统称为集散控制系统。有些生产过程必须连续不断地运行，人工无法干预，要求控制装置有极高的可靠性和稳定性，即使 PLC 出现故障，也不允许停止生产，因此需要采用冗余控制系统。该系统通常采用多个 CPU 模块，其中一个直接参与控制，其他作为备用，当工作的 CPU 出现问题时，备用的 CPU 立即自动投入运行，保证生产过程的连续性。上述几个控制系统既相互联系，又各有特点。

（3）网络控制系统　工厂自动化程度的提高，推动了工业控制领域网络的发展，在大规模生产线上，将工控机、PLC、变频器、机器人和柔性制造系统连在一个网络上，大量的数据处理业务和综合管理业务之间进行数据通信，形成一个复杂的多级分布式网络控制系统，如变电站的遥测、遥控、遥信、遥调，汽车组装生产线的控制等。

确定好控制系统的物理结构和控制方式后，根据实际的控制要求，确定系统的控制方案。主要考虑以下几点：

1）拟定实现参数控制的具体方案，包括机型选择、硬件结构和系统软件设计。

2）设计系统控制的网络拓扑结构，分析上、下位机各自承担的任务及其相互关系、通信方式、协议、速率、距离等，以及实现这些功能的具体要求。

3）考虑输入、输出信号是开关量还是模拟量，是模拟量的还应根据控制精度的要求选择 A/D、D/A 转换模块的个数和位数。

4）对可编程控制器特殊功能的要求，对于 PID 闭环控制、快速响应、高速计数和运动控制等特殊要求，可以选用有相应特殊 I/O 模块的可编程控制器。

5）系统对可靠性的要求，对可靠性要求极高的系统，应考虑是否采用冗余控制系统或热备用系统。

总之，在设计 PLC 控制系统时，应最大限度地满足被控对象的控制要求，并力求使控制系统简单、经济、使用及维修方便。保证控制系统的安全、可靠，同时考虑到生产的发展和工艺的改进，在选择 PLC 容量时，应适当留有余量。

因此，PLC 控制系统的设计步骤可以归纳如下：

（1）熟悉被控制系统的工艺要求　深入了解被控系统是 PLC 控制系统设计的基础。工程师在接到设计任务时，首先必须进入现场调查研究，搜集有关资料，并与工艺、机械、电气方面的技术和操作人员密切配合，共同探讨被控对象的驱动要求和注意事项，如驱动的电压、电流和时间等；各部件的动作关系，如因果、条件、顺序和必要的保护与联锁等；操作方式，如手动、自动、半自动、连续、单步和单周期等；内部设备，如与机械、液压、气动、仪表、电气等方面的关系；外部设备，如与其他 PLC、工业控制计算机、变频器、监视器之间的关系，以及是否需要显示关键物理量、上下位机的联网通信和停电等应急情况时的紧急处理，等等。

（2）根据各物理量的性质确定 PLC 的型号　根据控制要求确定所需的信号输入元件、

输出执行元件，即哪些信号是输入给 PLC，哪些信号是由 PLC 发出去驱动外围负载。同时分类统计出各物理量的性质，如是开关量还是模拟量，是直流量还是交流量，以及电压的大小等级。根据输入量、输出量的类型和点数，选择具有相应功能 PLC 的基本单元和扩展单元，对于模块式 PLC，还应考虑框架和基板的型号、数量，并留有余量。

（3）确定被控对象的参数　控制系统被控对象的参数有位置、速度、时间、温度、压力、电压、电流等信号，根据控制要求设置各量的参数、点数和范围。对于有特殊要求的参数，如精度要求、快速性要求、保护要求，应按工艺指标选择相应传感器和保护装置。

（4）分配输入/输出继电器号　分配继电器号之前，首先区分输入、输出继电器。所谓输入继电器就是把外部来的信号送至 PLC 内部处理用的继电器，在程序内作触点使用；输出继电器就是把 PLC 内部的运算结果向外部输出的继电器，在程序内部作为继电器线圈以及动合、动断触点使用。在策划编程时，首先要对输入/输出继电器进行编号。确定输入/输出继电器的元件号与它们所对应的 I/O 信号所接的接线端子编号保持一致，并且列一张 I/O 信号表，注明各信号的名称、代号和分配的元件号。如果使用多个框架的模块式 PLC，还应标注各信号所在的框架、模块序号和所接的端子号。这样，会使以后的配线、检修非常方便。

（5）用流程图表示系统动作基本流程　用流程图表示系统动作的基本流程，会给编写程序带来极大的方便。流程图表达的控制对象的动作顺序、相互约束关系直观、形象，基本组成了工程设计的大致框架，如图 4-12 所示。

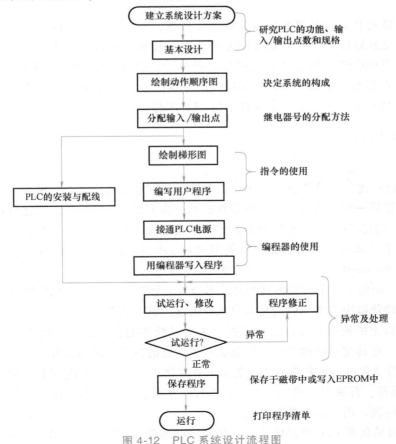

图 4-12　PLC 系统设计流程图

（6）绘制梯形图，编写 PLC 控制程序　如果程序较为复杂，应灵活运用 PLC 内部的辅助继电器、定时器、计数器等编程元件。绘制梯形图的过程就是控制对象按生产工艺的要求进行逐条语句执行的过程，因此有必要列出某些信号的有效状态，如是上升沿有效还是下降沿有效，是低电平有效还是高电平有效，开关量信号是动断触点还是动合触点，触点在什么条件下接通或断开，激励信号是来自 PLC 的内部还是外部等。最后依据梯形图的逻辑关系，按照 PLC 的语言和格式编写用户程序，并写入到 PLC 存储器中。

（7）现场调试、试运行　通常编好程序后，利用实验室拨码开关模拟现场信号，逼近实际系统，对 PLC 控制程序进行模拟调试，对控制过程中可能出现的各种故障进行汇总、修正直到运行可靠。完成上述过程后，将 PLC 安装在控制现场进行联机总调试，对可能出现的接线问题、执行元件的硬件故障问题，采用首先调试子程序或功能模块，然后调试初始化程序，最后调试主程序的方式，逐一排除，使程序更趋完善，再进行试运行测试阶段。

（8）编制技术文件　系统投入使用后，应结合工艺要求和最终的调试结果，整理出完整的技术文件，提交给用户。包括电气原理图、程序清单、使用说明书、元件明细表和元件所对应的 PLC 中 I/O 接线端子的编号等。

4.6　常用的 PLC 介绍

目前，世界上 PLC 产品可按地域分成三大流派，一个流派是美国产品，一个流派是欧洲产品，一个流派是日本产品。美国和欧洲的 PLC 技术是在相互隔离的情况下独立研究开发的，因此美国和欧洲的 PLC 产品有明显的差异性。而日本的 PLC 技术是由美国引进的，对美国的 PLC 产品有一定的继承性，但日本的主推产品定位在小型 PLC 上。因此，美国和欧洲以大中型 PLC 而闻名，而日本则以小型 PLC 著称。

4.6.1　美国 PLC

1. Rockwell 自动化的 PLC

Rockwell 自动化公司总部位于美国威斯康星州、密尔沃基市，是一家工业自动化跨国公司，为制造业提供一流的动力、控制和信息技术解决方案。Rockwell 自动化公司整合了工业自动化领域的知名品牌，致力于打造全方位自动化解决方案，帮助客户提高生产力。这些品牌包括艾伦－布拉德利产品所属品牌：美国 Rockwell Allen-Bradley（AB）的控制产品和工程服务，以及 Rockwell Software 的工控软件。

Rockwell 自动化是一个资源丰富的高技术公司，始终着眼于自动化领域的未来，不断开发新的尖端自动化解决方案，以满足客户特殊需求。其在新产品的研究与开发上投入巨大的资金，而 20% 以上的销售收入将来自于投产未超过两年的新产品，继续不断地开发更小型化、更智能化、更具交互性的产品，提供更具灵活性的自动化制造过程。

Rockwell 自动化可为多种多样的制造加工业提供工业自动化解决方案，包括：交通、电力、水/废水处理、石油和天然气、冶金、橡胶和塑料、汽车、半导体/电子、制药、造纸、纺织、食品、包装、消费品及基础设施。

Rockwell 自动化的 PLC 产品线丰富，从经济的微型的 Micro800、MicroLogix PLC 到大型

的 ControlLogix、GuardPLC 和 SoftLogix 控制系统。

其微型和纳米 PLC 可提供经济的解决方案，以满足简单机械的基本控制需求，包括继电器替换以及简单的控制定时和逻辑。这些控制器采用紧凑型封装、集成 I/O 和通信，且易于使用，是传送带自动化、安全系统以及建筑和停车场照明等应用项目的理想选择。该类主要产品有 Micro800 系列及 MicroLogix1100/1200/1400 等。

大型控制系统可适应最严苛的应用项目需求。它们提供模块化架构以及各种 I/O 和网络选项。这些强大的控制解决方案为过程应用、安全应用和运动控制应用提供世界一流的功能。其大型可编程自动化控制器（PAC）专为分布式或监控应用项目设计，具备出色的可靠性和性能。Rockwell 自动化的大型 PLC 产品主要有 ControlLogix5570/5580 和 GuardPLC 1600/1800 等。如图 4-13 所示为 Rockwell 自动化的 ControlLogix 系列 PLC。

Rockwell 自动化的 MicroLogix 1100 可编程逻辑控制器系统将嵌入式 EtherNet/IP、在线编辑功能和 LCD 面板添加到 MicroLogix 系列中。内置 LCD 面板显示控制器状态、I/O 状态和简单操作员消息。借助 2 个模拟量输入、10 个数字量输入和 6 个数字量输出，MicroLogix 1100 控制器可以处理各种任务。MicroLogix 1100 控制器的特性有：

1）包括内置 10/100Mbit/s EtherNet/IP 端口，可用于进行对等消息传递。

2）提供 8KB 存储器（4KB 用户程序，4KB 用户数据）。

3）可通过任何以太网连接进行访问、监视和编程。

4）支持在线编辑。

5）提供嵌入式网络服务器，这样就可以对控制器数据进行配置，以使其显示为网页。

6）包含隔离式 RS232/RS485 组合端口，可用于串行和网络通信。

7）可通过嵌入式 LCD 屏幕来监视和修改控制器数据。

8）与 1762 MicroLogix 扩展 I/O 模块兼容（每个控制器最多有 4 个模块）。

9）支持最多 144 个数字量 I/O 点。

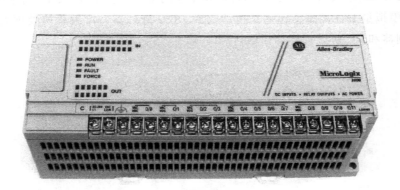

图 4-13　Rockwell 自动化的 ControlLogix 系列 PLC

Rockwell 自动化的 ControlLogix 5580 控制器可以增强性能、提升容量、提高生产效率和安全性，帮助满足对制造业智能机器和设备不断提高的要求。所有 ControlLogix 5580 控制器都使用 Studio 5000 设计环境作为标准框架，以优化生产效率和缩短调试时间。该框架负责管理基于 EtherNet/IP 的集成运动，适用于高速运动应用和 SIL2/PLd、SIL3/PLe 安全解决方案。这些控制器是要求高性能通信、I/O 和最高 256 轴运动控制的应用项目的理想选择。
ControlLogix 5580 的主要特性有：

1）包括 1 千兆位（Gbit/s）嵌入式以太网端口，可以实现高速通信、I/O 和运动控制。

2）包括基于控制器的变更检测和记录、以数字方式登录的控制器固件和基于角色的访问控制，可以实现更好的安全性。

3）提供一个可实现增强型诊断和故障处理的显示屏。

4）提供 3~40MB 的存储选件。

5）提供包含多达 17 个槽的标准和敷形涂覆机架。

6）使用主控制器实现 SIL CL 2/PLd。

7）使用主控制器和安全协处理器实现 SIL CL 3/PLE。

8）提供 100~250 个 EtherNet/IP 节点的通信选件。

9）最大 I/O 点数：128000 个数字量和 4000 个模拟量。

10）通过运动和以下驱动器/变频器提供联网安全功能：具备高级安全功能的 Kinetix 5700 和具备高级安全功能的 PowerFlex 755。

2. GE-FANUC PLC

GE-FANUC 公司是通用电气与 FANUC 公司的合资公司，总部在美国。目前其主推 PLC 品牌有 90-30 系列、90-70 系列以及 VersaMax 系列等。图 4-14 所示为 GE-FANUC 公司的 VersaMax 系列 PLC。

对于需要较少 I/O 数量的入门级应用，可以采用嵌入在背板上的 90-30 CPU，使得所有槽用于 I/O 模块。高性能的 CPU 是基于 Intel 的 386EX 处理器，以得到快速计算和大量吞吐。它们最多能控制 4096 个 I/O，高性能 CPU 最小用户内存为 32KB，能用多种标准语言进行编程。

GE-FANUC 90-30 系列 PLC 真正的特点在于它的 I/O。它有超过 38 个不同的离散量 I/O 类型和 17 个模拟量 I/O 类型，包括高速计数器、I/O 处理器、可编程协处理器、温度控制、伺服运动控制器和 PC 协处理器等模块。

图 4-14　GE-FANUC 90-30 系列 PLC

制造过程越复杂，对强大高级的控制器要求就越高。GE-FANUC 90-70 系列 PLC 专门为迎接这些挑战而设计，如高级批次处理、三重冗余和高速处理。这些高性能的控制器可以处理大量的 I/O，其庞大的用户程序处理内存可以满足复杂生产的需要。

4.6.2 欧洲 PLC

1. 西门子 PLC

德国西门子（SIEMENS）公司是目前全球市场占有率领先的 PLC 制造商。西门子公司生产的可编程控制器在我国的应用相当广泛，在机械、冶金、化工、印刷生产线等领域都有应用。西门子公司还开发了一些起标准示范作用的硬件和软件，从某种意义上来说，西门子系列 PLC 决定了现代可编程控制器发展的方向。西门子 PLC 的主要产品包括 LOGO、S7-200、S7-300、S7-400、S7-1200、S7-1500、工业网络、HMI 人机界面、工业软件等。

图 4-15 所示为西门子公司的 S7-1200 系列 PLC。

西门子 S7 系列 PLC 体积小、速度快、标准化，具有网络通信能力，功能更强，可靠性更高。S7 系列 PLC 产品可分为微型 PLC（如 S7-200），小规模性能要求的 PLC（如 S7-300）和中、高性能要求的 PLC（如 S7-400）等。

SIMATIC S7-200 PLC 是超小型化的 PLC，它适用于各行各业，各种场合中的自

图 4-15　西门子的 S7-1200 系列 PLC

动检测、监测及控制等。S7-200 PLC 的强大功能使其无论单机运行，或联网都能实现复杂的控制功能。S7-200 PLC 目前正逐步被西门子公司的小型 PLC 新产品 S7-1200 所代替。

SIMATIC S7-300 PLC 是模块化小型 PLC 系统，能满足中等性能要求的应用。各种单独的模块之间可进行广泛组合构成不同要求的系统。与 S7-200 PLC 比较，S7-300 PLC 采用模块化结构，具备高速（0.6～0.1μs）的指令运算速度；用浮点数运算比较有效地实现了更为复杂的算术运算；一个带标准用户接口的软件工具方便用户给所有模块进行参数赋值；方便的人机界面服务已经集成在 S7-300 操作系统内，人机对话的编程要求大大减少。SIMATIC 人机界面（HMI）从 S7-300 中取得数据，S7-300 按用户指定的刷新速度传送这些数据。S7-300 操作系统自动地处理数据的传送；CPU 的智能化的诊断系统连续监控系统的功能是否正常、记录错误和特殊系统事件（如超时、模块更换等）；多级口令保护可以使用户高度、有效地保护其技术机密，防止未经允许的复制和修改；S7-300 PLC 设有操作方式选择开关，操作方式选择开关像钥匙一样可以拔出，当钥匙拔出时，就不能改变操作方式，这样就可防止非法删除或改写用户程序。具备强大的通信功能，S7-300 PLC 可通过编程软件 Step 7 的用户界面提供通信组态功能，这使得组态非常容易、简单。S7-300 PLC 具有多种不同的通信接口，并通过多种通信处理器来连接 AS-I 总线接口和工业以太网总线系统；串行通信处理器用来连接点到点的通信系统；多点接口（MPI）集成在 CPU 中，用于同时连接编程器、PC、人机界面系统及其他 SIMATIC S7/M7/C7 等自动化控制系统。

SIMATIC S7-400 PLC 是用于中、高档性能范围的可编程控制器。S7-400 PLC 采用模块化无风扇的设计，可靠耐用，同时可以选用多种级别（功能逐步升级）的 CPU，并配有多种通用功能的模板，这使用户能根据需要组合成不同的专用系统。当控制系统规模扩大或升级时，只要适当地增加一些模板，便能使系统升级和充分满足需要。

S7-300、S7-400 系列 PLC 目前正逐步被西门子公司的新产品 S7-1500 系列所代替。

2. 施耐德 PLC

施耐德电气公司是欧洲第二大 PLC 制造商，它曾并购多家 PLC 制造商，目前旗下拥有多个 PLC 品牌，如 Modicon、TE、SquareD 等，目前其主要品牌有 Twido 系列、Modicon Quantum 系列、Modicon Premium 系列、Modicon Momentum 系列、Modicon M340 系列等。图 4-16 所示为施耐德公司的 Modicon M340 系列 PLC。

施耐德公司的 Modicon TSX Micro PLC 是专为 OEM 而设计的高性能 PLC，具有坚固性、紧凑性及可扩展性等特点，其开关量 I/O 最大可扩展至 256 点，同时具备模拟量 I/O、高速计数以及网络通信等扩展模板，最大限度地满足 OEM 对机器控制的各种需求。CPU 单元根据不

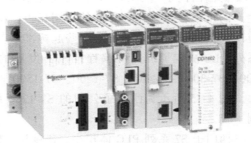

图 4-16　施耐德公司的 Modicon M340 系列 PLC

同应用需求分为 5 种型号：TSX37-05/08/10/21/22，有多种 I/O 集成方式；多重输入输出模板及高速计数和多种通信模板。编程环境支持 Windows 平台，支持梯形图、指令表、结构化文本以及流程图编程语言，支持浮点数运算、变量代码编程及表达式编程，并提供 PID 等丰富的库函数和即插即用的调试手段。广泛应用于机床、纺织机械、造纸机械、塑料机械、包装机械、食品机械等行业。

Modicon TSX Premium 是施耐德电气公司推出的下一代 PLC，是将其在工业通信方面的经验和最新的 TCP/IP 技术相结合的结果，具有革命化的分布式结构。采用面向中大型应用的高性能控制系统的 CPU 单元，单机可控制的 I/O 点数达 2048 点，I/O 方式采用具有革命化的分布式结构——Bus X 总线，支持多个控制器，通信方式简便且强大，有 TCP/IP 以太网、Unitelway、Modbus、Modbus Plus、FIPWAY、FIPIO、AS-I、Interbus-s 等。直接插入计算机的控制器，将计算机和 PLC 紧密结合，有热备系统，广泛应用于化工、冶金、交通等行业中。

4.6.3　日本 PLC

1. 三菱 PLC

三菱电机的 PLC 是较早进入我国市场的产品。其产品有小型的 F1、F2 和 FX 系列；大中型的有 A 系列、QnA 系列以及 Q 系列。其目前主推的 PLC 产品有 FX-PLC、Q-PLC 两个系列。其中 FX-PLC 以小型机为主，Q-PLC 主要面向中高端应用。图 4-17 所示为三菱电机的 FX3U 系列 PLC。

图 4-17　三菱电机的 FX3U 系列 PLC

FX 系列 PLC 具有庞大的家族。基本单元（主机）有 FX0、FX0S、FX0N、FX1、FX2、FX2C、FX1S、FX2N、FX2NC 等系列。每个系列又有 14、16、32、48、64、80、128 点等不同输入输出点数的机型，每个系列还有继电器输出、晶体管输出、晶闸管输出三种输出形式。

FX3U 系列 PLC 是三菱电机公司新近推出的新型第三代三菱 PLC，可能称得上是小型至

尊产品。基本性能大幅提升，晶体管输出型的基本单元内置了3轴独立最高100kHz的定位功能，并且增加了新的定位指令，从而使得定位控制功能更加强大，使用更为方便。FX3U系列产品为FX2N替代产品，FX2N系列产品已于2012年12月不再供货。三菱FX3U系列PLC产品的主要特点有：

1）内置高达64KB大容量的RAM存储器。

2）内置目前业界最高水平的高速处理单元，指令处理速度可以达到0.065μs/基本指令。

3）控制规模：16~384（包括CC-LINK I/O）点。

4）内置独立3轴100kHz定位功能（晶体管输出型）。

5）基本单元左侧均可以连接功能强大且简便易用的适配器。

6）内置的编程口可以达到115.2Kbit/s的高速通信，而且最多可以同时使用3个通信口。

7）通过CC-Link网络的扩展可以实现最高84点（包括远程I/O在内）的控制。

8）模块上可以进行软元件的监控、测试，时钟的设定。

9）可以将显示模块安装在控制柜的面板上。

10）FX3U系列PLC编程软件需要GX Developer 8.23Z以上版本。

三菱电机的Q系列PLC是三菱公司从原A系列PLC基础上发展过来的中大型PLC系列产品，Q系列PLC采用了模块化的结构形式，系列产品的组成与规模灵活可变，最大输入输出点数达到4096点；最大程序存储器容量可达252K步，采用扩展存储器后可以达到32MB；基本指令的处理速度可以达到34ns/基本指令；其性能水平居世界领先地位，可以适用于各种中等复杂机械、自动生产线的控制场合。

Q系列PLC的基本组成包括电源模块、CPU模块、基板、I/O模块等。通过扩展基板与I/O模块可以增加I/O点数，通过扩展存储器卡可增加程序存储器容量，通过各种特殊功能模块可提高PLC的性能，扩大PLC的应用范围。

Q系列PLC可以实现多CPU模块在同一基板上的安装，CPU模块间可以通过自动刷新来进行定期通信或通过特殊指令进行瞬时通信，以提高系统的处理速度。特殊设计的过程控制CPU模块与高分辨率的模拟量输入/输出模块，可以适合各类过程控制的需要。最大可以控制32轴的高速运动控制CPU模块，可以满足各种运动控制的需要。

2. 欧姆龙PLC

日本欧姆龙（OMRON）公司的PLC较早进入我国市场，其PLC产品大、中、小、微型规格齐全。目前欧姆龙（OMRON）公司主推的PLC产品有小型机CPM1A、CPM2A、CPM1C，中型机C200Ha系列、CQM1H、CJ1、CJ1M，大型机CVM1、CV系列、CS1等。

欧姆龙（OMRON）公司主推C系列PLC。欧姆龙C系列PLC按I/O容量分为超小型（袖珍型）、小型、中型、大型四个档次；按处理器档次又分为普及机、P型机及H型机。普及机指型号尾部不加字母的，如C20，其特点是价格低廉、功能简单。P型机指型号尾部加字母P的，是普及机的增强型，增加了许多功能。H型机指型号尾部加字母H的，其处理器比P型机更好，速度更快。

欧姆龙（OMRON）公司的PLC产品以其明显的价格优势及完善的售后服务使其小型PLC的销售在我国位居前列。其产品有两个突出特点，一是梯形图与语句并重，配置的指令系统较强，特别是提供功能指令，使其在使用的方便性及开发复杂控制系统的能力方面都优于欧美的小型 PLC 产品；二是欧姆龙为 PLC 配置的通信系统便宜、简单、实用，降低了整个 PLC 网络的造价。

3. 松下 PLC

松下 PLC 是目前国内比较常见的 PLC 产品之一，其功能完善，性价比较高。日本松下公司的 PLC 产品中，FP0 系列为微型机，FP1、FP-e 系列为小型机，FP2、FP2SH、FP3 系列为中型机，FP5、FP10、FP10S、FP20 为大型机，其中，FP20 系列为最新产品。

其中，松下公司的 FP1 系列 PLC 有 C14、C16、C24、C40、CS6、C72 多种规格产品，其虽然是小型机，但性价比却很高，该产品比较适合于中小型企业中。

FP1 系列 PLC 硬件配置除主机外，还可外加 I/O 扩展模块、A/D（模/数转换）模块、D/A（数/模转换）模块等智能单元。最多可配置几百点，机内有高速计数器，可输入频率高达 10kHz 的脉冲，并可同时输入两路脉冲，还可输出可调的频率脉冲信号（晶体管输出型）。

FP1 系列 PLC 有 190 多条功能指令，除基本逻辑运算外，还可进行四则运算。有 8 位、16 位、32 位数字处理功能，并能进行多种码制变换。FP1 系列 PLC 还有中断程序调用、凸轮控制、高速计数、字符打印、步进等特殊功能指令。

FP1 系列 PLC 监控功能很强，可实现梯形图监控、列表继电器监控、动态时序图监控（可同时监控 16 个 I/O 点的时序）等功能，具有几十条监控命令，多种监控方式。指令和监控结果可用日语、英语、德语、意大利语四种文字显示。

4.6.4 国产 PLC

作为离散控制的首选产品，PLC 在我国的应用已有 40 多年的历史。PLC 自 20 世纪 70 年代后期进入我国以来，应用增长十分迅速。

PLC 从最初的引进，到后来吸收 PLC 的关键技术进行国产化，经过了一个迅速发展的历程。目前国产 PLC 厂商众多，主要集中在台湾、深圳以及江浙一带，例如台达、永宏、和利时等。

每个厂商的规模也不一样。国内厂商的 PLC 主要集中于小型 PLC，例如欧辰、亿维等；还有一些厂商生产中型 PLC，例如盟立、南大傲拓等。

相对于国际大公司而言，国内 PLC 厂商的劣势主要集中在以下几点。

1）品牌劣势。在市场开拓初期，国产 PLC 的品牌在较长一段时间内不为用户认可，从而加大了市场开拓难度。

2）应用业绩劣势。相对于国际著名的 PLC 厂商而言，国内公司的 PLC 应用业绩较少，用户对国产 PLC 的性能、产品质量和技术支持持怀疑态度。

3）产品线劣势。在国内公司开展 PLC 业务的最初几年，PLC 产品线不完善，产品的品种较少，不利于全方位的市场开拓。

4）研发实力劣势。相对于实力雄厚的著名 PLC 厂商而言，国内公司的研发实力较弱。

在清醒地认识到国内 PLC 厂商竞争劣势的同时，人们也高兴地看到国内公司在开展 PLC 业务时存在较大的竞争优势。

1）需求优势。国内 PLC 厂商能够确切了解中国用户的需求，并适时地根据中国用户的要求开发、生产适销对路的 PLC 产品。例如，和利时公司具有 12 年的控制类产品生产、销售及工程实施经验，积累了大量客户资源，了解国内不同行业、不同地区、不同所有制用户的真正需求，因此在产品设计时可以充分考虑中国用户的需求和使用习惯，产品的针对性和易用性更强。

2）产品定制优势。由于是完全本地化的研发、生产、销售和技术支持，国内 PLC 厂商可以根据用户的特殊需求定制个性化产品。在实际工作中，有些用户希望在一个 PLC 模块上同时具有开关量输入、开关量输出、模拟量输入和模拟量输出等功能，同时输出既要有继电器的，还要有晶体管的。这种一般通用 PLC 不能提供的特殊需求，国内 PLC 厂商可以快速为用户专门定制。

3）成本优势。由于是完全本地化的研发、生产、销售和技术支持，国内 PLC 厂商具有较大的成本优势，这种成本优势会直接转变为产品价格优势。

4）服务优势。国内 PLC 厂商的服务由公司相关人员去实施，PLC 生产厂商可以直接面向最终用户。由于公司技术人员充分了解自己的产品，能够迅速解决实际应用中发现的问题，因而能显著提高服务水平和服务质量。另外，国内 PLC 厂商可以在 PLC 的售前、售中和售后中为用户提供免费增值服务。例如，面对众多的中小用户，信捷公司开展了免费培训和免费方案设计服务，得到了广大用户的一致好评。

5）响应速度优势。相对于国际 PLC 厂商而言，国内 PLC 厂商能更快响应用户的要求。

下面仅介绍市场应用较多的几个国产 PLC 生产厂家。

1. 永宏 PLC

永宏（FATEK）PLC 是永宏电机股份有限公司的 PLC 产品，永宏电机股份有限公司1992 年创立于台湾。永宏专注在高功能的中小型及微型 PLC 市场领域，创立的自有品牌"FATEK"目前在业界已享有颇高的知名度。

近年来，面对许多大厂的竞争，以及客户端应用的变化，单单只提供 PLC 产品已无法满足市场需求，另一方面，永宏在微型 PLC 的市场已占有相当的经济规模了，若要高度成长已非易事，因此，除了 PLC 的产品外，提供更完整的工业自动化解决方案，是当今永宏需面对的课题。目前具体的发展方向除首先以研发更高功能的 PLC 来稳固核心竞争力外，同时更积极研发运动控制器、人机接口、工业用电源供应器、伺服控制器、变频器及伺服马达。

永宏 PLC 主要包括 FBs 系列、B1/B1z 系列，其中 FBs 系列 PLC（图 4-18）以永宏自行研发的系统单晶片（SoC）制作而成，由超过 12 万闸的晶片整合了中央处理器（CPU）、存储器、硬件逻辑处理器（HLS）、5 个高速通信口、4 组高速计数器/高速计时器、4 轴直线插补、动态追踪的数控定位脉冲输出及高速中断与输入捕捉等高阶功能的硬件电路于一颗 BGA 晶片中，使速度更快，功能及可靠度更佳。FBs 系列 PLC 指令超过 300 种以上，并采用最人性化、可读性最高的多输入/多输出指令格式，一个指令即可达成大部分其他品牌 PLC 数个指令才能做到的功能，

图 4-18　永宏科技的 FBs 系列 PLC

使程序大为精简，同时运算结果可直接由内部或外部输出取得，为同级 PLC 中功能最强、价格最低、最具竞争优势者。

2. 台达 PLC

台达集团成立于 1972 年，现已成为世界头号电源供应器制造厂商、世界上最大的零组件厂商、世界上最大的计算机业周边产品供应商，并以每年 30%～40% 的速度持续增长着。

台达 PLC 是台达集团为工业自动化领域专门设计的、实现数字运算操作的电子装置。台达 PLC 采用可以编制程序的存储器，用来在其内部存储执行逻辑运算、顺序运算、计时、计数和算术运算等操作的指令，并能通过数字式或模拟式的输入和输出，控制各种类型的机械或生产过程。

台达 PLC 以高速、稳健、高可靠度而著称，广泛应用于各种工业自动化机械。台达 PLC 除了具有快速执行程序运算、丰富指令集、多元扩展功能卡及高性价比等特色外，并且支持多种通信协议，使工业自动控制系统联成一个整体。

台达 PLC 产品品种齐全，产品线丰富，主要有 AS 系列、AH 系列、DVP 系列等。其中台达 DVP 系列 PLC（图 4-19）以高速、稳健、高可靠度应用于许多工业自动化机械上；除了具有快速执行逻辑运算、丰富指令集、多元扩展功能卡等特色外，还支持多种通信规范，使工业自动控制系统联成一个整体。台达 DVP 系列 PLC 的主要特点有：

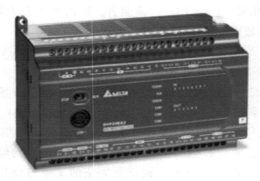

图 4-19　台达科技的 DVP 系列 PLC

1）整合的通信功能，内建 1 组 RS232、2 组 RS485 通信端口，均支持 Modbus 主/从站模式。

2）新推出了 DVP32ES2-C：CANopen 1Mbit/s 通信型主机以及 DVP30EX2：模拟/温度混合型主机。

3）DVP-ES2 提供 16/20/24/32/40/60 点 I/O 主机，满足各种应用。

4）DVP20EX2 内置 12bit 4AI/2AO，同时可搭配 14bit AIO 扩展模块，配合内建 PIDAuto Tuning 功能，提供完整的模拟控制解决方案。

5）DVP30EX2 提供模拟/温控整合型控制器，内置 16bit 3AI/1AO 搭配内置温度 PID。

6）Auto Tuning 功能，提供完整的模拟控制解决方案；32ES2-C 内置 1Mbit/s CANopen 通信，结合新一代主机处理速度，以高抗干扰与省配线优势搭建现场设备。

7）程序容量：16K 步；数据寄存器容量：10K words。

8）高于同级 PLC 处理速度，LD：0.54μs，MOV：3.4μs。

9）针对大程序容量，提供高效率处理能力，1K 步可在 1ms 内处理完成。

10）提供 100kHz 的脉冲控制，可搭配各种运动控制指令（如遮蔽、对标、立即变更频率等）精确应用于各种多轴运动控制中。

11）多达 4 重的 PLC 密码保护，保护使用者的知识产权。

台达 PLC 采用 ISPSoft 编辑软件，提供五种编程语言及图形化界面；背板与背板之间的近端延伸通信线可达 100m，增加硬件规划的弹性；支持模块热插入功能，提升维护便利性。

台达 PLC 具有品种齐全的各种硬件装置，可以组成能满足各种要求的控制系统，用户不必自己再设计和制作硬件装置。用户在硬件确定以后，在生产工艺流程改变或生产设备更新的情况下，不必改变 PLC 的硬件设备，只需改编程序就可以满足要求。因此，PLC 除应用于单机控制外，在工厂自动化中也被大量采用。

3. 和利时 PLC

北京和利时集团始创于 1993 年，是一家从事自主设计、制造与应用自动化控制系统平台和行业解决方案的高科技企业集团。

在工厂自动化和机器自动化领域，和利时从 2003 年开始，先后推出自主开发的 LM 小型 PLC、LE 系列中小型 PLC、LK 大型 PLC、MC 系列运动控制器等工业自动化产品，产品通过了 CE 认证和 UL 认证。其中 LK 大型 PLC 是国内唯一具有自主知识产权的大型 PLC，并获得国家四部委联合颁发的"国家重点新产品"证书。和利时的 PLC 和运动控制产品已经广泛应用于地铁、矿井、油田、水处理、机器装备控制行业。

LE 系列 PLC（图 4-20）是和利时推出的新一代高性能中小型 PLC 产品，适合中小型工业装备控制和分布式远程监控应用。LE 系列 PLC 集小型 PLC 产品紧凑的结构和中型 PLC 产品丰富的功能优势于一体，最大可支持 20 个本地 I/O 或远程 I/O 单元；CPU 模块本体支持专用数据存储卡和批量加密下载，具备强大的运动控制和模拟控制能力，并支持用户自定义功能扩展；提供多种通信模块，支持现场总线、无线网络和工业以太网接口。其主要产品特点有：

1）超强的扩展能力：可以选择模拟量、数字量、通信功能扩展板；最大可扩展 20 个扩展模块，数字量最大可扩展至 684 点，模拟量最大可扩展至 162 点；支持超长扩展延长线，使用 LE 扩展延长线使 LE 扩展模块能够在机柜中"换行"，为系统硬件提供柔性安装。扩展延长线长度 2m，最多可扩展 3 排。

2）多机互联，无须编程实现数据共享：LE 本体自带的 RS485 接口可以实现多机互联功能，最多可实现 16 台 CPU 之间的数据共享。

3）支持专用数据存储卡，批量加密下载：采用 USB 接口数据存储卡下载功能，可实现用户程序的批量下载。数据存储卡下载程序可防止用户对程序进行上载和反编译，增强程序保密性。

4）强大的运动控制能力：LE 本体支持多达 8 路 200kHz 高速计数器和 4 路 100kHz 高速脉冲输出。

5）丰富的通信接口，开放的通信协议：CPU 本体可扩展至 3 个串口，CPU 除本体自带 2 个 RS485 通信接口外，还可通过本体功能扩展板扩展 RS485 通信接口，这些串口均支持 Modbus RTU 和自由协议通信；支持专用 GPRS 扩展模块，专用 GPRS 扩展模块可应用于热网换热站、油田监控、管网监控等数据采集点分散且不利于有线数据传输的场合，GPRS 模块配置简便，不需要第三方组态软件的专用驱动程序；支持以太网通信与下载，以太网扩展模块方便用户通过局域网或 VPN 网络对 LE 进行用户程序下载、远程数据监控；支持 PRO-FIBUS-DP 通信，PROFIBUS-DP 通信扩展模块可使 LE 作为 PROFIBUS-DP 从站与第三方 PLC 或设备进行通信。

6）可拆卸的端子：配备可拆卸的端子板，在产品更换时，无须重新接线，避免了接线和拆线过程中引入的故障，同时节省了更换模块的时间。

7）简单易用的编程软件：LE 编程软件 AutoThink 具有向导功能，使用户编程更加简单；硬件配置、指令调用均可采用拖拽方式；通信配置无需复杂编程，简单界面配置即可实现；程序、功能块、函数和编程界面支持复制、粘贴。

8）超强的程序保密功能：编程软件支持用户自定义库文件；编程软件可以为功能块、库、程序加密，具有 6～12 位密码保护；LE 可以由用户选择是否使能程序上载功能，保护用户程序安全。

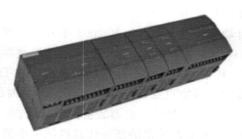

图 4-20　北京和利时集团的 LE 系列 PLC

和利时不仅为客户提供 PLC 产品，同时还提供运动控制器、人机界面、变频器、电机及驱动等系列产品和机器控制的一体化方案，更为客户提供售前的方案配置、系统优化，售中的技术咨询、编程指导、系统成套，售后的产品维修、备件提供的全方位的服务，并真正地做到为客户"量体裁衣"。

4. 安控 PLC

安控科技公司（简称安控）成立于 1998 年，位于北京市中关村科技园区海淀园上地信息产业基地，是专业从事工业级 RTU 产品研发、生产、销售、售后和系统集成业务的高新技术企业。基于 RTU 技术在油气、环境在线监测行业开发出多款专业化经典产品，产品广泛应用于石油天然气的开采、处理、管输、储配等各个环节以及环境在线监测、城市燃气、供水供热等管网监控领域，并已远销美国、加拿大、墨西哥、土耳其、哈萨克斯坦、土库曼斯坦、伊拉克、伊朗、韩国、泰国、马来西亚等国家。

在专用于远程测控的产品 RTU 取得成功之后，2004 年，安控的 RockE 系列 PLC 问世。从 RTU 到 PLC，一如从石油天然气到众多行业和领域，对于安控而言，这是一种发展思路，从点到线，再从线到面，可谓水到渠成。安控拥有 RTU 的开发基础和项目经验，PLC 的研发和生产似乎早已不是问题。

安控科技将多项通信技术引入到 RockE40 系列 PLC 产品中，使得其通信能力较一般 PLC 相比得到了大大提高。RockE40 系列 PLC 产品可提供多种通信接口，如网络、RS232、RS485、拨号、无线电台等，配接相应的通信设备，可以实现以上所提到的各种通信方式。由于提供了通信扩展模块，因此在理论上通信接口的数量也没有限制。

除通信接口外，RockE40 系列 PLC 产品还支持多种标准通信协议，如 ModbusRTU、

ModbusASCII、ModbusTCP、DNP3 等。由于 RockE40 支持 C、C++ 编程，因此用户也可方便地实现自定义通信协议，或由公司提供定制的通信协议。

目前该公司主推的 PLC 产品是 UTC1000 系列 PLC，如图 4-21 所示。UTC1000 系列 PLC 是安控科技集多年的控制系统开发、工程经验设计于一体的模块化 PLC 产品，可实现对工业现场信号的采集和设备的控制。UTC1000 系列 PLC 采用了先进的 32 位处理器和高效的嵌入式操作系统，整个系统功能强大、操作方便、集成度高，不仅能完成数据采集、定时、计数、控制，还能完成复杂的计算、PID、通信联网等功能。其程序开发方便，可与上位机组成控制系统，实现集散控制。UTC1000 系列 PLC 产品具有多种配置和可选功能。可根据用户的实际需求，在不同领域设计开发成各种控制系统。

图 4-21 安控科技的 UTC1000 系列 PLC

该 PTC1000 系列 PLC 产品的特点有：

1）采用 32 位处理器，嵌入式实时多任务操作系统（RTOS）。

2）模块化设计，易于扩展，可多站协调工作，组建复杂系统。

3）工业标准设计，DIN 导轨安装结构，方便现场安装。

4）经济可靠、功能强大的通信接口，支持 Modbus RTU/ASCII/TCP、DNP3 等通信协议，具有 RS232、RS485、Ethernet 等通信接口。

5）符合 IEC 61131-3 标准，支持 LD、FBD、IL、ST、SFC 五种程序语言。

6）先进的冗余/容错方式。

7）工作温度-40~+70℃，工作湿度 5%~95%RH，适应各种恶劣环境。

8）通过 CE 认证，达到 EMC 电磁兼容 3 级标准。

目前，安控 PLC 产品已经广泛地应用于城市供水及水处理自动化控制，热力网络管道自动化控制，通用工业数据采集与过程控制，热水锅炉、工业蒸汽锅炉监控，明渠、水闸及水位的检测控制，大气环境和水质监测，电力系统参数遥测等。

5. 台安 PLC

台安科技（无锡）有限公司（以下简称台安科技）成立于 2000 年，公司位于江苏省无锡市国家高新技术产业开发区内。台安科技生产、销售和研发一系列的工控和低压电器与配电产品。

AP 系列 PLC（图 4-22）是台安科技最新开发的新一代高速、高质量可编程控制器（PLC），适用于小规模设备控制的小型通用 PLC 具有丰富的通信功能，以及可通过 USB 通信端口与计算机直接连接高速计数器、脉冲输出的定位控制功能。另外，台安还有 TP03 系

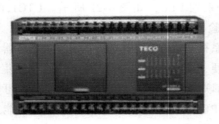
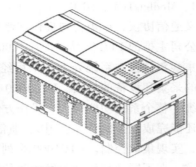

图 4-22　台安科技的 AP 系列 PLC

列的 PLC，适用于输送设备、电子设备等，如袜机、横机、储纬器、喷水织机、络筒机、FAN 等场合。

台安科技 AP 系列 PLC 的主要特点有：

1）全系列 90mm 高度设计，符合中小型 PLC 趋势。

2）指令执行速度快。

3）基本指令速度：0.18μs/步（ANDB）。

4）程序容量大：程序内存大小有 4～8K 步，具备完整的基本/应用指令，如：ADD/SUB/MUL/DIV 等运算指令、SIN/COS/TAN 等数学三角函数指令、矩阵输入、7-seg 输出等简单指令、具有浮点控制的 PID 指令。

5）可扩充点数多；AP100 系列主机分为 10/14/20/30 点，30 点可扩充。最大可扩充至 128 点数字输入/输出，56 通道的模拟输入（12 位），8 通道的模拟输出（12 位）。

6）具备万年历、PWM、RUN/STOP 开关、闪存、扩充能力、A/D、D/A 等强大的功能。

7）简易的维护与安装，Din rail 安装。

8）扩充卡种类：3MA、2D2T、RS485、RS232 等，可扩充数字量 IO、模拟量 AD/DA 等。

9）可继续使用所有 TP03 的扩充模块。

台安科技拥有更先进的成套设备和流水作业线，实现了以最新控制系统为中心的分散控制和集中管理，其技术人才具备高水平电子技术和丰富经验，并以最新的电子技术为基础，可根据各种生产现场的要求，提供更加灵活的柔性生产系统装置。其生产的工控产品已深得行业认同，产销两旺。

6. 丰炜 PLC

丰炜科技企业股份有限公司是台湾地区最大的 PLC 生产商之一。自 1995 年成立以来，丰炜研发团队一直致力于可编程控制器（PLC）产品的开发与制造。

2005 年，丰彰国际贸易（上海）有限公司设立，在大陆地区就近提供丰炜 PLC 产品销售、技术支援等服务。丰炜团队秉持对 PLC 的热爱与执着，除了增强原有系统的功能外，2014 年已推出新一代 PLC 产品——VS 系列高功能 PLC。

丰炜产品特点是贴近市场，创新而实用，在功能齐全、性能稳定性方面也深得客户好评。丰炜 PLC 的使用方式与三菱 PLC 有很多相似之处，学习起来十分方便。丰炜提供创新的连接器型式 PLC，相比端子台型式 PLC，能有效降低配线工时，减少配线错误，也让机器的维修变得简单方便，大量使用时，效果尤其显著。

丰炜科技的 PLC 产品线丰富，主要有 VS、VB、VH 等系列 PLC。其中 VH 系列 PLC（图 4-23）是一款稳定超值的可编程控制器，适用于各种简单的自动控制系统。广泛应用于诸如载货升降机、停机设备、输送设备、制鞋机及木工机械以及各种只需简单顺序控制的产业机械。VH 系列 PLC 包含多种主机及扩充模块，可满足 10~128 点的控制应用；VH-20AR 主机更内建 4 点 12 位元模拟量输入及 2 点 12 位元模拟量输出，性能价格比很高，可轻松完成模拟量控制。

图 4-23　丰炜科技的 VH 系列 PLC

7. 南大傲拓 PLC

南大傲拓科技江苏有限公司 2008 年 10 月成立并进驻南京大学—鼓楼高校国家大学科技园园区，致力于自主研发生产性能可靠、品质精良、技术先进的前沿工控产品。具有完全自主知识产权的产品覆盖可编程控制器、人机界面、变频器、伺服系统、组态软件等，为各行业用户提供自动化产品的整体解决方案。同时，公司积极与科研院所和行业用户紧密合作，联手开发基于行业自动化解决方案的企业管理信息系统。

其自主研发的大中小型全系列 PLC，如 NA400 系列中大型 PLC、NA300 系列中型 PLC、NA200 系列一体化 PLC 以及 NA2000 系列智能型 PLC（图 4-24），填补了国产 PLC 知识产权上的空白。南大傲拓 NA 系列产品主要应用在：铁路交通、矿业冶金、石油化工、水利水电、电力、环保、市政工程、食品工业、饲料工业、印刷包装工业、纺织工业、汽车工业、暖通空调、物流自动化、造纸工业等领域。

图 4-24　南大傲拓的 NA2000 系列智能型 PLC

8. 信捷 PLC

信捷电气作为中国工控市场最早的参与者之一，长期专注于机械设备制造行业自动化水平的提高。信捷可编程控制器（PLC）可分为：XC、XD、XL、XF、XG 及行业专机等几个系列，每个系列又大致分为通用型、增强型和运动控制型，主要应用在纺织行业、机床行业、包装机械行业、食品机械行业、暖通空调行业、橡胶行业、矿用行业、塑料机械行业、印刷行业、汽车制造行业等。

其中，XC3 系列标准型 PLC 如图 4-25 所示，包含 14、24、32、42、48、60 点规格，集

开关量输入输出（继电器混合输出）、逻辑运算、高速计数、高速脉冲输出、RS232/RS485 通信、PID 等功能于一体，一个基本单元最多可扩展 7 个扩展模块和一个 BD 板，功能齐全，可实现多种控制任务，满足用户的各种使用需求。主要产品特点有：

图 4-25　信捷科技 XC3 系列 PLC

1）XC3 系列标准型 PLC，包含 14、24、32、42、48、60 点规格。

2）功能齐全，能满足用户的各种使用需求。

3）输入类型：NPN 或 PNP。

4）输出类型：晶体管（T）、继电器（R）、继电器/晶体管混合。

5）电源规格：AC 220V、DC 24V。

6）支持高速计数（高达 80kHz）、2 路高速脉冲输出（高达 100kHz）、通信等特殊功能。

7）标配 RS232 口，用于编程下载。

8）标配 RS485 口（14 点为选配），用于多种通信。

9）支持外接扩展模块，支持外接扩展 BD 板。

其 XC 系列 PLC 的基本单元型号构成一般如图 4-26 所示。表 4-2 为信捷 PLC 的型号说明。

图 4-26　PLC 型号构成

表 4-2　PLC 型号说明

1	系列名称	XC1、XC2、XC3、XC5、XCM、XCC	
2	输入输出点数	10、14、16、24、32、40、42、48、60	
3	输入形式为 NPN 时	R：继电器输出	
		T：晶体管输出	
		RT：继电器/晶体管混合输出（晶体管为 Y0、Y1）	
	输入形式为 PNP 时	PR：继电器输出	
		PT：晶体管输出	
		PRT：继电器/晶体管混合输出（晶体管为 Y0、Y1）	
4	供电电源	E：AC 电源（100~240V）	
		C：DC 电源（24V）	

信捷作为国产 PLC 的代表企业，其 PLC 的优势主要在于，能够将 C 语言应用于梯形图中，集运动控制于一体，具有更加安全的程序保密功能及丰富的软元件容量和种类、快速的处理速度和 I/O 切换，更方便用户使用。其主要优势在于：

（1）平台性

1）自主可控：可编程技术提供客户完整的可编程方案，其不同于一般的计算机编程技术，与产业和工艺深度衔接，不是简单的面向对象的编程技术和开发素材。信捷 PLC 的操作系统和可编程技术均为公司自主研发，具备对获取的大数据分析处理能力，与工艺快速衔接的可编程能力，是对可编程技术国际标准 IEC-61131 的优化。

2）强大的脉冲输出功能：信捷小型PLC整合了各品牌中小型PLC以及专用运动控制器的强大资源，本体支持强大的脉冲运动控制功能，远超竞争对手各品牌小型PLC的脉冲控制功能。

3）强大的拓展性与延伸性：集成各个特殊的使用模块，包括CAD、多轴运动控制曲线、机器人控制、过程控制（温度、湿度工艺）等。信捷PLC本体扩展模块数目可达16个，远超竞争对手各品牌的7~8个。

4）更多的运动控制轴数：中小型PLC本体脉冲输出轴数可达10轴，远超竞争对手各品牌的4~6轴，且可同时支持5组直线圆弧插补控制。通过凸轮算法、多轴联动指令、机器人示教器等多种方式实现多轴联动，能够适用于更多复杂的机床、加工中心、机械手、大型多轴联动平台。

5）丰富的软元件资源：极大地简化了PLC编程。

6）创新的开发平台编程方式：信捷小型PLC全部支持创新的C语言编程功能，与传统的梯形图、指令表以及SFC编程方式相结合，可以实现执行效率最大化。

（2）网络化

1）功能强大的通信网络：信捷中小型PLC本体能够同时支持多路Modbus通信、以太网通信、现场总线以及运动控制总线等功能，可完成复杂的工业网络互联应用。

2）通过扩展模块，例如G-BOX、T-BOX、W-BOX等，能够实时监控现场设备的运行状态、加工参数等信息，可以将多台设备组网进行监控和控制。

3）信捷云平台：将物联网、互联网、工业制造紧密结合到一起。上到ERP、MES，下至生产环节、监控、管理，合成一个整体。数据采集和分析将会给企业、人、设备都提供一整套效率最优化的数据支持。提高生产效率，给企业带来实在的便利，迈入更高端的生产制造和管理领域。

（3）智能化

1）信捷运动控制目前已经具备参数自检、详细的报警列表、更加人性化的操作方式、更全面的操作提示、参数提示等。

2）结合行业工艺，用户可二次开发自定义指令，如木工行业、包装行业。

 习题与思考题

4-1　物理继电器与PLC的继电器有何区别？

4-2　与继电器控制相比，简述PLC控制的主要优点。

4-3　整体式和组合式PLC主要由哪几个部分组成？

4-4　PLC的CPU有何作用？

4-5　PLC有几种存储器？各有何作用？

4-6　PLC的外部设备端口和扩展端口各有何作用？

4-7　在PLC输入和输出电路中，为什么要设置光隔离器？

4-8　PLC的编程语言有哪几种？各有何特点？

4-9　PLC 的梯形图和语句表编程语言各有何特点？

4-10　继电器控制与 PLC 控制的梯形图有何区别？

4-11　什么是 PLC 的扫描周期？扫描过程分为哪几个阶段？各阶段完成什么任务？

4-12　扫描周期的长短主要取决于哪些因素？

4-13　执行用户程序阶段的特点是什么？

4-14　PLC 如何分类？整体式和模块式结构各有何特点？

第5章

西门子S7-1200 PLC

5.1 S7-1200 PLC 简介

在西门子 PLC 系列中，按照支持的输入输出点数分，S7-1200 PLC 属于中小型系列的 PLC。因为结构紧凑、组态灵活且具有功能强大的指令集，S7-1200 PLC 可用于控制各种设备，也使它成为控制各种中小型工业自动化系统的完美解决方案。

S7-1200 PLC 在硬件结构上属于模块式 PLC，组成 PLC 的各功能部件作为独立的模块，如 CPU 模块、电源模块、IO 模块和通信模块等，通过插槽框架组装成完整的 PLC 系统。模块化的结构便于在实际应用中根据用户需求选择，提高了 PLC 使用的灵活性。

5.1.1 S7-1200 PLC CPU 模块

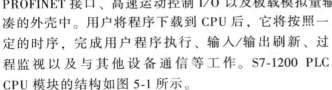

S7-1200 PLC 的 CPU 模块将微处理器、集成电源、输入和输出电路、内置 PROFINET 接口、高速运动控制 I/O 以及板载模拟量输入输出组合到一个设计紧凑的外壳中。用户将程序下载到 CPU 后，它将按照一定的时序，完成用户程序执行、输入/输出刷新、过程监视以及与其他设备通信等工作。S7-1200 PLC CPU 模块的结构如图 5-1 所示。

（1）电源接口 1　用于连接 CPU 的供电电源。

（2）存储卡插槽 2　可插存储卡。

（3）可拆卸用户接线连接器 3　输入输出接线端子是可以拆卸的。

（4）板载 I/O 的状态 LED4　指示板载 I/O 的输入输出状态（为 0 时不亮，为 1 时亮）。

（5）PROFINET 连接器 5　用于 CPU 与其他模块之间的以太网通信。

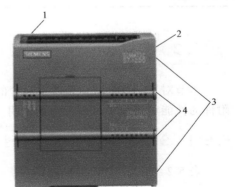

图 5-1　CPU 模块图

5.1.2 其他扩展模块

S7-1200 PLC 的硬件体系中，除了 CPU 模块，还有多种扩展模块，用户可根据实际需要选择。图 5-2 给出了常用的扩展模块及其在 PLC 中的安装位置。

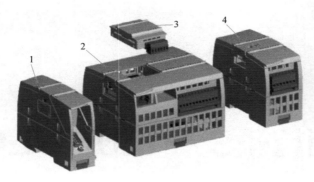

图 5-2　PLC 常用扩展模块图

1—通信模块（CM）或通信处理器（CP）　2—CPU 模块

3—信号板（SB）、通信板（CB）或电池板（BB）　4—信号模块（SM）

表 5-1 列出了各种模块的性能，安装位置和允许扩展的数量。

表 5-1　S7-1200 PLC 扩展模块性能列表

模块类型	功能	位置	数量
通信模块（CM）或通信处理器（CP）	用于扩展 CPU 的通信接口，为 CPU 提供多种通信选项	位于 CPU 模块的左侧	最多支持 3 个 CM 或 CP
信号板（SB）、通信板（CB）或电池板（BB）	信号板为 CPU 提供附加 I/O；通信板为 CPU 增加通信端口；电池板可提供长期的实时时钟备份	插入式扩展板，位于 CPU 模块的前端	CPU 只能支持一个 SB 或 CB 或 BB
信号模块（SM）	为 CPU 增加多种输入输出功能：数字量 I/O、模拟量 I/O、RTD 和热电阻等	位于 CPU 模块的右侧	与 CPU 型号有关

5.2　S7-1200 PLC 的硬件系统

本节对 S7-1200 PLC 硬件中包含的 CPU、输入/输出信号模块、通信模块、HMI 及其他附件的性能和接线要求进行详细说明。

5.2.1　S7-1200 PLC CPU 的性能指标

表 5-2 给出了 CPU 的性能指标。

表 5-2　S7-1200 PLC CPU 性能指标

CPU 特征		CPU 1211C	CPU 1212C	CPU 1214C	CPU 1215C	CPU 1217C
物理尺寸/mm		90×100×75	90×100×75	110×100×75	130×100×75	150×100×75
用户存储器	工作/KB	30	50	75	100	125
	负载/MB	1	1	4	4	4
	保持性/KB	10	10	10	10	10

（续）

CPU 特征		CPU 1211C	CPU 1212C	CPU 1214C	CPU 1215C	CPU 1217C
本地板载 I/O	数字量	6 点输入/ 4 点输出	8 点输入/ 6 点输出	14 点输入/ 10 点输出	14 点输入/ 10 点输出	14 点输入/ 10 点输出
	模拟量	2 路输入	2 路输入	2 路输入	2 路输入/ 2 路输出	2 路输入/ 2 路输出
过程映像大小	输入/KB	1	1	1	1	1
	输出/KB	1	1	1	1	1
位存储器(M)/KB		4	4	8	8	8
信号模块(SM)		无	2	8	8	8
信号板(SB)、电池板(BB)、通信板(CB)		1	1	1	1	1
通信模块(CM)		3	3	3	3	3
高速计数器	总计	最多组态 6 个,可使用任意内置或 SB 输入				
	1MHz	—	—	—	—	Ib. 2 ~ Ib. 5
	100/80kHz	Ia. 0 ~ Ia. 5	Ia. 0 ~ Ia. 5	Ia. 0 ~ Ia. 5	Ia. 0 ~ Ia. 5	Ia. 0 ~ Ia. 5
	30/20kHz		Ia. 6 ~ Ia. 7	Ia. 6 ~ Ib. 5	Ia. 6 ~ Ib. 5	Ia. 6 ~ Ib. 1
脉冲输出	总计	最多可组态 4 个使用任意内置或 SB 输出的脉冲输出				
	1MHz	—	—	—	—	Qa. 0 ~ Qa. 3
	100kHz	Qa. 0 ~ Qa. 3	Qa. 0 ~ Qa. 3	Qa. 0 ~ Qa. 3	Qa. 0 ~ Qa. 3	Qa. 4 ~ Qb. 1
	20kHz	—	Qa. 4 ~ Qa. 5	Qa. 4 ~ Qb. 1	Qa. 4 ~ Qb. 1	—
存储卡		SIMATIC 存储卡(选件)				
实时时钟保持时间		通常为 20 天,40℃时最少为 12 天				
PROFINET 以太网通信端口		1	1	1	2	2
实数数学运算执行速度		2.3μs/指令				
布尔运算执行速度		0.08μs/指令				

5.2.2 CPU 电源和输入输出电路接线

S7-1200 系列 PLC 中，同一型号的 CPU 根据电源和输入输出类型的不同又可以分为三种，具体分类见表 5-3。

表 5-3 CPU 电源和 I/O 类型

CPU 系列	CPU 1211C	CPU 1212C	CPU 1214C	CPU 1215C	CPU 1217C
电源和 I/O 类型	CPU 电源/输入类型/输出类型有三种选项： (1) DC/DC/DC (2) AC/DC/继电器 (3) DC/DC/继电器				仅具有 DC/DC/DC 类型

本节以 CPU 1214C 为例，说明三种选项对应的电源和数字量输入输出参数及硬件接线方法。表 5-4 列出了不同类型 CPU 对应的电源和输入输出电压。

表 5-4 CPU 1214C 电源和输入输出电压

CPU 类型	电源电压	电源频率	数字量输入额定电压	数字量输出电压
DC/DC/DC	DC 20.4～28.8V	—	DC 24V	DC 20.4～28.8V
DC/DC/继电器	DC 20.4～28.8V	—	DC 24V	DC 5～30V 或 AC 5～250V
AC/DC/继电器	AC 85～264V	47～63Hz	DC 24V	DC 5～30V 或 AC 5～250V

（1）DC/DC/DC CPU　DC/DC/DC CPU 接线图如图 5-3 所示。

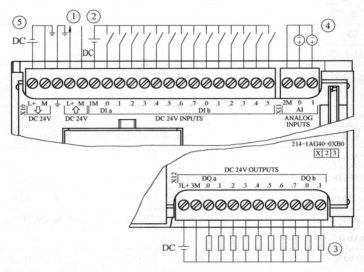

图 5-3　DC/DC/DC CPU 接线图

图中：

① CPU 模块自带的 DC 24V 的传感器电源输出，可以用于为本机输入点和 SM 扩展模块、SB 信号板的输入输出点提供 DC 24V 电源。

② 数字量输入电路中，对于漏型输入，将电源负极连接到"M"端，电源正极与输入设备相连；对于源型输入，将电源正极连接到"M"端，电源负极与输入设备相连。

③ 数字量输出电路中，电源负极连接负载。

④ 集成两路模拟量输入，输入电压的负极连接"M"端。（模拟量输入输出的详细内容请参考 5.2.4 节）

⑤ CPU 模块电源输入端连接 DC 24V。

（2）DC/DC/继电器 CPU　DC/DC/继电器 CPU 接线图如图 5-4 所示。

图中：

① CPU 模块自带的 DC 24V 的传感器电源输出，可以用于为本机输入点和 SM 扩展模块、SB 信号板的输入输出点提供 DC 24V 电源。

② 对于漏型输入，将"－"连接到"M"端；对于源型输入，将"＋"连接到"M"端。CPU 集成的输入点和 SM 扩展模块的输入点都既支持漏型输入，也支持源型输入，而信号板的输入点只能支持漏型输入或源型输入中的一种。

③ 数字量输出电路中，负载可以接电源正极，也可以接电源负极。

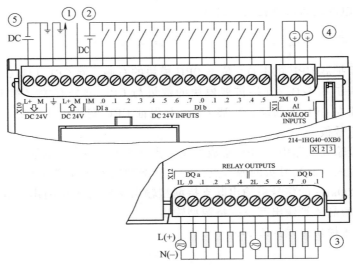

图 5-4　DC/DC/继电器 CPU 接线图

④ 集成两路模拟量输入，输入电压的负极连接"M"端。

⑤ CPU 模块电源输入端连接 DC 24V。

（3）AC/DC/继电器 CPU　AC/DC/继电器 CPU 接线图如图 5-5 所示。

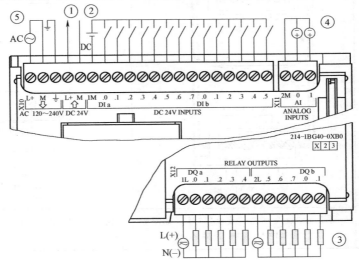

图 5-5　AC/DC/继电器 CPU 接线图

图中：

① CPU 模块自带的 DC 24V 的传感器电源输出，可以用于为本机输入点和 SM 扩展模块、SB 信号板的输入、输出点提供 DC 24V 电源。

② 对于漏型输入，将"−"连接到"M"端；对于源型输入，将"+"连接到"M"端。CPU 集成的输入点和 SM 扩展模块的输入点都既支持漏型输入，也支持源型输入，而信号板的输入点只能支持漏型输入或源型输入中的一种。

③ 数字量输出电路中，负载可以接电源正极，也可以接电源负极。

④ 集成两路模拟量输入，输入电压的负极连接"M"端。

⑤ CPU 模块电源输入端连接 AC 220V。

5.2.3　扩展的数字量信号模块（SM）和信号板（SB）

信号模块用于扩展 CPU 的 I/O，位于 CPU 模块的右侧，除 CPU 1211C 外，其他 CPU 都可以通过信号模块扩展 I/O，支持扩展模块的数量与 CPU 型号有关（参考 CPU 性能表）。信号板可以直接插在 CPU 的前端，扩展 I/O，并保证 CPU 安装尺寸不变。每个型号的 CPU 都可以扩展一个信号板。

扩展：数字量输入电路中，CPU 集成的输入点和 SM 扩展模块的输入点都既支持漏型输入，也支持源型输入，而信号板的输入点只能支持漏型输入或源型输入中的一种；数字量输出电路中，只有 200kHz 的信号板输出既支持漏型输出又支持源型输出，其他信号板、信号模块和 CPU 集成的晶体管输出都只支持源型输出。

1）数字量输入模块接线见表 5-5。

表 5-5　数字量输入信号模块和信号板接线列表

模块接线图	SM 1221 DI 8X24 VDC	SB 1221 DI 4X24 VDC
说明	对于漏型输入，将"–"连接到"M"（如图所示）。对于源型输入，将"+"连接到"M"	仅支持源型输入，将"–"连接到输入设备，"+"连接到"L"

2）数字量输出模块接线见表 5-6。

5.2.4　PLC 模拟量和输入输出电路接线

1. PLC 模拟量

在自动化控制过程中，有些输入、输出量是模拟量（如温度传感器输入、比例阀控制输出等），此时需要通过 PLC 的模拟量输入/输出模块进行信号的输入和输出。模拟量输入模块集成有 A/D 转换器，输入的模拟信号通过 A/D 转换后，变为数字信号由 CPU 进行处理；模拟量输出模块集成有 D/A 转换器，CPU 中的数字信号通过 D/A 转换为模拟信号后向外输出，控制外部设备。

表5-6 数字量输出信号模块和信号板接线列表

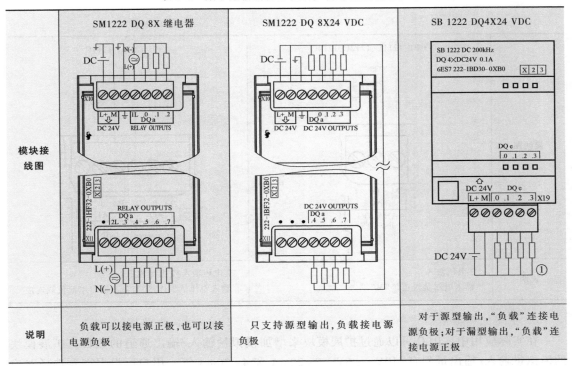

	SM1222 DQ 8X 继电器	SM1222 DQ 8X24 VDC	SB 1222 DQ4X24 VDC
模块接线图			
说明	负载可以接电源正极，也可以接电源负极	只支持源型输出，负载接电源负极	对于源型输出，"负载"连接电源负极；对于漏型输出，"负载"连接电源正极

PLC 模拟量输入/输出的基本参数如下：

（1）类型　指 PLC 允许输入/输出的物理量类型。S7-1200 PLC 的 CPU 模块和扩展的模拟量信号模块/信号板支持电压和电流的输入/输出，具体类型与 CPU 和信号模块/信号板的型号有关。

（2）量程　指 PLC 允许输入/输出的物理量的数值范围。

（3）量程（数据字）　允许的输入/输出物理量范围对应 CPU 中的数字量范围。

（4）分辨率　指 A/D 转换的转换精度，即在 PLC 中用多少位的数字量表示模拟量，数字量位数越多，分辨率越高。CPU 集成的模拟量输入分辨率是10，扩展模块的输入分辨率是13 或 16。

（5）扩展　PLC 中用两个字节存储模拟量信息，分辨率为10 时，字节的高10 位为有效位，其中最高位是符号位，模拟量为正时最高位是0，为负时最高位是1。

S7-1200 PLC 中 CPU 模块集成的模拟量输入/输出通道基本参数见表5-7。

表5-7 S7-1200 PLC 中 CPU 模块集成的模拟量输入/输出参数

参数	1211C	1212C	1214C	1215C	1217C
通道数	2 输入	2 输入	2 输入	2 输入/2 输出	2 输入/2 输出
类型	电压	电压	电压	电压输入/电流输出	电压输入/电流输出
量程	0～10V	0～10V	0～10V	0～10V 输入/0～20mA 输出	0～10V 输入/0～20mA 输出
量程（数据字）	0～27648	0～27648	0～27648	0～27648 输入/0～27648 输出	0～27648 输入/0～27648 输出
分辨率	10	10	10	10	10

CPU 集成的模拟量输入输出通道接线见表 5-8。

表 5-8　S7-1200 PLC CPU 集成的模拟量输入输出接线列表

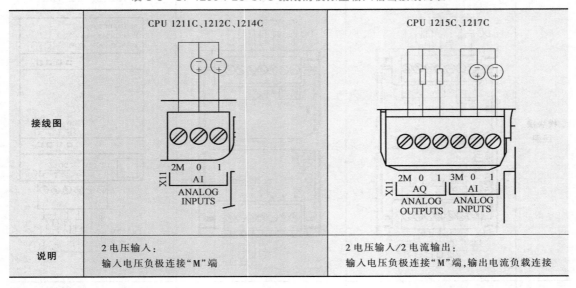

	CPU 1211C、1212C、1214C	CPU 1215C、1217C
接线图		
说明	2 电压输入： 输入电压负极连接"M"端	2 电压输入/2 电流输出： 输入电压负极连接"M"端,输出电流负载连接

2. 扩展的模拟量信号模块（SM）和信号板（SB）输入/输出电路接线

在实际应用中，PLC 可以通过扩展模块来增加模拟量输入/输出通道的数目。扩展模块的模拟量输入/输出量程有 ±10V、±5V、0～20mA 和 4～20mA 等，用户可根据需要选择对应的扩展模块型号。以下举例说明扩展模块中输入/输出电路的连接方法。

1）模拟量输入接线见表 5-9。

表 5-9　模拟量输入信号模块和信号板接线列表

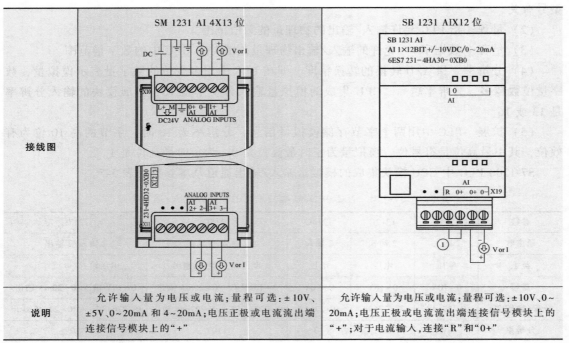

	SM 1231 AI 4X13 位	SB 1231 AIX12 位
接线图		
说明	允许输入量为电压或电流；量程可选：± 10V、±5V、0～20mA 和 4～20mA；电压正极或电流流出端连接信号模块上的"+"	允许输入量为电压或电流；量程可选：±10V、0～20mA；电压正极或电流流出端连接信号模块上的"+"；对于电流输入，连接"R"和"0+"

2）模拟量输出接线见表5-10。

表5-10　模拟量输出信号模块和信号板接线列表

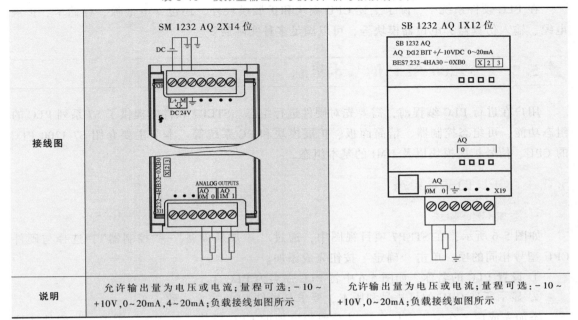

	SM 1232 AQ 2X14 位	SB 1232 AQ 1X12 位
接线图		
说明	允许输出量为电压或电流；量程可选：-10～+10V，0~20mA，4~20mA；负载接线如图所示	允许输出量为电压或电流；量程可选：-10～+10V，0~20mA；负载接线如图所示

5.2.5　通信模块（CM）和通信板（CB）

通信模块（CM）和通信板（CB）用于扩展CPU的通信接口和通信协议。通过扩展，PLC可以支持RS232、RS422/485、PROFIBUS主站、PROFIBUS从站、PtP和AS-i等通信类型。S7-1200 PLC最多可扩展3个通信模块，关于通信模块的具体应用可参考5.7节。

5.2.6　人机界面（HMI）

1. 人机界面基本概念

人机界面（human machine interface，HMI）在控制领域中特指控制系统（如PLC）与操作人员信息交互的重要设备，它可以用图形、动画等方式动态地显示系统数据和状态等信息，操作人员也可以通过HMI控制系统对象。目前，HMI大多为触摸屏，用户可以根据需要在屏幕上生成按钮、图形、指示灯等控件，实现信息交互的同时，还可以利用屏幕上的元件代替硬件元件，扩展硬件系统，降低成本，提高系统性能。西门子提供了多种HMI，其中精简系列面板是主要与S7-1200 PLC配套的HMI，用于执行基本的监控和控制功能。精简面板包含多个型号，每个型号的尺寸、分辨率和参数配置都不同，用户可以根据需要自行选择（具体可参考HMI的硬件选型手册）。

2. 人机界面与CPU的连接

西门子精简系列面板中，支持的通信接口有RS422/RS485接口、以太网接口以及USB接口，不同型号的面板其集成的接口数量和类型也不同，用户可以根据需要选择（具体可参考HMI的硬件选型手册）。最常见的是以太网接口，所有型号的精简面板都可以通过以太网接口与PLC进行通信连接。HMI的基本组态请参考5.3.3节。

5.2.7 附件

在 PLC 硬件系统中，除了上述 CPU 模块和扩展模块外，还包含电池板、存储卡、扩展电缆、输入仿真器、电位器模块等，可以满足多种实际需要。

5.3 S7-1200 PLC 的基本组态

用户在进行 PLC 编程前，需要先对硬件进行组态。STEP7 软件中提供了 S7 系列 PLC 的组态功能，可组态控制器、精简面板、扩展模块和 PC 系统等。本节主要介绍 S7-1200 PLC 的 CPU、信号扩展模块以及 HMI 的基本组态。

5.3.1 CPU 的基本组态

1. 添加 CPU 模块

如图 5-6 所示，在 STEP7 项目视图中，通过"添加新设备"→"控制器"，选择与硬件 CPU 型号相同的项，单击"确定"按钮完成添加。

① 设置 PLC 的名称，如图 5-6 中将 PLC 命名为 PLC_1。

② 显示所选 CPU 的订货号和版本，要求与硬件 CPU 完全一致。

添加完成后，在编辑窗口中可以看到所添加的 CPU 模块。如图 5-7 所示，与硬件连接一样，在 STEP7 组态中，PLC 模块也是按顺序安装在轨道上的。CPU 模块位于轨道上 1 号位置，其右侧 2~9 号用于扩展信号模块，左侧 101~103 号用于扩展通信模块。

图 5-6　添加新设备

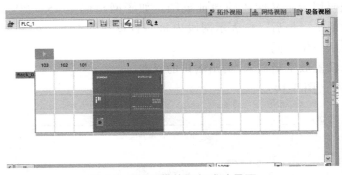

图 5-7 CPU 模块添加成功界面

2. CPU 属性配置

添加完成后，就可以根据实际情况对 CPU 参数进行设置。双击项目树中的"设备组态"打开设备编辑窗口，双击 CPU 模块，在窗口下方打开属性对话框，如图 5-8 所示。

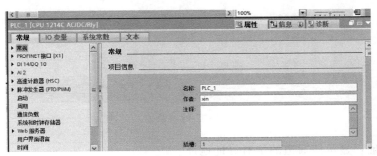

图 5-8 CPU 属性

（1）常规 可以对设备名称、作者和注释进行编辑，可查看该 CPU 模块的基本信息，包括订货号、版本、硬件参数等。

（2）PROFINET 接口 设置通信的网络参数，如图 5-9 所示。

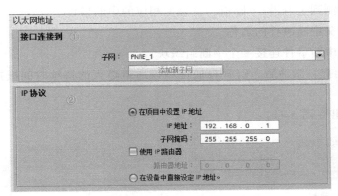

图 5-9 CPU PROFINET 接口属性

① 为 CPU 添加子网，PLC 可与处在同一子网内的设备通信。

② 组态 CPU 的 IP 地址，要求与通信设备处在同一网段内，且 IP 地址唯一；IP 地址默认在项目中设置，如果使用了网关，也可设置路由器地址。

扩展：子网掩码用于定义网段的地址范围，如子网掩码是 255.255.255.0 时，IP 地址的前三位表示网段地址，最后一位表示网段内每一台设备的地址。同一网段内的 IP 地址前三位必须相同，最后一位不同。

（3）DI/DQ 设置数字量输入/输出端口的属性。

1）数字量输入（图 5-10）：

图 5-10　CPU 数字量输入属性

① 通道地址：显示该通道的绝对寻址地址。

输入滤波器：用于避免因意外产生的脉冲干扰，默认输入滤波时间是 6.4ms，即输入信号从 0 变为 1 或从 1 变为 0 必须持续 6.4ms 以上才能被 CPU 检测到。用户可以根据需要选择其他滤波时间。

② 启用上升沿检测或下降沿检测：用于设置输入硬件中断。为该通道启用上升沿/下降沿检测后，一旦检测到上升沿/下降沿，就触发相应的中断事件。

事件名称：定义中断事件的名称。

硬件中断：为中断事件连接一个中断组织块。

③ 启用脉冲捕捉：激活后，CPU 可捕捉到该通道输入的持续时间极短、小于扫描周期的脉冲。

2）数字量输出（图 5-11）：

图 5-11　CPU 数字量输出属性

① 对 CPU STOP 模式的响应：为所有输出通道统一设置 CPU 从 RUN 模式切换到 STOP 模式时输出状态的响应，可以设置为保持上一个值或使用替代值。

② 通道地址：显示通道的地址。激活"从 RUN 模式切换到 STOP 模式时，替代值 1"，则 CPU 从 RUN 切换到 STOP 时，该通道输出为 1。

（4）I/O 地址（数字量） CPU 数字量 I/O 地址属性如图 5-12 所示。

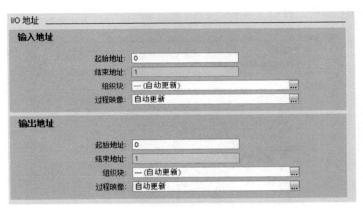

图 5-12 CPU 数字量 I/O 地址属性

起始地址：设置输入/输出通道的起始字节地址。

结束地址：根据起始地址和通道数量自动生成结束字节地址。

组织块和过程映像：默认设置为自动更新，即程序循环周期内，自动更新 I/O 过程映像寄存器。

（5）AI/AQ

1）模拟量输入（图 5-13）：

图 5-13 CPU 模拟量输入属性

① 积分时间：与干扰抑制频率成反比。作用于所有模拟量输入通道，通过选择积分时间，可以抑制指定频率的干扰。默认选择积分时间为 20ms，满足对常见干扰的抑制作用。

② 通道地址：显示输入通道的地址。

③ 测量类型：选择模拟量输入的物理量类型，因为 CPU 自带的模拟量输入仅支持电压输入，所以此处为灰色不能选择。

④ 电压范围：允许输入电压范围为 0~10V。

⑤ 滤波：滤波是把采样值的平均值作为模拟量的输入值。通过滤波，可以产生稳定的模拟信号，适用于处理变化缓慢的模拟信号。滤波级别越高，滤波后的模拟量变化越稳定。（注意：对于变化较快的模拟量，为了不丢失信息造成失真，不宜选择高的滤波等级）

⑥ 启用溢出诊断：激活该项后，模拟量输入超出允许上限时触发诊断事件。

2）模拟量输出（图 5-14）：

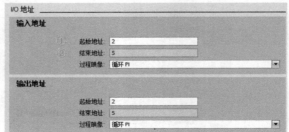

图 5-14　CPU 模拟量输出属性

① 对 CPU STOP 模式的响应：为所有输出通道统一设置 CPU 从 RUN 切换到 STOP 模式时输出状态的响应，可以设置为保持上一个值或使用替代值。

② 通道地址：显示输出通道的地址。

③ 模拟量输出的类型：选择模拟量输出的物理量类型，因为 CPU 自带的模拟量输出仅支持电流输入，所以此处为灰色不能选择。

④ 电流范围：允许模拟量输出电流范围是 0~20mA。

⑤ 从 RUN 模式切换到 STOP 模式时，通道的替代值：如果"对 CPU STOP 模式的响应"选择了使用替代值，此处可以设置替代值，设置范围是 0~20mA。

⑥ 启用溢出/下溢诊断：启用后，模拟量发生溢出时触发诊断事件，CPU 模块集成的模拟量输出通道默认都是启用的。

（6）I/O 地址（模拟量）　CPU 模拟量 I/O 地址属性如图 5-15 所示。

① 起始地址：设置模拟量输入/输出通道的起始字节地址。

扩展：数字量输入/输出和模拟量输入/输出共用一个输入/输出存储区，它们的地址不能有重叠。如果数字量输入的结束地址是 I1，则模拟量输入的起始地址必须从 I2 及以后的偶数地址开始。

图 5-15　CPU 模拟量 I/O 地址属性

② 结束地址：根据模拟量输入/输出通道数和起始地址，自动生成模拟量输入/输出的结束地址。

扩展：每个模拟量通道占用 2 个字节的存储单元，如果模拟量输入起始地址是 I2，CPU 有两个模拟量输入通道，则其结束地址是 I5。

（7）高速计数器　CPU 自带多个高速计数器，具体数目与 PLC 型号有关。高速计数器独立于 CPU 的扫描时间进行计数。程序运行时，高速计数器在后台运行，根据外部输入的时钟、复位、方向等计数，达到预设值后触发中断，完成指定的操作。

（8）脉冲发生器　CPU 自带 4 个脉冲发生器，可以将 CPU 或信号板的数字量输出通道设置为高速脉冲输出通道，脉冲宽度和占空比可调，可用于运动控制。

（9）启动　CPU 启动属性如图 5-16 所示。

图 5-16　CPU 启动属性

① 设置 CPU 上电后的工作模式：

暖启动—断电前的操作模式，即如果断电前 CPU 处于 STOP/RUN 模式，上电后仍保持 STOP/RUN 模式。

不重新启动（保持为 STOP 模式）：上电后 CPU 为 STOP 模式。

暖启动—RUN 模式：上电后 CPU 进入 RUN 模式。

② 设置在当前组态与 PLC 的实际组态不匹配时对 CPU 启动特性的影响。

仅在兼容时，才启动 CPU：软件组态的模块与实际的模块匹配（兼容）时，才启动 CPU。

即便不匹配，也启动 CPU：即使软件组态的模块与实践模块不匹配，也启动 CPU。

扩展：如果选择了"即便不匹配，也启动 CPU"，则当软件组态与实际组态存在差异（无法兼容）时，可能导致用户程序无法正常运行，所以要慎重选择该项。

（10）周期　CPU 程序循环周期属性如图 5-17 所示。

图 5-17　CPU 程序循环周期属性

① 设置用户程序的最大循环周期监视时间，一旦超过这个时间，CPU 就会报错。默认为 150ms，满足一般用户程序执行时间。

② 设置程序的最小循环时间。激活后，如果程序实际循环时间小于该时间，则 CPU 延时到最小时间后再开始新的循环。

（11）系统和时钟存储器　CPU 系统和时钟存储器属性如图 5-18 所示。

① 系统存储器位：PLC 默认把 MB1 用作系统存储器，启用系统存储器字节后，用户编程时可以直接调用存储器位，实现特定的逻辑控制。MB1 中使用了 4 位作为系统存储器位，其定义如下：

M1.0：首次循环时为 1，即 CPU 从 STOP 模式变为 RUN 模式后，用户程序第一个扫描周期 M1.0 为 1，以后为 0。

M1.1：在诊断事件后的一个扫描周期内置位为 1。

M1.2：该位总是为 1。

M1.3：该位总是为 0。

② 时钟存储器位：PLC 默认把 MB0 用作时钟存储器，启动时钟存储器字节后，MB0 的每一位分别对应不同频率的数字信号，可以直接输出方波。具体频率如图 5-18 中所示，时钟频率为系统默认值，不能更改，方波的占空比是 50%。

图 5-18　CPU 系统和时钟存储器属性

扩展：建议系统存储器和时钟存储器使用默认地址（MB1 和 MB0）。一旦在组态时启动了系统存储器和时钟存储器，用户编程时不能再把 MB0 和 MB1 作其他用途。

（12）保护　为 CPU 设置被其他设备访问时的权限级别。CPU 保护属性如图 5-19 所示。

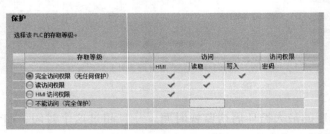

图 5-19　CPU 保护属性

① 完全访问权限（无任何保护）：不需要密码，允许博图、HMI 及其他设备对该 PLC 进行完全访问。

② 读访问权限：在没有密码的情况下，允许 HMI 对 PLC 完全访问，只允许博图及其他设备对 PLC 进行读取访问。要进行写入访问，需要在"完全访问权限（无任何保护）"中设置密码，并输入该密码。

③ HMI 访问权限：在没有密码的情况下，允许 HMI 对 PLC 完全访问，博图及其他设备对 PLC 没有任何访问权限。要进行读取/写入访问，需要输入"完全访问权限（无任何保护）"的密码，或者在"读访问权限"里设置只有读取权限的密码，并输入该密码，此时只能对 PLC 进行读取访问。

④ 不能访问（完全保护）：不允许对 PLC 进行任何访问。此时"完全访问权限（无任何保护）"的密码必须设置，"HMI 访问权限"和"读访问权限"的密码可以选择设置。

（13）连接机制　如图 5-20 所示，激活后，允许 CPU 与远程伙伴进行 PUT/GET 通信。

图 5-20　CPU 连接机制属性

注意：PLC 与其他设备通信时，根据通信要求选择访问级别，同时激活"允许从远程伙伴使用 PUT/GET 通信访问"。

5.3.2　信号板和信号模块的组态

1. 添加信号板和信号模块

如图 5-21 所示，在 STEP7 项目视图中，从右侧硬件目录中选择需要的硬件型号后双击，相应模块就出现在编辑窗口的轨道上，信号板安装在 CPU 前端，信号模块安装在 CPU 右侧，默认从插槽 2 往右排列。

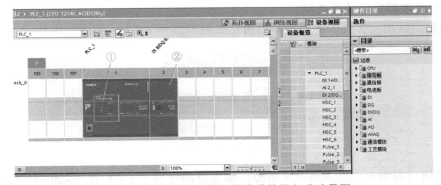

图 5-21　扩展的信号板和信号模块添加成功界面
①—信号板　②—信号模块

2. 添加信号板和信号模块的属性配置

（1）I/O 地址设置　扩展模块的 I/O 地址不能与 CPU 集成的 I/O 地址冲突。如果 CPU 上数字量和模拟量输入通道的结束地址是 I5，则扩展模块上的起始地址必须从 I6 及以后开始，输出也是一样。

注意：数字量通道的地址按字节分配，模拟量通道的地址按组分配，每组包括 2 个输入/输出通道，每个通道占两个字节。如果分配给某个模块的字节或组中有些位/通道没有用，也不能再分配给其他模块。

◇例子：CPU 1214C 带有 DI14/DQ10 和 AI2，扩展一个 AQ1 的信号板，一个 DI8/DQ8

的信号模块后，其I/O地址分配见表5-11。

表5-11 PLC I/O地址分配表

输入			输出		
CPU DI14,AI2		信号模块 DI8	CPU DQ10	信号板 AQ1	信号模块 DQ8
I0.0~I0.7		I6.0~I6.7	Q0.0~Q0.7		Q6.0~Q6.7
I1.0~I1.5	IW2		Q1.0~Q1.1	QW2	
I1.6~I1.7			Q1.2~Q1.7		
	IW4			QW4	

（2）数字量输入/输出模块的组态设置 扩展的数字量输入/输出通道组态设置与CPU集成的输入/输出通道组态设置相同，此处不再说明。

（3）模拟量输入/输出模块的组态设置

1）模拟量输入：扩展的模拟量输入属性如图5-22所示。

图5-22 扩展的模拟量输入属性

模拟量输入的测量类型支持电压和电流两种，量程范围包括±2.5V、±5V、±10V及0~20mA，用户可根据实际情况选择。

2）模拟量输出：扩展的模拟量输出属性如图5-23所示。

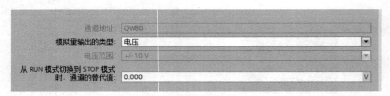

图5-23 扩展的模拟量输出属性

模拟量输出类型支持电压和电流两种，输出范围分别是±10V和0~20mA，用户可根据实际情况选择。

5.3.3 HMI 的基本组态

1. 人机界面的工作原理

在控制系统中使用HMI时，首先需要在组态软件中对它进行组态，生成用户需要的界面，编译后下载到HMI中。然后在控制系统运行时，HMI与PLC之间通过通信交换信息，从而实现监控和控制功能。

2. HMI 基本组态

使用STEP7 Professional V13，可以实现精简系列面板的组态。本节重点介绍STEP7的项目视图下HMI的基本组态。

（1）添加新设备　在新建的项目中添加一个 CPU 1214C 作为控制器，设置其 IP 地址为 192.168.0.1，子网掩码为默认的 255.255.255.0；同样地，通过添加新设备添加一个 HMI，选择型号 KTP400 Basic，设置其 IP 地址为 192.168.0.2，子网掩码为默认的 255.255.255.0。

注意：因为 HMI 与 CPU 之间是信息交互的，即 HMI 的显示结果对应 CPU 中的变量，而通过 HMI 又可以控制 CPU 中某些变量的状态，因此在进行 HMI 的界面组态前，需要先建立 HMI 与 CPU 之间的连接，并完成 CPU 变量的添加。

（2）建立 HMI 连接　首先，双击项目树的"设备和网络"打开网络视图，单击工具栏上的"连接"，在右边的选择框中选择"HMI"连接；然后，单击 PLC_1 上的绿色框（PROFINET 接口），然后拖出一条线连接到第二个设备上的绿色框（PROFINET 接口），松开鼠标，即可创建 HMI 连接，如图 5-24 所示。

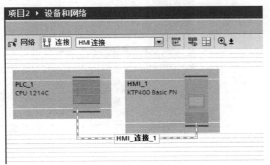

图 5-24　HMI 和 PLC 建立连接界面

（3）编辑 PLC 变量表　打开项目树中 PLC_1 项目下的"PLC 变量"，双击"添加新变量"打开 PLC 变量表。在变量表中添加一个启动变量 M10.0、一个停止变量 M10.1 和一个输出变量 Q0.0，结果如图 5-25 所示。

		名称	数据类型	地址	保持	在 H…	可从 …	注
1		启动	Bool	%M10.0	☐	☑	☑	
2		停止	Bool	%M10.1	☐	☑	☑	
3		输出	Bool	%Q0.0	☐	☑	☑	
4		<添加>			☐	☑	☑	

默认变量表

图 5-25　PLC 变量表

同时在 PLC 程序块中添加如下程序，实现控制逻辑：按下启动按钮，程序执行，Q0.0 输出 1；当按下停止按钮时，程序断开，Q0.0 输出 0，如图 5-26 所示。

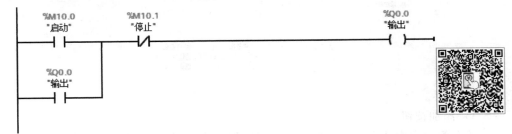

图 5-26　启动-停止逻辑的 PLC 程序

（4）组态 HMI　在项目树中，打开 HMI 项目下的"画面"，双击"画面-1"打开 HMI 的界面编辑窗口，如图 5-27 所示。根据 PLC 控制逻辑，在 HMI 界面上添加两个按钮和一个指示灯，分别对应 PLC 变量中的启动、停止和输出。用户通过 HMI 上的启动按钮和停止按钮控制程序，程序执行的输出状态由 HMI 上的指示灯显示。

1）组态 HMI 界面颜色。单击 HMI 界面区域的任何地方，下方巡视窗口中出现 HMI 界

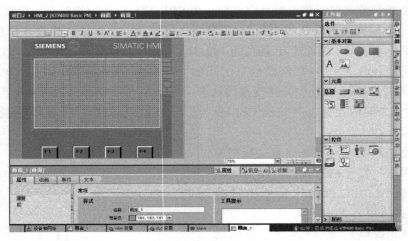

图 5-27　HMI 组态界面

①—HMI　②—用户可编辑的 HMI 界面区域　③—用户提供了可用的对象和控件

面的属性对话框。在"属性"选项卡中，单击"常规"，设置"背景色"为白色，即将 HMI 界面的颜色修改为白色。

2）添加指示灯。从左侧基本对象中选中圆，按住鼠标左键把它拖动到 HMI 界面的适当位置处，松开鼠标，指示灯添加成功。如图 5-28 所示，在软件下方的巡视窗口中，对指示灯的属性进行设置：

➤ 在"属性"选项卡中，可以对指示灯的大小、位置和颜色等进行更改。

➤ 在"动画"选项卡中，打开"显示"→"添加新动画"，选中"外观"，设置圆对应的 PLC 变量名称是"输出"，添加范围值 0 和 1，并设置为 1 时的背景色为橘黄色，为 0 时的背景色为浅黄色，分别对应指示灯的亮和灭。

图 5-28　指示灯的动画属性

3）添加按钮

从左侧元素中选中按钮，按住鼠标左键把它拖动到 HMI 界面的适当位置处，松开鼠标，按钮添加成功。在软件下方的巡视窗口中，对按钮的属性进行设置：

➤ 在"属性"选项卡中，单击"常规"，激活"标签"中的文本，并在"按钮未按下时显示的图形"文本框中输入"启动"。另外，属性选项卡中还可以对按钮的颜色、尺寸、位置、显示样式及文本样式等进行设置。

➤ 在"动画"选项卡中，打开"显示"→"添加新动画"，选中"外观"，设置图形对应的 PLC 变量名称是"启动"，添加范围值 0 和 1，并设置为 1 时的背景色为深蓝色，为 0 时的背景色为浅蓝色，分别对应"启动"按钮值为 1 和 0，如图 5-29 所示。

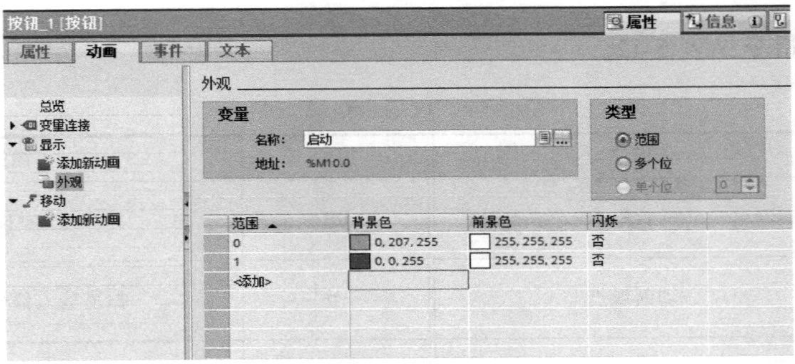

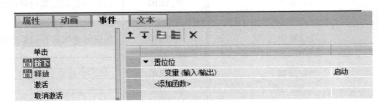

图 5-29 按钮的动画属性

➢ 在"事件"选项卡中，打开"按下"，单击右侧列表中的"添加函数"，在下拉列表中选择"置位位"，并设置置位变量为"启动"，即按钮按下时，"启动"变量被置位为 1，如图 5-30 所示；同样地，打开"释放"，单击右侧列表的"添加函数"，在下拉列表中选择"复位位"，并设置复位变量为"启动"，即按钮释放后，"启动"变量被复位为 0。

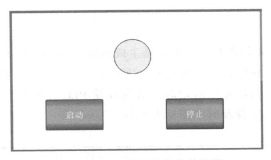

图 5-30 按钮的事件属性

然后，再用相同的方法完成"停止"按钮的添加。组态完成的 HMI 界面效果如图 5-31 所示。

图 5-31 HMI 界面的仿真效果图

5.4 S7-1200 PLC 的基本指令

S7-1200 PLC 支持的编程语言包括梯形图（LAD 或 LD）、功能块图（FBD）、语句表（STL）和结构化控制语言（SCL），其中梯形图编程语言应用最广泛。PLC 指令包括基本指令、扩展指令、工艺指令和通信指令，本节重点介绍梯形图编程语言的基本指令。

5.4.1 位逻辑运算指令

位逻辑运算指令见表5-12。

表 5-12 位逻辑运算指令

指令	描述	指令	描述
—│ ├—	动合触点	RS	复位/置位触发器
—│／├—	动断触点	—│ P ├—	扫描输入信号的上升沿
—│NOT├—	取反触点	—│ N ├—	扫描输入信号的下降沿
—（ ）—	普通输出线圈	—（ P ）—	在输入信号上升沿时置位
—（／）—	取反线圈	—（ N ）—	在输入信号下降沿时置位
—（ R ）—	复位输出	P_TRIG	扫描到逻辑运算结果的信号上升沿时置位
—（ S ）—	置位输出	N_TRIG	扫描到逻辑运算结果的信号下降沿时置位
—(SET_BF)—	置位位域	R_TRIG	检测到信号上升沿时置位
—(RESET_BF)—	复位位域	F_TRIG	检测到信号下降沿时置位
SR	置位/复位触发器		

5.4.2 定时器指令

S7-1200 PLC中包含4种定时器，分别是生成脉冲定时器、接通延时定时器、关断延时定时器和时间累加器。程序中调用定时器时，需要为它分配背景数据块（DB），用于存储定时器的数据。用户编程时可以使用的定时器数量仅受PLC存储器容量的限制。定时器指令参数表见表5-13，其工作过程及时序图见表5-14。

表 5-13 定时器指令参数表

参数	数据类型	说　　明
IN	Bool	TP、TON 和 TONR：0＝禁用定时器，1＝启动定时器 TOF：0＝启用定时器，1＝禁用定时器
R	Bool	仅 TONR：0＝不复位，1＝将经过的时间 ET 和 Q 复位为 0
PT	Time	预设的定时时间
Q	Bool	TP、TON 和 TONR：达到定时时间，输出 1，否则输出 0 TOF：达到定时时间输出 0，否则输出 1
ET	Time	经历的时间值

表 5-14　定时器指令的工作过程及时序图

指令	描述	时序图
生成脉冲： "IEC_Timer_0" TP Time IN　　　Q PT　　　ET	可生成具有预设宽度时间的脉冲。 过程： 　IN 从 0 变为 1 时，Q 立即输出 1，持续时间为 PT，同时 ET 开始计时；当 ET< PT 时，IN 的变化对 Q 没有影响；当 ET =PT 后，保持在 PT 不变，此时若 IN 从 1 变为 0，则 Q 立即输出 0	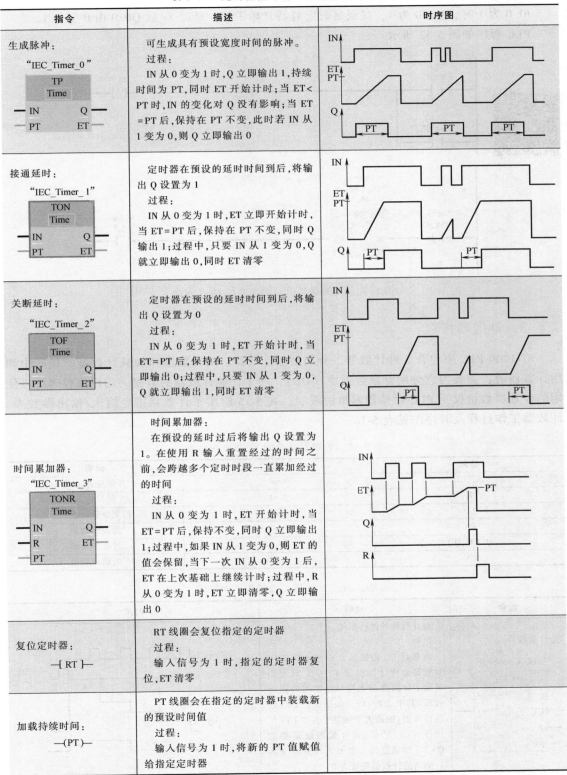
接通延时： "IEC_Timer_1" TON Time IN　　　Q PT　　　ET	定时器在预设的延时时间到后，将输出 Q 设置为 1 过程： 　IN 从 0 变为 1 时，ET 立即开始计时，当 ET=PT 后，保持在 PT 不变，同时 Q 输出 1；过程中，只要 IN 从 1 变为 0，Q 就立即输出 0，同时 ET 清零	
关断延时： "IEC_Timer_2" TOF Time IN　　　Q PT　　　ET	定时器在预设的延时时间到后，将输出 Q 设置为 0 过程： 　IN 从 0 变为 1 时，ET 开始计时，当 ET=PT 后，保持在 PT 不变，同时 Q 立即输出 0；过程中，只要 IN 从 1 变为 0，Q 就立即输出 1，同时 ET 清零	
时间累加器： "IEC_Timer_3" TONR Time IN　　　Q R　　　ET PT	时间累加器： 　在预设的延时过后将输出 Q 设置为 1。在使用 R 输入重置经过的时间之前，会跨越多个定时时段一直累加经过的时间 过程： 　IN 从 0 变为 1 时，ET 开始计时，当 ET=PT 后，保持不变，同时 Q 立即输出 1；过程中，如果 IN 从 1 变为 0，则 ET 的值会保留，当下一次 IN 从 0 变为 1 后，ET 在上次基础上继续计时；过程中，R 从 0 变为 1 时，ET 立即清零，Q 立即输出 0	
复位定时器： —[RT]—	RT 线圈会复位指定的定时器 过程： 　输入信号为 1 时，指定的定时器复位，ET 清零	
加载持续时间： —(PT)—	PT 线圈会在指定的定时器中装载新的预设时间值 过程： 　输入信号为 1 时，将新的 PT 值赋值给指定定时器	

➢ 例：用定时器实现延时启动控制

I0.0 为 1 时，M2.0 为 1，接通延时定时器开始工作，延时 1s 后 Q0.0 由 0 变为 1。PLC 程序如图 5-32 所示。

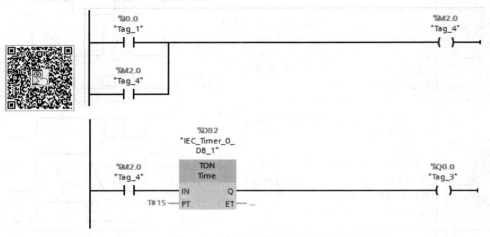

图 5-32　定时器延时启动控制的 PLC 程序

5.4.3　计数器指令

S7-1200 PLC 中包含 3 种计数器，分别是加计数器、减计数器和加减计数器。程序中调用计数器时，需要为它分配背景数据块（DB），用于存储计数器的数据。用户编程时可以使用的计数器数量仅受 PLC 存储器容量的限制。表 5-15 给出了计数器指令输入/输出参数表，计数器工作过程及时序图见表 5-16。

表 5-15　计数器指令输入/输出参数表

参数	类型	说明
CU、CD	Bool	计数脉冲输入
R	Bool	复位输入
LD	Bool	控制装载计数值
PV	Bool	预设计数值
Q、QU、QD	Bool	计数器输出
CV	Bool	当前计数值

表 5-16　计数器工作过程及时序图

指令	说明	时序
加计数器： "IEC_Counter_0" CTU Int CU　Q R　CV PV	对计数脉冲进行累加 过程： 　当参数 CU 的值从 0 变为 1 时，CTU 计数器会使计数值加 1。CTU 时序图显示了计数值为无符号整数时的运行过程（其中，PV=3）。如果参数 CV（当前计数值）的值大于或等于参数 PV（预设计数值）的值，则计数器输出参数 Q=1。如果复位参数 R 的值从 0 变为 1，则当前计数值重置为 0	（CU、R、CV、Q 时序波形图）

（续）

指令	说明	时序
减计数器： "IEC_Counter_1" 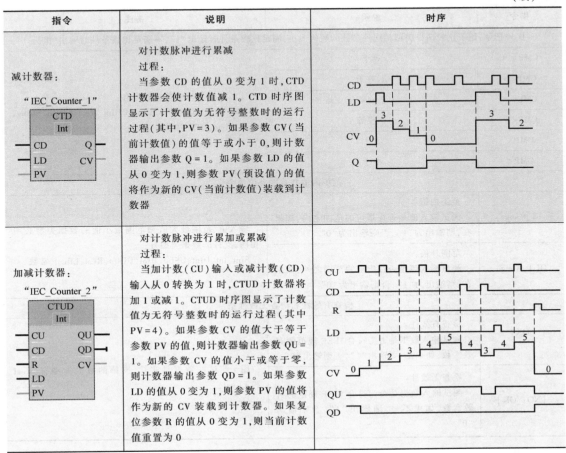	对计数脉冲进行累减 过程： 　当参数 CD 的值从 0 变为 1 时，CTD 计数器会使计数值减 1。CTD 时序图显示了计数值为无符号整数时的运行过程（其中，PV = 3）。如果参数 CV（当前计数值）的值等于或小于 0，则计数器输出参数 Q = 1。如果参数 LD 的值从 0 变为 1，则参数 PV（预设值）的值将作为新的 CV（当前计数值）装载到计数器	
加减计数器： "IEC_Counter_2"	对计数脉冲进行累加或累减 过程： 　当加计数（CU）输入或减计数（CD）输入从 0 转换为 1 时，CTUD 计数器将加 1 或减 1。CTUD 时序图显示了计数值为无符号整数时的运行过程（其中 PV = 4）。如果参数 CV 的值大于等于参数 PV 的值，则计数器输出参数 QU = 1。如果参数 CV 的值小于或等于零，则计数器输出参数 QD = 1。如果参数 LD 的值从 0 变为 1，则参数 PV 的值将作为新的 CV 装载到计数器。如果复位参数 R 的值从 0 变为 1，则当前计数值重置为 0	

▷ 例：用计数器实现累加到 10 后输出

I0.1 每次由 0 变为 1，计数器的当前值加 1，当计数到 10 后，Q0.0 输出 1；如果复位输入 I0.0 为 1，则计数值清零，Q0.0 为 0。

PLC 程序如图 5-33 所示。

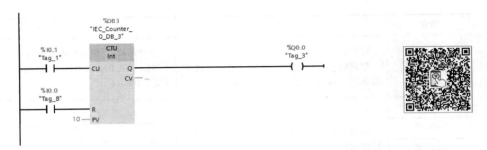

图 5-33　计数器计数的 PLC 程序

5.4.4　比较运算指令

比较运算指令（又称比较指令）用于数值大小和范围的比较，具体说明见表 5-17。

表 5-17　比较运算指令

指令	说明	备注
比较指令:用于比较两个类型相同的参数的数值大小,满足比较条件时输出"1",不满足比较条件时输出"0"		
CMP＝＝	等于	比较指令支持的数据类型有: SInt、Int、DInt、USInt、UInt、UDInt、Real、LReal、String、Char、Time、DTL、常数
CMP<>	不等于	
CMP>＝	大于或等于	
CMP<＝	小于或等于	
CMP>	大于	
CMP<	小于	
范围内值和范围外值指令		
IN_Range	范围内值: 测试输入值是否在指定的范围之内,如果在,则输出为"1",否则输出为"0"	输入值、范围最大值和范围最小值的数据类型必须相同,支持的数据类型有: SInt、Int、DInt、USInt、UInt、UDInt、Real、LReal、常数
OUT_Range	范围外值: 测试输入值是否在指定的范围之外,如果在,则输出为"1",否则输出为"0"	
检查有效性和检查无效性指令		
─┤OK├─	检查有效性: 测试输入数据是否为符合 IEEE 规范的有效实数,如果是,则输出"1",否则输出"0"	用于测试的数据是实数,支持的数据类型有:Real和 LReal
─┤NOT_OK├─	检查无效性: 测试输入数据是否为符合 IEEE 规范的有效实数,如果不是,则输出"1",否则输出"0"	

5.4.5　数学函数指令

数学函数指令用于进行基本的加减乘除、指数、对数、三角函数等运算。具体说明见表 5-18。

表 5-18　数学函数指令

指令	说明	备注
CALCULATE	计算: 根据输入的数据类型,自定义数学表达式或逻辑表达式,并进行运算,输出运算结果	支持的输入、输出数据类型有: SInt、Int、DInt、USInt、UInt、UDInt、Real、LReal、Byte、Word、DWord
ADD:加	对两个输入数据进行加、减、乘、除运算,输出运算结果	支持的输入、输出数据类型有: SInt、Int、DInt、USInt、UInt、UDInt、Real、LReal、常数(仅输入)
SUB:减		
MUL:乘		
DIV:除		
MOD	返回除法的余数: 对两个输入的整数做除法,并输出余数	支持的输入、输出数据类型有: SInt、Int、DInt、USInt、UInt、UDInt、常数(仅输入)

（续）

指令	说明	备注
NEG	求二进制补码： 将输入参数的算术符号取反，以改变参数的正负并将结果输出	支持的输入、输出数据类型有： SInt、Int、DInt、Real、LReal、Constant（仅输入）
INC：递增 DEC：递减	将输入参数值加 1/减 1，并保存在原地址中	支持的输入、输出数据类型有： SInt、Int、DInt、USInt、UInt、UDInt
ABS	计算绝对值： 计算输入参数的绝对值并将结果输出	支持的输入、输出数据类型有： SInt、Int、DInt、Real、LReal
MIN：获取最小值 MAX：获取最大值	比较两个输入参数的值，并输出最小值/最大值	支持的输入、输出数据类型有： SInt、Int、DInt、USInt、UInt、UDInt、Real、LReal、常数（仅输入）
LIMIT	设置限值： 将输入参数的值限定输出在设定的最大值和最小值之间 如果输入值在指定范围内，则直接输出；如果输入值大于指定的最大值，则输出该最大值；如果输入值小于指定的最小值，则输出该最小值	支持的输入、输出数据类型有： SInt、Int、DInt、USInt、UInt、UDInt、Real、LReal、常数（仅输入）
SQR：二次方 SQRT：二次方根	计算输入参数的二次方/二次方根	支持的输入、输出数据类型有： Real、LReal、常数（仅输入）
LN：自然对数 EXP：指数	计算输入参数的自然对数/指数	支持的输入、输出数据类型有： Real、LReal、常数（仅输入）
SIN：正弦 COS：余弦 TAN：正切 ASIN：反正弦 ACOS：反余弦 ATAN：反正切	计算输入参数的正弦/余弦/正切和反正弦/反余弦/反正切	支持的输入、输出数据类型有： Real、LReal、常数（仅输入）
FRAC	返回小数： 提取输入参数小数部分的值并输出	支持的输入、输出数据类型有： Real、LReal、常数（仅输入）
EXPT	取幂： 计算以一个参数为底、另一个参数为指数的值	为底的参数支持的数据类型有： Real、LReal、常数 为指数的参数支持的数据类型有： SInt、Int、DInt、USInt、UInt、UDInt、Real、LReal、常数 输出数据类型有： Real、LReal

注意：数学函数指令中，输入、输出参数的数据类型必须相同（取幂函数中，要求为底的输入与输出数据类型相同）

5.4.6 移动操作指令

移动操作指令主要用于数据的移动，具体说明见表5-19。

表5-19 移动操作指令

指令	说明	备注
MOVE	移动值： 将存储在原地址中的单个数据复制到新地址中。移动过程中，可以从一种数据类型转换为另一种数据类型	支持的数据类型有： SInt、Int、DInt、USInt、UInt、UDInt、Real、LReal、Byte、Word、DWord、Char、Array、Struct、DTL、Time
MOVE_BLK	移动块： 对存储在原地址中的数组，将其中指定个数的数据复制到新地址中，移动过程中可被中断 移动过程中，可以从一种数据类型转换为另一种数据类型	支持的数据类型有： SInt、Int、DInt、USInt、UInt、UDInt、Real、LReal、Byte、Word、DWord
UMOVE_BLK	无中断移动块： 对存储在原地址中的数组，将其中指定个数的数据复制到新地址中，移动过程中不可被中断 移动过程中，可以从一种数据类型转换为另一种数据类型	
FILL_BLK	填充块： 将存储在原地址中的数据元素不断重复复制到以输出端地址为初始地址的目标中，直到目标数据个数达到指定数值。填充过程中，可以处理中断事件	支持的数据类型有： SInt、Int、DInt、USInt、UInt、UDInt、Real、LReal、Byte、Word、DWord
UFILL_BLK	无中断填充块： 将存储在原地址中的数据元素不断重复复制到以输出端地址为初始地址的目标中，直到目标数据个数达到指定数值。填充过程中，不可以处理中断事件	
SWAP	交换字节： 将输入的二字节和四字节数据元素的字节顺序反转后输出	支持的数据类型有： Word、DWord

5.4.7 转换指令

转换指令主要用于基本数据类型的显式转换，具体说明见表5-20。

表5-20 转换指令

指令	说明	备注
CONVERT	转换值： 将数据元素从一种数据类型转换为允许的另一种数据类型并输出	支持的输入、输出类型有： SInt、USInt、Int、UInt、DInt、UDInt、Real、LReal、BCD16、BCD32

（续）

指令	说明	备注
ROUND	取整： 将实数转换为整数,实数的小数部分舍入为最接近的整数值。如果该实数正好是两个连续整数的一半,则将其取整为偶数	支持的输入类型有： Real、LReal 支持的输出类型有： SInt、Int、DInt、USInt、UInt、UDInt、Real、LReal
TRUNC	截尾取整： 将实数转换为整数,实数的小数部分去掉	
CEIL	浮点数向上取整： 将实数转换为大于或等于所选实数的最小整数	
FLOOR	浮点数向下取整： 将实数转换为小于或等于所选实数的最大整数	
SCALE_X	标定： 按最大值和最小值所指定的数据类型和数值范围对标准化的实参(标准化参数大小在 0 与 1 之间)进行标定,并输出 输出＝输入＊(最大值－最小值)＋最小值	最大、最小值支持的数据类型有： SInt、Int、DInt、USInt、UInt、UDInt、Real、LReal 输入值支持的数据类型有： SCALE_X：Real、LReal 　NORM ＿ X：SInt、Int、DInt、USInt、UInt、UDInt、Real、LReal
NORM_X	标准化： 对由最大值和最小值指定的范围内的值进行标准化,并输出(输出结果在 0 与 1 之间) 输出＝(输入－最小值)/(最大值－最小值)	输出值支持的数据类型有： SCALE ＿ X：SInt、Int、DInt、USInt、UInt、UDInt、Real、LReal NORM_X：Real、LReal

5.4.8 程序控制操作指令

程序控制操作主要包括程序跳转、程序退出、程序返回及获得程序执行错误信息等。具体说明见表 5-21。

表 5-21 程序控制指令

指令	说明
-(JMP)	RLO＝"1"时跳转： 如果输入为 1,则程序将跳转到指定标签后的第一条指令继续执行
-(JMPN)	RLO＝"0"则跳转： 如果输入为 0,则程序将跳转至指定标签后的第一条指令继续执行
Label	跳转标签： 为 JMP 或 JMPN 指令提供目标标签
JMP_LIST	定义跳转列表： 用作程序跳转分配器,控制程序段的运行。指令对应多个程序标签,根据输入参数的值跳转到相应的程序标签,程序从目标跳转标签后面的程序继续执行
SWITCH	跳转分配器： 用作程序跳转分配器,控制程序段的运行。指令对应多个程序标签,根据输入参数的值和比较运算的结果跳转到相应程序标签,程序从目标跳转标签后面的程序指令继续执行

（续）

指令	说明
-（RET）	返回： 用于终止当前块的执行。当输入为 1 时，当前块的执行将在该点终止，不再执行 RET 指令之后的指令
RE_TRIGR	重置循环周期监视时间： 用于延长扫描循环监视狗定时器生成错误前允许的最大时间
STP	退出程序： 当输入为 1 时，将 CPU 置于 STOP 模式，此时将停止程序执行
GET_ERROR	获取本地错误信息： 指示发生本地程序块执行错误，并用详细错误信息填充预定义的错误数据结构
GET_ERR_ID	获取本地错误 ID： 指示发生了程序块执行错误，并报告错误的 ID（标识符代码）
RUNTIME	测量程序运行时间： 用于测量两次调用该指令的时间差

5.4.9 字逻辑指令

字逻辑指令主要用于位或位序列的与、或、异或及取反等操作，具体说明见表 5-22。

表 5-22 字逻辑指令

指令	说明	备注
AND：与 OR：或 XOR：异或	逻辑运算指令： 将两个输入参数按位进行与/或/异或运算，并输出运算结果	支持的输入、输出数据类型有： Byte、Word、DWord
INVERT	求反码： 计算输入参数的二进制反码，并输出	支持的输入、输出数据类型有： SInt、Int、DInt、USInt、UInt、UDInt、Byte、Word、DWord
SEL	选择指令： 根据输入选择位的值将对应的输入参数分配给输出。选择位为 0 时将参数 0 给输出，选择位为 1 时将参数 1 给输出	输入选择位的数据类型是：Bool 输入输出参数的数据类型有： SInt、Int、DInt、USInt、UInt、UDInt、Real、LReal、Byte、Word、DWord、Time、Char
MUX	多路复用： 根据输入选择数据的值将多个输入之一复制到输出	输入选择位的数据类型是：UInt 输入、输出参数的数据类型有： SInt、Int、DInt、USInt、UInt、UDInt、Real、LReal、Byte、Word、DWord、Time、Char
DEMUX	多路分用： 根据输入选择数据的值将输入参数复制到对应的输出	输入选择位的数据类型是：UInt 输入、输出参数的数据类型有： SInt、Int、DInt、USInt、UInt、UDInt、Real、LReal、Byte、Word、DWord、Time、Char

5.4.10　移位与循环移位指令

移位与循环移位指令主要用于字序列的左右移位或循环移位，具体说明见表5-23。

表5-23　移位与循环移位指令

指令	说明	备注
SHR	右移： 根据指定的移位位数，将输入参数向右移动若干位，移出的位丢掉，空出的位补零	
SHL	左移： 根据指定的移位位数，将输入参数向左移动若干位，移出的位丢掉，空出的位补零	移位位数的数据类型是：UInt 输入、输出参数的数据类型有：Byte、Word、DWord
ROR	循环右移： 根据指定的移位位数，将输入参数向右移动若干位，移出的位依次补充给左侧空出的位	
ROL	循环左移： 根据指定的移位位数，将输入参数向左移动若干位，移出的位依次补充给右侧空出的位	

5.5　TIA 博图软件 STEP7

STEP7 软件是博图软件平台中最常用的一个，可用于 PLC 和 HMI 设备的组态和编程。除 STEP7 外，博图软件平台还包含 WinCC、SCOUT 和 Startdrive 等，用户可以根据需要选择安装相应的软件。本节主要介绍 STEP7 Professional V13 的基本功能。

5.5.1　STEP7 Professional V13 的安装要求

STEP7 Professional V13 的安装要求包括计算机硬件要求、操作系统要求、管理权限要求和兼容性问题。具体参数如下。

1. 硬件要求

处理器：Core i5-3320M 3.3 GHz 或者相当；

内存：至少 8GB；

硬盘：300 GB SSD；

图形分辨率：最小 1920×1080 像素；

显示器：15.6in（1in＝0.0254m）宽屏显示（1920×1080）。

2. 操作系统要求

STEP7 Professional V13 可以在以下系统上安装：

MS Windows 7 Professional SP1（32 或 64 位）；

MS Windows 7 Enterprise SP1（32 或 64 位）；

MS Windows 7 Ultimate SP1（32 或 64 位）；

Microsoft Windows 8.1 Pro（64 位）；

Microsoft Windows 8.1 Enterprise（64 位）；

其他 Windows 服务器。

3. 权限要求

安装 STEP7（TIA Portal）V13 需要管理员权限。

4. 兼容性

可以与 STEP7（TIA Portal）V13 同时安装的其他版本的 STEP7 软件如下：

STEP7（TIA Portal）V11、STEP7（TIA Portal）V12；STEP7 V5.4 SP5、STEP7 V5.5 SP5；STEP7 Professional 2010 SR2；STEP7 Micro/WIN V4.0 SP9。

注意：不能在 STEP7 Basic/Professional V13 和 STEP7 V5.5 或者更老的版本中同时进行在线操作。

5.5.2　软件界面介绍

STEP7 提供了两种视图：基于任务的 Portal 视图和基于项目的项目视图。软件打开后首先看到的是 Portal 视图，如图 5-34 所示。Portal 视图里可以看到项目的所有任务，初学者通过 Portal 视图可以快速确定要执行的操作或任务。单击 Portal 视图左下角的"项目视图"，切换到项目视图界面，本节主要介绍项目视图的功能。

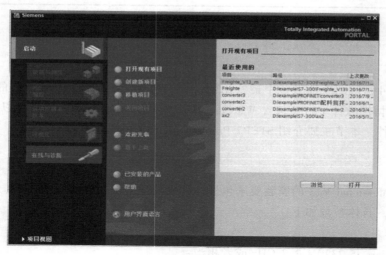

图 5-34　Portal 界面

项目视图是项目所有组成部分的结构化视图，其界面如图 5-35 所示。界面组成及各部分功能如下：

① 标题栏：显示打开的项目名称。

② 菜单栏：包含了软件支持的所有命令。

③ 工具栏：列出了常用命令的按钮，便于快捷地访问这些命令。

④ 项目树：列出了项目中包含的所有设备，并可以编辑这些设备和项目数据。项目树中以树形结构展示项目组成部分，单击左侧的黑色三角，可以展开和收起该部分。

⑤ 详细视图：显示项目树中所选对象的详细内容，如在项目树中选中"PLC 变量表"，详细视图中显示其中包含的具体内容：添加新变量表、显示所有变量、默认变量表。

⑥ 工作区：显示当前编辑的对象。STEP7 中可以同时打开多个编辑器（界面最下端显

图 5-35　项目视图界面

示当前打开的编辑器），但是工作区默认显示一个编辑器。可以通过工具栏上的"拆分编辑器空间"按钮把工作区水平或垂直拆分成两个，同时显示两个编辑器。

⑦ 巡视窗口：显示在工作区中选中对象的属性，还可对属性进行编辑。

属性：显示和修改选中对象的属性。

信息：显示选中对象的详细信息，以及编译后的报警信息。

诊断：显示系统诊断事件和组态的报警事件。

⑧ 任务卡：提供对所选对象的附加操作。任务卡的内容与所选编辑器有关，如果正在进行硬件编辑，则任务卡中列出可以使用的扩展模块；如果正在进行程序编辑，则任务卡中列出可以使用的 PLC 指令。

5.5.3　常用基本功能

在 STEP7 中创建项目，一般包括项目新建、设备添加、组态、编辑变量、程序编写、调试和监控等步骤，本节对相关的 STEP7 操作内容进行介绍。

1. 创建新项目

单击工具栏上"新建项目"图标，打开创建新项目对话框。定义项目名称、存储路径和作者后，单击"确定"按钮完成新项目的创建。

2. 添加新设备

双击项目树中的"添加新设备"，打开添加设备界面（图 5-36）。STEP7 为用户提供了多种型号的控制器、HMI 和 PC 系统，用户可以根据硬件型号进行选择。以控制器添加为例，添加设备时有两种情况：

1）已知硬件 CPU 型号，在控制器列表中直接找到对应的选项添加。

2）不知道硬件 CPU 的具体型号，知道所属 PLC 的系列。先在控制器列表中对应 PLC 系列中找到"未指定的 CPU"进行添加，然后通过菜单栏中的"在线"→"将设备作为新站上传（硬件和软件）"，把硬件 CPU 的信息上传到项目中。

设备添加完成后，还可以通过右侧的任务卡→硬件目录完成扩展模块的添加。硬件添加完成后，可以进行设备组态。常用设备的组态过程参考5.3节。

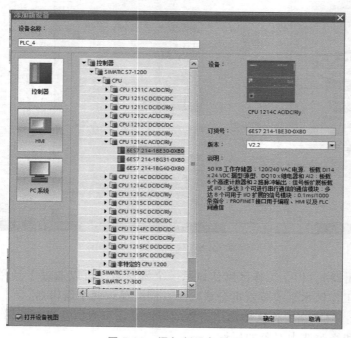

图 5-36　添加新设备界面

3. 编辑 PLC 变量

编程前，需要将程序中使用的全局变量添加到 PLC 变量表中。通过项目树中的"PLC变量"显示所有变量，打开默认变量表如图5-37所示。变量表中包含变量名称、数据类型、地址以及访问权限等内容，具体说明如下：

		名称	数据类型	地址	保持	在 HMI ...	可从 HMI ...	注释
1		起动	Bool	%I0.0		☑	☑	电机起动
2		停止	Bool	%I0.1		☑	☑	电机停止
3		继电器	Bool	%M0.0		☑	☑	中间继电器
4		输出	Bool	%Q0.0		☑	☑	控制输出
5		<添加>				☑	☑	

默认变量表

图 5-37　PLC 变量表

名称：根据变量在程序中的功能，定义它的符号地址；

数据类型：选择变量的数据类型；

地址：定义变量的绝对寻址地址；

访问权限：设置变量是否可以被 HMI 访问；

注释：可以为变量添加注释，方便程序的修改和调试。

此外，变量表中还可以显示该变量是否被组态为断电保持。

注意：变量表中定义的变量属于全局变量，可以被用户程序的所有程序块访问。访问方式可以通过绝对寻址或符号寻址。

4. 在程序块中编程

变量表定义完成后，可以利用定义好的变量在程序块中编程。单击项目树中的"程序块"可以查看已有的程序块，新建项目后默认包含一个 Main OB 组织块。用户根据程序需要，可通过"添加新块"添加其他程序块（组织块、函数块、函数和数据块）。在项目树中选中程序块，单击鼠标右键，在弹出的快捷菜单中执行"切换编程语言"就可以设置该程序块的编程语言。

双击程序块，打开程序编辑器，此时左侧任务卡中显示的是 PLC 编程指令。OB 块的程序编辑器界面如图 5-38 所示。

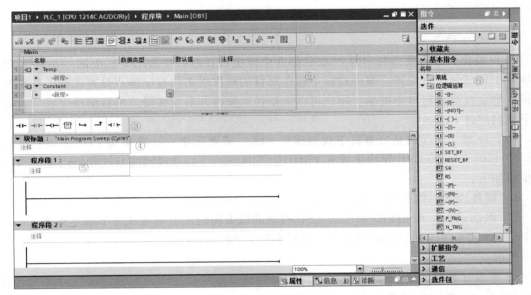

图 5-38　程序编辑器界面

编辑器中各部分功能如下：

① 工具栏：为用户提供程序编辑工具，如添加、删除程序段，打开、关闭程序段，程序监视等。

② 临时变量表：每个程序编辑器都有一个临时变量表，用于定义该程序块执行过程中使用的临时变量。临时变量属于局部变量，只能由定义它的程序块访问，程序块执行完成后不保存临时变量，占用的存储器空间被释放。

③ 指令收藏列表：显示用户收藏的常用指令，方便用户编程。

④ 块标题/注释：可以编辑的块标题和注释，允许用户对程序块进行解释。

⑤ 程序段标题/注释：可以编辑的程序段的标题和注释，允许用户对程序段功能进行解释。

⑥ 指令列表：列出 PLC 支持的各种指令。其中基本指令已在 5.4 节中进行了介绍。

（1）在程序段中添加指令　选中程序段，从右侧的指令列表中找到对应指令后双击，就可以把指令添加到程序段中。也可以通过直接拖拽的方式，选中指令，按住鼠标左键拖拽到程序段中。常用的指令可以拖拽到指令收藏夹，便于快速调用。

（2）为指令添加变量　为程序段中的指令添加变量有两种方式：绝对寻址和符号寻址。

> 绝对寻址：单击指令上方的红色问号，手动输入变量的绝对地址，如"I0.0"，结果如图 5-39 中①所示。

> 符号寻址：如果已经定义了变量表，可以直接输入变量的符号地址，以图 5-37 所示变量表为例，在指令上方红色问号处输入"起动"后，结果如图 5-39 中②所示。

图 5-39　绝对寻址和符号寻址效果

5. 项目编译与下载

（1）编译　单击项目树中的 PLC 名称选中该项目，然后单击工具栏上的"编译"图标对项目中各部分进行编译。编译过程中检查项目的硬件组态和程序编写是否正确，如果发现错误，则会在巡视窗口中提示，用户可以根据提示修改并重新编译。项目编译完成后，就可以下载到硬件 PLC 中。

（2）下载　将项目从计算机下载到硬件 PLC，需要先建立计算机与 PLC 之间的通信连接。S7-1200 PLC 的 CPU 模块集成有 PROFINET 接口，可以通过网线与计算机连接。项目下载步骤如下：

1）硬件连接：网线的一端连接 CPU 的 PROFINET 端口，另一端与计算机连接。

2）组态设置：在 STEP7 中组态 CPU 模块的以太网地址（参考 5.3 节基本组态），添加一个子网，并组态 CPU 的 IP 地址与计算机和硬件 CPU 处于同一网段内。

扩展：

① 查看计算机的 IP 地址：通过"网络和共享中心"→"更改适配器设置"→"本地连接"→"属性"→"INTERNET 版本协议 4"→"属性"，可查看计算机的 IP 地址。

② 查看硬件 CPU 的 IP 地址：通过"STEP7 项目树"→"在线访问"更新可访问的设备，就会出现已连接的 CPU 和 IP 地址。

3）通过单击工具栏上的"下载到设备"按钮打开"扩展的下载到设备"对话框，如图 5-40 所示。

① 显示项目中组态的 CPU，如图 5-40 所示项目包含一个 CPU 1214C AC/DC/RLY，IP 地址是 192.168.0.1。

② 选择编程设备和 CPU 的通信接口类型，PN/IE 类型表示通过以太网连接，连接接口是网卡。

③ 显示与计算机处于同一子网中的硬件 CPU。在"扩展的下载到设备"对话框中，选择 PG/PC 接口，并激活"显示所有兼容的设备"后单击"开始搜索"按钮，如果通信硬件连接和组态参数正确，此处显示与计算机连接的硬件 CPU，且左侧的 CPU 图标背景为黄色表示连接成功。

4）上述步骤完成后，单击对话框右下角的"下载"按钮，将项目信息下载到硬件 CPU 中。

6. 启动和停止 CPU

因为 S7 1200 系列 PLC CPU 模块上没有模式转换开关，所以需要通过在 STEP7 中组态

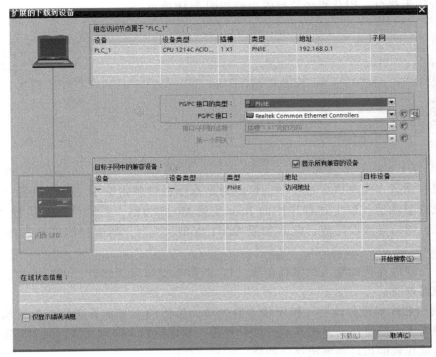

图 5-40　"扩展的下载到设备"对话框

或软件工具控制的方式进行模式转换。通过组态可以设置 CPU 在上电后的工作模式（具体组态请参考 5.3 节）。此外，通过 STEP7 工具栏中的"启动 CPU"和"停止 CPU"也可以在线切换 CPU 的工作模式。

7. 在线与离线

STEP7 工具栏中"在线"和"离线"按钮用于切换计算机与硬件 PLC 的连接状态。

离线模式下，计算机与 PLC 相对独立，可以在 STEP 7 中进行编程和组态，编辑内容对运行中的 PLC 不会直接产生影响，需要重新下载。

在线模式下，计算机与 PLC 连接，可以通过 STEP7 对 PLC 的组态和程序执行状态进行监控与调试。

8. 程序监控与调试

PLC 程序运行过程中，通过在线模式，可以在 STEP7 里对 PLC 的程序执行过程进行监控和调试。

（1）利用程序状态监视功能监控　打开要监控的程序块，单击程序编辑器上方的"启用/禁用监视"工具，启用程序监视功能。此时，STEP7 处于在线模式，编辑器上方的标题栏变为橘红色。如果软件中的 PLC 组态和程序与硬件 PLC 不一样，则左侧项目树中的项目名称、程序块、本地模块等位置的右边会出现显示故障的符号，需要修改后重新下载，使二者保持一致，等上述位置右侧出现显示正确的绿色符号后，才能启动程序状态监控。

程序状态监控功能启动后，程序编辑器中可以看到程序执行状态。绿色的实线表示程序段满足条件，有能流通过；蓝色的虚线表示不满足条件，没有能流通过；灰色的实线表示状态未知或程序未执行。PLC 程序监视效果图如图 5-41 所示。

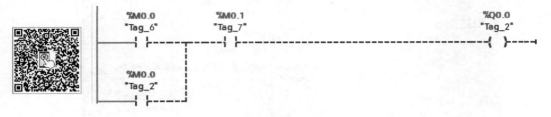

图 5-41　PLC 程序监视效果图

为了进行调试，程序执行过程中，可以通过鼠标右键单击某个变量，执行"修改"命令，修改该变量的值。以上述程序中的 Bool 变量 M0.0 为例，右键单击并执行"修改"→"修改为 1"，则动合触点接通，此时如果 M0.1 变量也为 1，则该程序满足条件，Q0.0 输出 1。

注意：与硬件连接的输入映像寄存器（I）的值不能被直接修改，可以通过高级设置选择使用触发器修改。

（2）利用监控表进行监控　程序状态监视功能虽然能直观地看到指令执行情况，但是受编辑器界面大小的限制，只能显示一部分程序，程序段较多时就无法同时看到需要监控的变量，利用监控表能很好地解决这一问题。

执行项目树中"监控与强制表"→"添加新监控表"新建一个监控表，如图 5-42 所示。

图 5-42　监控表监视界面

将需要监控的变量添加到监控表中，单击监控表上方工具栏中的"全部监视"启动监控表监视，在"监视值"一栏中可以看到变量的当前值。此外，利用监控表也可以对变量的值进行修改，在"修改值"一栏中输入新值，单击工具栏上"立即一次性修改所有选定值"就可以将新值赋值给变量。一个项目可以生成多个监控表，以满足不同的监控要求。

5.6　S7-1200 PLC 程序设计

5.6.1　CPU 工作原理

1. CPU 工作模式

S7-1200 PLC CPU 共有三种工作模式：STOP 模式、STARTUP 模式和 RUN 模式，模块前端的 LED 指示灯指示当前所处工作模式。

1）STOP 模式下，CPU 不执行任何程序，用户可以下载项目。

2）STARTUP 模式下，CPU 执行启动逻辑（如果存在），并初始化存储器。此时，不处理任何中断事件。

3）RUN 模式下，执行用户程序，在程序循环阶段的任何时刻都可能发生和处理中断事件。

CPU 从 STOP 模式切换到 RUN 模式时，会先经过 STARTUP 过程，清除过程映像输入、初始化过程映像输出并处理启动 OB（如果有）。随后，CPU 进入 RUN 模式并在连续的扫描周期内处理控制任务。在 STARTUP 和 RUN 模式下，CPU 执行图 5-43 所示的任务，其执行列表见表 5-24。

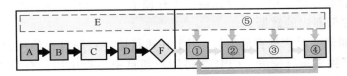

图 5-43　CPU STARTUP 模式和 RUN 模式的工作过程

表 5-24　CPU STARTUP 模式和 RUN 模式的执行列表

STARTUP	RUN
A 清除 I(映像)存储区	① 将 Q 存储器写入物理输出
B 根据组态情况将 Q 输出(映像)存储区初始化为零、上一值或替换值	② 将物理输入的状态复制到 I 存储器
C 将非保持性 M 存储器和数据块初始化，执行启动 OB	③ 执行程序循环 OB
D 将物理输入的状态复制到 I 存储器	④ 执行自检诊断
E 将所有中断事件存储到进入 RUN 模式后处理的队列中	⑤ 在扫描周期的任何阶段处理中断和通信
F 启用 Q 存储器到物理输出的写入操作	

2. RUN 模式下 CPU 的主要工作阶段

CPU 处于 RUN 模式时，以循环扫描的方式运行。一个扫描周期内，主要包括输出刷新阶段、输入采样阶段、执行用户程序阶段、自检诊断阶段及中断与通信处理阶段等。

输出刷新阶段对应表中①，将 Q 存储器的数据复制到物理输出，控制输出设备。

输入采样阶段对应表中②，将物理输入的状态复制到 I 存储器，用户程序通过访问 I 存储器获得输入设备状态。

执行用户程序阶段对应表中③，用户程序包括主程序和子程序，在主程序中调用子程序时，从断点处进入子程序，执行完成后再返回断点处继续执行后面的程序段。在主程序和子程序中，CPU 都是按自上而下、自左而右扫描的方式执行用户程序。若该程序段中所有指令满足条件，则该程序段执行；不满足条件则跳过继续扫描下一个程序段。

执行自检诊断阶段对应表中④，对 CPU、存储器和 I/O 模块等进行检查，并在发现故障时报错。

中断与通信处理阶段对应表中⑤，在 CPU 工作的全过程中，都可以对中断和通信请求进行处理。

5.6.2　CPU 存储器

CPU 提供了多种用于存储用户程序、数据和组态的存储器。本节主要介绍这些存储器的分类、功能及存储器单元的寻址方式。

1. 存储器的分类

根据物理特性，PLC 存储器可分为装载存储器、工作存储器和保持性存储器，其具体说明如下：

（1）装载存储器（非易失性存储器）　用于存储用户程序、数据和组态。将项目下载到 CPU 后，存储在装载存储器中。该存储器位于存储卡（如果有）或 CPU 中。CPU 能够在断电后继续保持该存储器内的数据。

（2）工作存储器（易失性存储器）　用于在执行用户程序时存储用户项目的某些内容。程序执行时，为了提高运行速度，CPU 会将用户项目中与程序执行有关的部分从装载存储器复制到工作存储器中。断电后工作存储器中的内容丢失。

（3）保持性存储器（断电保持存储器）　用于存储工作存储器的数据，防止断电后数据丢失。用户通过在 STEP7 中组态，选择数据的保持特性。对于设置为断电保持的数据，断电过程中，保持性存储器存储数据，并在重新上电后将数据从保持性存储器重新复制到断电前的存储单元中。

2. 存储器的数据访问

（1）地址区　CPU 的存储器被划分为不同的地址区域，用于存储不同的数据。CPU 存储器主要包括输入映像区（过程映像输入 I）、输出映像区（过程映像输出 Q）、位存储区（M 存储器）、数据块（DB）以及临时存储器（L）。

（2）寻址方式　用户访问存储器中的数据，可以通过两种寻址方式：绝对寻址和符号寻址。

1）绝对寻址：每个存储单元都有唯一的地址，用户可以通过该地址访问存储单元的数据。绝对地址的组成示例如图 5-44 所示。

假设图中左侧所示为输入映像区的一部分，以其中灰色阴影所示的存储单元为例，图中右侧所示为该存储单元的绝对地址表示方法和各位代表的含义。

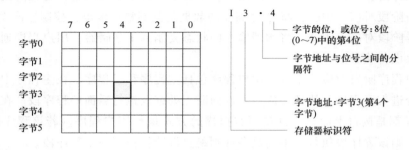

图 5-44　存储单元地址对照图

2）符号寻址：编程时，用户可以为每个数据设置变量名（符号），用户可以通过该变量名（符号）访问数据。变量名的设置在 PLC 变量表中完成，具体参考 5.5 节。

以图 5-37 所示变量表中的第一个变量为例，变量名为"起动"，绝对地址是"I0.0"。

在用户程序中访问该变量时，可以直接输入"起动"或"I0.0"。

3. 存储器中数据的访问权限

根据用户程序对数据的访问权限，CPU 存储器又分为全局存储器、本地存储器和背景存储器。

（1）全局存储器　存储在全局存储器中的数据可以被用户程序的所有代码块无限制地访问，PLC 中，输入（I）、输出（Q）和位存储器（M）都属于全局存储器。此外，全局数据块（全局 DB）也属于全局存储器。

（2）临时存储器　在调用代码块（OB、FB、FC）时，CPU 会自动为代码块分配临时存储器（L），用于保存程序执行期间的数据。代码块执行完成后，CPU 将重新分配临时存储器，用于执行其他程序。

（3）背景存储器　专门用于存储特定函数块（FB）的数据，背景数据块（背景 DB）就是背景存储器，只能由对应的 FB 块访问。

常用存储器的特性列表见表 5-25。

表 5-25　常用存储器的特性列表

存储器	说明	是否可设置为断电保持	访问权限	寻址方式
I	过程映像输入：每个扫描周期从物理输入复制	否	全局存储器：可供所有代码块访问	支持按位、字节、字、双字访问 可通过绝对寻址和符号寻址
Q	过程映像输出：每个扫描周期复制给物理输出	否	全局存储器：可供所有代码块访问	支持按位、字节、字、双字访问 可通过绝对寻址和符号寻址
M	位存储器：程序执行过程数据存储	是	全局存储器：可供所有代码块访问	支持按位、字节、字、双字访问 可通过绝对寻址和符号寻址
L	临时存储器：存储临时数据	否	本地存储器：只允许分配的代码块访问	支持按位、字节、字、双字访问 可通过符号寻址
DB	数据块：存储数据，也是 FB 的参数存储器	是	全局存储器：可供所有代码块访问 背景存储器：只允许特定的 FB 块访问	支持按位、字节、字、双字访问 可通过绝对寻址和符号寻址

5.6.3　基本数据类型

数据类型用于指定数据元素的大小以及以何种形式进行运算。PLC 包含多种数据类型，如基本数据类型、复杂数据类型、系统数据类型及 PLC 数据类型等，本节重点介绍基本数据类型，见表 5-26。

表 5-26 PLC 基本数据类型

分类	数据类型	位数	取值范围	说明
位和位序列	Bool 布尔	1	TRUE（1）或 FALSE（0）	常数举例：1 变量举例：I0.0、M0.0、Q0.0
	Byte	8	16#00～16#FF	常数举例：16#10 变量举例：MB0、IB0、QB0
	Word	16	16#0000～16#FFFF	常数举例：16#1009 变量举例：MW0、IW0、QW0
	DWord	32	16#00000000～16#FFFFFFFF	常数举例：16#10000012 变量举例：MD0、ID0、QD0
整数	USInt	8	0～255	常数举例：125 变量举例：MB0、MB1
	SInt	8	−128～127	常数举例：−100、50 变量举例：MB0、MB1
	UInt	16	0～65536	常数举例：12256 变量举例：MW0、MW2
	Int	16	−32768～32767	常数举例：−30000、12356 变量举例：MW0、MW2
	UDInt	32	0～4294967295	常数举例：4000000000 变量举例：MD0
	DInt	32	−2147483648～2147483647	常数举例：−1231456987、1597684529 变量举例：MD0
浮点型	Real	32	−3.402823e+38～−1.175495e−38、±0、+1.175495e−38～+3.402823e+38	常数举例：−12365458、0、1236547 变量举例：MD0
	LReal	64	−1.7976931348623158e+308～−2.2250738585072014e−308、±0、+2.2250738585072014e−308～+1.7976931348623158e+308	常数举例：−12365974585、0、12 变量举例：不支持直接寻址，可在 OB、FB 或 FC 的接口数组中分配
时间和日期	Time	32	T#−24d_20h_31m_23s_648～T#24d_20h_31m_23s_647ms	常数举例：T#10d50m23s 存储方式：作为有符号双整数存储，以毫秒为单位。毫秒表示的数据范围是：−2147483648～+2147483647ms
	Date	16	D#1990-1-1～D#2168-12-31	常数举例：D#2019-1-1 存储方式：以无符号整数存储
字符和字符串	Char	8	以 ASCII 字符编码表示取值范围：16#00～16#FF	常数举例：'a'、'@' 存储方式：以 ASCII 编码的形式存储，每个字符占 1 个字节
	String	$(n+2)\times 8$	字符串包含 $n+2$ 个字符，其中 $n\leqslant 254$。每个字符都是"Char"数据类型	常数举例：'qweat' 存储方式：String 类型提供了 256 个字节，用于存储最大总字符数（1 个字节）、当前字符数（1 个字节）和最多 254 个字符（每个字符占 1 个字节）

扩展：PLC 指令系统中，某些指令的输入、输出变量可以支持多种数据类型，用户可以根据需要选择。

5.6.4　程序结构和功能块

1. PLC 程序结构

PLC 编程中，用户程序结构有两种组织形式：线性结构和模块化结构。线性结构是将自动化任务的所有指令都放在一个循环 OB 中，该结构容易导致程序复杂，可读性差，不易调试和修改。因此本节重点介绍模块化结构。

模块化结构是按照功能，将指令/指令段进行分类，每个指令/指令段完成自动化任务中的一个子任务，并把它们放在对应的代码块（OB、FC、FB）中。一个复杂的程序被分解为若干个执行特定功能的代码块，通过代码块之间的相互调用实现自动化控制任务。

2. 功能块

PLC 提供了多种功能块用于程序构建，包括组织块（OB）、函数块（FB）、函数（FC）和数据块（DB）。其中，OB、FB 和 FC 中包含程序，又统称为代码块。在存储容量允许的前提下，代码块（OB、FB、FC）的数量没有限制，用户可以根据需要添加。

（1）组织块（OB）　组织块为用户程序提供基本结构，是操作系统和用户程序之间的接口。组织块有多种类型，分别对应不同的事件，用于控制程序的循环扫描、中断和错误诊断等。当事件发生时，由操作系统调用对应的组织块处理事件，组织块中的指令由用户编写。

注意：OB 不能被用户程序调用，只能通过事件驱动。OB 之间不能相互调用，FB 和 FC 都可以被 OB 调用。

组织块按类型大体分为三类：程序循环组织块、启动组织块和中断组织块。

1）程序循环组织块。程序循环组织块是用户程序的主程序块，CPU 处于 RUN 模式时，被循环扫描执行。STEP7 中编辑项目时，默认已添加了一个程序循环组织块（Main OB1）。程序中允许有多个程序循环组织块，编号应大于等于 123。CPU 按块编号从小到大顺序执行。对于简单自动化控制任务，所有指令可能都包含在一个程序循环组织块中。

2）启动组织块。当 CPU 的工作模式从 STOP 切换到 RUN 时，会先经过 STARTUP 模式，执行启动组织块，完成用户指定的初始化操作。启动组织块执行完后，接着执行程序循环组织块。STEP7 编辑项目时，默认不包含启动 OB，用户可以根据需要手动添加。手动添加的 OB 默认编号是 OB100，用户为启动组织块编程来指定希望完成的初始化操作。

注意：如果没有添加启动组织块，CPU 切换到 RUN 模式时，执行默认的初始化操作（具体内容可参考 5.6.1 节）。

3）中断组织块。中断组织块用于处理程序执行过程中发生的特殊事件，如诊断中断、延时中断等。中断组织块的代码由用户编写，程序执行过程中，一旦发生中断事件，CPU 在完成当前指令的前提下，暂停正在执行的程序块，并从断点处跳转至事件对应的中断组织块执行，执行完毕后再返回断点处继续执行被暂停的程序。

（2）函数块（FB）　函数块是用户编写的子程序，调用函数块时，需要指定背景数据块，用于存储函数块的数据。调用块调用函数块，并向函数块传递输入、输出参数。CPU 执行函数块中的代码，并将输入、输出参数和静态局部变量保存在背景数据块中，以便在后面的扫描周期访问它们。

（3）函数（FC）　函数是用户编写的子程序，函数调用时不分配背景数据块。调用块调用函数，并传递输入参数。函数执行完成后，不保留计算过程中的临时数据，函数的输出结果要想长期存储并供其他指令使用，需要将输出赋值给全局存储器（如M存储器或全局DB）。

函数对输入参数执行特定的运算，可用于标准运算（如数学计算）和工艺功能（如利用位逻辑进行独立控制）的执行，也可以在程序的不同位置多次调用，避免重复性编程。

（4）数据块（DB）　数据块用于存储代码块的数据，STEP7按数据块生成的顺序自动编号。数据块按照访问权限分为全局数据块和背景数据块：全局数据块中的数据可被用户程序的所有程序块访问，背景数据块仅可被指定函数块访问。

5.7　S7-1200 PLC 通信概述

自动化控制系统不是由单一设备组成的，PLC作为控制器，需要与计算机、HMI、其他PLC及其他设备之间相互通信，构建完整的控制系统。本节主要介绍S7-1200 PLC的基本通信知识。

5.7.1　西门子工业自动化通信网络（SIMATIC NET）

基于国际计算机网络通信标准，西门子公司建立了自己的工业自动化通信网络系统。利用现场总线和其他通信标准，将底层控制设备与上层的监控、决策、管理等设备连接到一起，构成数据交互、结构完整的自动化控制网络。S7-1200 PLC支持的主要通信标准有PROFINET、PROFIBUS和As-i等。

5.7.2　PROFINET 通信

PROFINET是基于工业以太网的开放式现场总线，用于使用户程序通过以太网与其他通信伙伴交换数据。通过PROFINET接口，PLC可以与编程设备、HMI及其他S7 PLC通信，还可以将分布式的I/O设备连接到网络中。

1200系列PLC的CPU模块集成有PROFINET端口，其中CPU 1211C、1212C和1214C有一个PROFINET端口，只能同时和一个设备连接；CPU 1215C和1217C集成双端口的以太网交换机，可以同时和两个设备连接。此外，西门子还提供了以太网交换机模块CSM1277，允许CPU与多个设备同时连接。

1. 基于 PROFINET 的常用通信应用

PROFINET通信实例见表5-27。

表5-27　PROFINET 通信实例

CPU 型号	连接实例	说明
CPU 1211C、1212C 和 1214C		CPU 通过网线与计算机连接

（续）

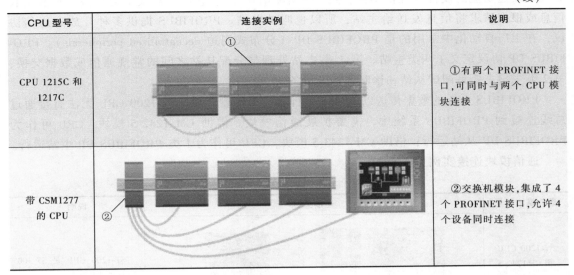

CPU 型号	连接实例	说明
CPU 1215C 和 1217C	①	①有两个 PROFINET 接口，可同时与两个 CPU 模块连接
带 CSM1277 的 CPU	②	②交换机模块，集成了 4 个 PROFINET 接口，允许 4 个设备同时连接

2. 基于以太网的开放式用户通信

CPU 的 PROFINET 端口支持多种以太网通信协议，其中基于 TCP、ISO on TCP 和 UDP 协议的开放式通信允许 CPU 与编程设备、HMI 和其他 S7 CPU 通信。开放式用户通信由用户程序控制，通过在程序中插入通信指令，实现通信的连接、断开和数据的传输等。表 5-28 列出了通信协议对应的通信指令。

表 5-28　开放式用户通信指令

协议	通信指令	说明
TCP	TSEND_C、TRCV_C、TCON、TDISCON、TSEND 和 TRCV	TCON、TDISCON 用于连接和断开通信；TSEND_C、TRCV_C、TSEND 和 TRCV 用户数据发送和接收
ISO on TCP		
UDP	TCON、TDISCON、TUSEND 和 TURCV	TCON、TDISCON 用于连接和断开通信；TUSEND 和 TURCV 用于数据发送和接收

基于以太网的开放式用户通信最常见的应用是 PLC 与编程设备（如计算机）的通信连接。CPU 通过标准 TCP 协议与计算机通信，其通信连接步骤参考 5.5.3 节的项目编译与下载。

3. S7-1200 作为 I/O 控制器

在基于以太网的现场总线系统中，PROFINET I/O 设备（如远程 I/O、变频器、调节阀等）作为分布式现场设备，通过 PROFINET 与 I/O 控制器（PLC）通信。I/O 控制器与 I/O 设备之间周期性地自动交换输入、输出信号。S7-1200 PLC 作为 I/O 控制器，支持 16 个最多具有 256 个子模块的 I/O 设备。

5.7.3　PROFIBUS 通信

PROFIBUS 系统采用"主-从"式的通信方式，使用总线主站轮询从站设备，所有通信都源于主站。所有 PROFIBUS 从站具有相同的优先级。PROFIBUS 从站可以是任何具有信息处理和发送功能的设备（如传感器、阀、电机驱动器等），它没有总线访问权限，只能接收信息或根据请求将信息发送给主站，所以也叫被动站。PROFIBUS 提供多种开放式通信协议，在工厂自动化中常用的是 PROFIBUS DP（分布式周边 decentralized peripherals）。PROFIBUS DP 协议定义了两类主站。第 1 类主站处理与分配从站之间的常规通信或数据交换；第 2 类主站主要是调试从站和诊断的特殊设备。

PROFIBUS 系统的数据传送以 RS485 串行总线为传输介质，S7-1200 CPU 无法直接通过总线连接到 PROFIBUS 系统中，需要扩展通信模块。借助 CM 1242-5 模块，CPU 可作为 PROFIBUS DP 从站运行；借助 CM 1243-5 模块，CPU 可作为 1 类 PROFIBUS DP 主站运行。

通信模块连接实例见表 5-29。

表 5-29　基于通信模块的 PROFIBUS 通信实例

通信模块型号	连接实例	说明
S7-1200 CPU 和 CM1242-5 模块		S7-1200 CPU 是 S7-300 CPU 的 DP 从站
S7-1200 CPU 和 CM1243-5 模块		①ET200S 是分布式 I/O 模块 S7-1200 CPU 是 ET200S DP 从站的主站
S7-1200 CPU 和 CM1242-5、CM1243-5 模块		S7-1200 CPU 是 S7-300 CPU 的从站，也是 ET200S 的主站

5.7.4　S7 通信

S7 通信是专门为西门子产品内部通信设计的通信协议，使用 GET 和 PUT 指令通过 PROFINET 和 PROFIBUS 与其他 S7 CPU（S7-300/400/1200/1500 PLC）通信。S7 通信中，通信双方一个作为客户端、一个作为服务器端，由客户端调用 PUT/GET 指令从服务器端读取数据或向服务器端写入数据。S7 通信前必须组态服务器端 CPU 的"保护"属性，激活"允许从远程伙伴使用 PUT/GET 通信访问"的选项。因此，S7 通信具有较高的安全性，是 S7-1200 PLC 与其他 S7 PLC 之间最常见、最简单的通信方式。

进行 S7 通信需要使用组态的 S7 连接进行数据交换，S7 连接可在单端组态或双端组态。单端组态试用于不同项目中 CPU 的通信，双端组态试用于同一项目中 CPU 的通信。本节以双端组态为例，说明 CPU 的 S7 通信步骤。

假设在一个 STEP7 项目中，使用了两个 CPU 分别完成不同的控制功能，CPU 之间通过

S7 通信进行数据交换。CPU 1 为 CPU 1214C，作为通信客户端，CPU 2 为 CPU 1215C，作为通信服务器端。通信过程中，CPU 1 从 CPU 2 读取 IB0 的数据，并将一个字节的数据发送给 CPU 2 的 QB0。

双端组态编程步骤如下：

（1）设备组态 在新建项目中添加 CPU 1214C，命名为 PLC_1；添加 CPU 1215C，命名为 PLC_2。分别组态两个 CPU 的以太网地址（要求两个 CPU 处于同一子网内，且 IP 地址不冲突）。作为客户端的 CPU 1214C，在"系统和时钟存储器"属性中激活"时钟存储器位"，并使用默认的存储器地址；作为服务器的 CPU 1215C，设置"保护"属性为"完全访问权限（无任何保护）"，并激活连接机制中的"允许从远程伙伴使用 PUT/GET 通信访问"。

（2）建立 S7 连接 双击项目树的"设备和网络"，打开设备和网络编辑窗口。单击窗口上方的"连接"，然后在右侧的下拉列表框选择连接类型为 S7 连接。单击 PLC_1 上的绿色框（PROFINET 接口），然后拖出一条线连接到第二个设备上的绿色框（PROFINET 接口），松开鼠标按钮，即可创建 S7 连接，如图 5-45 所示。

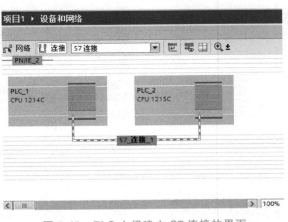

图 5-45 PLC 之间建立 S7 连接的界面

单击高亮显示的"S7_连接_1"，在下方的巡视窗口中出现 S7 连接的属性对话框，单击常规，可以看到 S7 连接的常规属性，如图 5-46 所示。从图中可以看到，PLC_1 的 IP 地址为 192.168.0.1，PLC_2 的 IP 地址为 192.168.0.2，二者都位于 PN/IE_1 子网内。

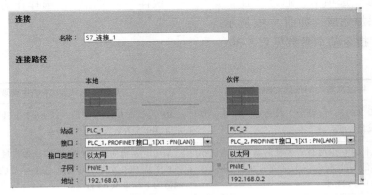

图 5-46 S7 连接属性

（3）程序编程 PLC_1 的程序编辑步骤如下：

1）在 PLC_1 中添加数据块（DB），并定义两个字节变量 jieshou 和 fasong，其中 jieshou 用于存储来自 PLC_2 的数据，fasong 用于存储要向 PLC_2 发送的数据，如图 5-47 所示。

数据块_1							
名称	数据类型	启动值	保持性	可从HMI...	在 HMI...	设置值	
Static			☐			☐	
jieshou	Byte	16#0	☐	☑	☑	☐	
fasong	Byte	16#0	☐	☑	☑	☐	

图 5-47　用于 S7 通信的数据块

2）添加 PUT 和 GET 指令。在程序块中添加 PUT 和 GET 指令，组态并为参数赋值，如图 5-48 所示。

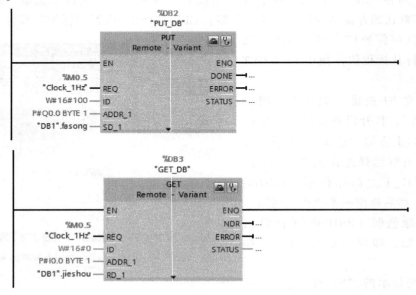

图 5-48　在 PLC 中添加 PUT 和 GET 指令

3）组态 PUT/GET 指令。单击指令右上角的 ![icon]，在巡视窗口中打开指令的属性对话框，选择"组态"选项卡，通过"连接参数"→"伙伴"→"端点"，选择作为服务器的 PLC，其他参数自动添加完成，如图 5-49 所示。

PUT、GET 指令基本参数见表 5-30。

表 5-30　PUT、GET 指令基本参数列表

PUT：将数据写入到伙伴 CPU	GET：从伙伴 CPU 中读取数据
REQ：触发 PUT 指令的执行，每个上升沿触发一次。本例定义 M0.5 为触发位	REQ：触发 GET 指令的执行，每个上升沿触发一次。本例定义 M0.5 为触发位
ADDR_x：指向伙伴 CPU 中待写入区域的指针。本例指定 PLC_1 向 PLC_2 的 QB0 写入一个字节的数据，所以该参数赋值为 P#QB0.0 BYTE 1	ADDR_x：指向伙伴 CPU 中待读取区域的指针。本例指定 PLC_1 从 PLC_2 的 IB0 写入一个字节的数据，所以该参数赋值为 P#IB0.0 BYTE 1
SD_x：指向本地 CPU 中待发送区域的地址。本例指定 PLC_1 中数据块 DB1 的 fasong 变量存储待发送数据，所以该参数赋值为 DB1.fasong	RD_x：指向本地 CPU 中待写入区域的地址。本例指定 PLC_1 中数据块 DB1 的 jieshou 变量存储接收到的数据，所以该参数赋值为 DB1.jieshou
DONE：数据被成功写入到伙伴 CPU	DOR：伙伴 CPU 数据被成功读取
ERROR：指示指令执行出错	ERROR：指示指令执行出错
STATUS：通信状态字，用于查看通信错误原因	STATUS：通信状态字，用于查看通信错误原因

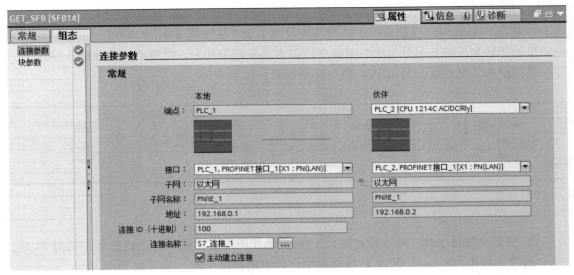

图 5-49　GET 指令属性

PLC_2 作为通信服务器，不需要在程序中调用 PUT/GET 指令。

（4）下载组态和程序　利用通用网络交换机或交换机模块，通过网线将计算机、CPU 1214 C 和 CPU 1215C 连接起来。将 STEP7 中的 PLC_1 项目下载到 CPU 1214 C 中，将 PLC_2 项目下载到 CPU 1215C 中。

（5）通信状态测试　在 STEP7 的网络视图中，任选一个 CPU，并利用工具栏上的"转至在线"把模式转换成在线，在"连接"选项卡中就可以对 S7 通信连接进行诊断。

5.7.5　其他通信

除了上述介绍的通信方式外，S7-1200 PLC 还支持 As-i 通信、点对点通信、Modbus RTU 通信和 USS 通信等。As-i 通信是 PLC 与执行器和传感器的通信标准，是自动化系统中最低级别的网络连接系统；S7-1200 PLC 支持使用自由口协议的点对点通信，可以将信息直接发送给外部设备，也可以直接接收外部设备的信息，具有很大的自由度和灵活性；Modbus RTU 是一个主-从协议，总线上只有一个主站，从站没有收到主站请求时不会发送数据，从站之间也不会互相通信；USS 协议允许 PLC 与变频器进行通信，对变频器监视和控制，并可以通过通信读取和修改变频器的参数。

5.8　S7-1200 PLC 应用实例

本节以三相异步电动机的 PLC 控制系统为例，说明 S7-1200 PLC 的实际应用。在三相异步电动机的正反转控制系统中，用 PLC 作为控制器，代替传统的以接触器和继电器为主的控制电路，可以较好地解决传统控制电路接线复杂、响应速度慢、易受机械抖动的影响、控制可靠性低等问题，简化了控制电路的设计过程和硬件结构。

5.8.1　电动机 PLC 控制系统的组成

三相异步电动机延时正反转的控制系统以 S7-1200 PLC 作为控制器，CPU 型号为 1214C

AC/DC/RLY。PLC 输入端连接控制按钮，本节中电动机由正转起动按钮 SB1、反转起动按钮 SB2 和停止按钮 SB3 控制。PLC 输出端控制两个交流接触器 KM1 和 KM2，分别用于控制电动机的正转和反转。另外，控制系统中还包含必要的刀开关、熔断器和热继电器等器件。

根据控制系统组成，列出 PLC 的 I/O 分配表，见表 5-31。

表 5-31　电起机控制的 PLC I/O 分配表

输入		输出	
电气元件	地址	电气元件	地址
SB1	I0.0	KM1	Q0.0
SB2	I0.1	KM2	Q0.1
SB3	I0.2		

5.8.2　电动机控制要求

1）按起动按钮 SB1，I0.0 触点闭合，Q0.0 的线圈得电，此时电动机正转，延时 3s 后，Q0.0 的线圈失电，0.5s 后 Q0.1 的线圈得电，此时电动机反转。

2）按起动按钮 SB2，I0.1 的触点闭合，Q0.1 的线圈也同时得电，此时电动机反转，延时 3s，Q0.1 的线圈失电，0.5s 后 Q0.0 的线圈得电，此时电动机正转。

3）电动机运行过程中，按停止按钮 SB3，电动机停止运转。

5.8.3　电动机控制系统电气原理图

电动机控制系统的电气原理图如图 5-50 所示，按照电气原理图进行主电路和控制电路的接线，完成控制系统的硬件部分。

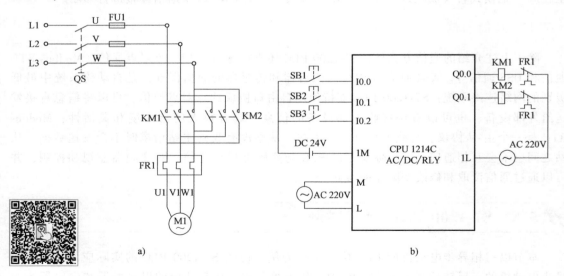

图 5-50　电动机控制系统电气原理图

a）主电路　b）控制电路

5.8.4　PLC 项目编辑

在硬件系统完成的基础上，进行软件编辑。利用 STEP7 建立 PLC 控制项目，并依次完成以下内容：

1）组态 CPU 模块。本控制系统只包含一个 CPU 1214C AC/DC/RLY 的控制模块，所以参照 5.3.1 节，可以在 STEP7 中完成 CPU 的组态。

2）编辑 PLC 程序。本例控制逻辑比较简单，程序段较少，所以直接在 MAIN 主程序块中编程。

3）完成 PLC 和计算机的通信连接，完成项目的编译和下载（具体可参考 5.5.3 节）。

4）检查控制逻辑：利用 STEP7 提供的工具，对程序进行监控和调试（具体可参考 5.5.3 节）。

5.8.5　PLC 控制参考程序

本节给出了三相异步电动机延时正反转的 PLC 控制程序，如图 5-51 所示，请读者参考。

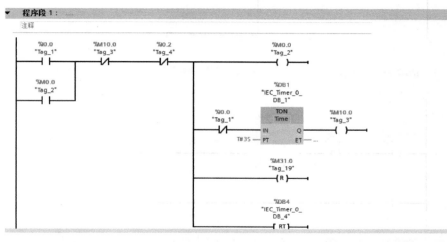

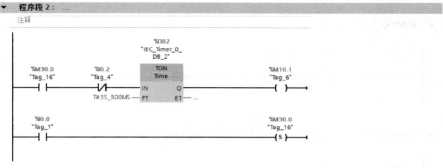

图 5-51　电动机控制示例程序

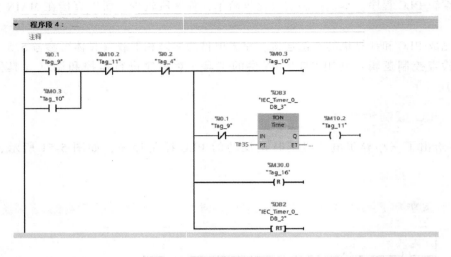

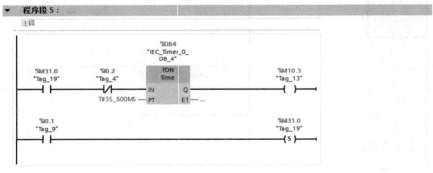

图 5-51　电动机控制示例程序（续）

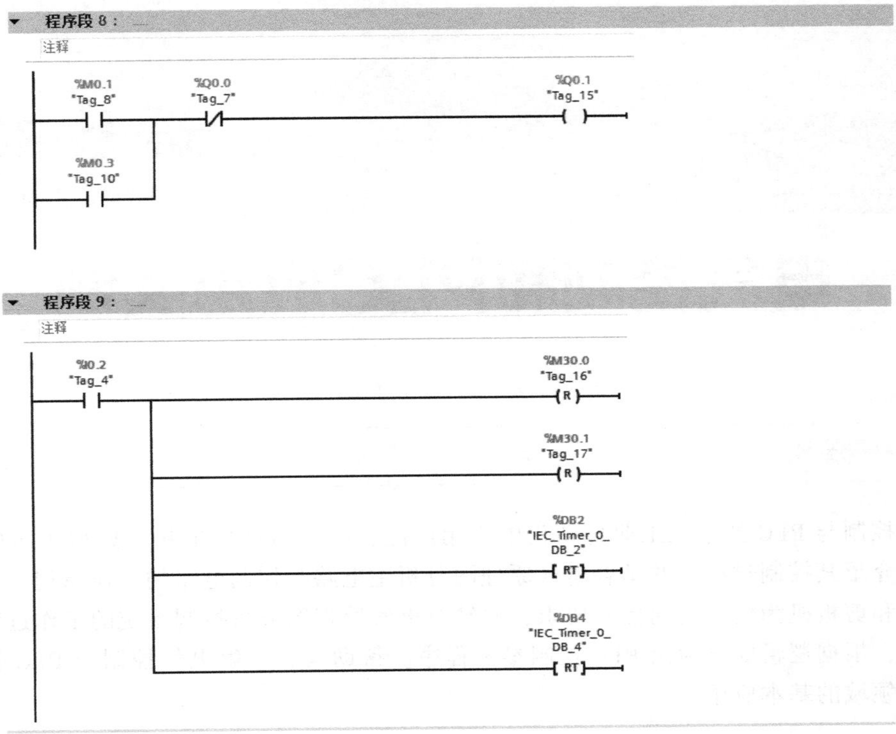

程序段 8：___

注释

```
        %M0.1          %Q0.0                                          %Q0.1
        "Tag_8"        "Tag_7"                                        "Tag_15"
        ┤ ├           ┤/├                                           ┤ ├
        %M0.3
        "Tag_10"
        ┤ ├
```

程序段 9：___

注释

```
        %Q0.2                                                        %M30.0
        "Tag_4"                                                      "Tag_16"
        ┤ ├────┬──────────────────────────────────────────────────( R )
                │                                                    %M30.1
                │                                                    "Tag_17"
                ├──────────────────────────────────────────────────( R )
                │                                                    %DB2
                │                                                    "IEC_Timer_0_
                │                                                     DB_2"
                ├──────────────────────────────────────────────────( RT )
                │                                                    %DB4
                │                                                    "IEC_Timer_0_
                │                                                     DB_4"
                └──────────────────────────────────────────────────( RT )
```

图 5-51 电动机控制示例程序（续）

习题与思考题

5-1 S7-1200 PLC 有哪些主要的硬件模块？分别有什么作用？

5-2 CPU 1214C AC/DC/继电器代表什么类型的电源和数字量输入输出电压？

5-3 什么是 HMI？其在控制系统中的作用是什么？

5-4 编程实现用一组定时器控制 Q0.0 输出周期为 1s 的脉冲信号。

5-5 PLC 编程时，对变量的访问方式有哪两种？

5-6 CPU 的工作模式有哪些？分别进行什么操作？

第6章

电气控制和PLC应用实例

6.1 概述

电气控制与 PLC 技术在工业自动化中应用广泛，本章通过列举几种典型机床的电气控制系统，介绍其控制过程，并结合电气原理图分析主电路和控制电路的工作原理。并以电梯传送系统和剪板机为例，说明控制要求，并结合电气原理图分析控制系统的工作过程和 PLC 控制逻辑，根据逻辑要求给出 PLC 控制参考程序。帮助读者了解电气控制与 PLC 技术在工业自动化领域的基本应用。

6.2 CA6140 型卧式车床的电气控制系统

车床是机械加工中使用最为广泛的机床，能够加工各种轴类、套筒类和盘类零件上的回转表面，如车削外圆、内圆、端面、螺纹等，还可用钻头、铰刀、镗刀进行钻孔、扩孔、铰孔等加工。按控制方式不同可分为普通车床和数控车床，本节主要介绍普通车床的电气控制。

6.2.1 车床的结构和运动形式

1）CA6140 型卧式车床主要由主轴箱、进给箱、溜板箱、刀架、尾架、丝杠、光杠以及车身等组成，其结构如图 6-1 所示。

2）车床有两种主要运动：主运动和进给运动。其中，主运动是指主轴通过卡盘或顶尖带动工件的旋转运动；进给运动指溜板通过刀架带动刀具的直线移动。主运动和进给运动都由主轴电动机拖动。工具材料、尺寸、加工工艺和刀具的种类不同，要求主轴有不同的转速，另外，为了加工螺钉，还要求主轴能够正反转。

除主运动和进给运动外，该型车床还有刀具的快速移动、工件的夹紧与放松等辅助运动。其中，刀具的快速移动由快速移动电动机拖动，实现刀具快速接近和退离加工工件。

6.2.2 车床电气控制要求

CA6140 型卧式车床根据其运动特点，要求的电气控制功能如下：

1）主轴电动机选用三相笼型异步电动机。为满足螺钉加工要求，主运动和进给运动采

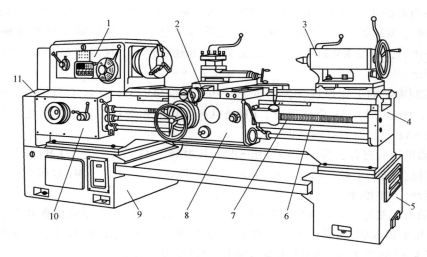

图 6-1 CA6140 型卧式车床结构图

1—主轴箱 2—滑板 3—尾架 4—床鞍 5、9—床腿 6—光杠 7—丝杠 8—溜板箱
10—进给箱 11—交换齿轮箱

用同一台电动机拖动，并采用机械调速和机械方法实现主轴电动机的调速和正反转运动。

2）刀具的快速移动，由单独的快速移动电动机来拖动。

3）为防止切削过程中刀具和工件温度过高，需要用切削液进行冷却，因此要配有冷却泵。

4）电路中需要必要的过载和短路保护。

6.2.3 车床电气控制系统分析

CA6140 型卧式车床的电气控制系统原理图如图 6-2 所示，控制系统电路分为主电路和控制电路，其工作原理分析如下：

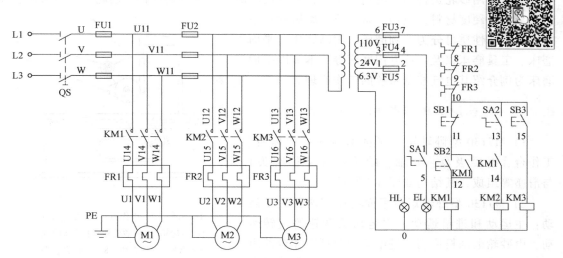

图 6-2 CA6140 型卧式车床电气控制原理图

（1）主电路的工作原理　QS 为三相电源总开关，主电路中有三台三相异步电动机，M1 为主轴电动机，M2 为快速移动电动机，M3 是冷却泵电动机。接触器 KM1 的主触点控制 M1 的起动和停止，接触器 KM2 的主触点控制 M2 的起动和停止，接触器 KM3 的主触点控制 M3 的起动和停止。

（2）控制电路的工作原理　控制电路采用 220V/24V/36V 交流电源供电，由电源指示灯 HL 指示，HL 采用 6.3V 电压供电。EL 是机床工作的照明灯，采用 24V 电压供电，由照明转换开关 SA1 控制照明灯的亮灭。

M1 电动机控制过程：按下起动按钮 SB2，接触器 KM1 线圈得电，KM1 辅助动合触点闭合，形成自锁。KM1 主触点闭合，M1 起动；按下停止按钮 SB1，KM1 线圈失电，主触点和辅助触点断开，M1 停止。

M2 电动机控制过程：在 KM1 线圈得电、KM1 辅助动合触点闭合的前提下，按下转换开关 SA2，接触器 KM2 线圈得电，KM2 的主触点闭合，M2 电动机起动；再次按下转换开关，接触器 KM2 线圈失电，KM2 主触点断开，M2 电动机停止。

M3 电动机控制过程：按下起动按钮 SB3，接触器 KM3 线圈得电，KM3 主触点闭合，M3 电动机起动；松开起动按钮 SB3，接触器 KM3 线圈失电，KM3 主触点断开，M3 电动机停止。

（3）保护环节　熔断器 FU1 是车床电路的总短路保护，FU2 是 M2 和 M3 回路的短路保护。热继电器 FR1、FR2 和 FR3 分别是 M1、M2 和 M3 回路的过载保护，其对应的动断触点依次串联在 M1、M2 和 M3 控制回路的主线路中，只要三台电动机中的一台出现过载，控制回路断开，三台电动机都将停止。FU3、FU4 和 FU5 分别是电动机、工作照明灯和电源指示灯控制电路的短路保护。

6.3　M7130 型卧轴矩台平面磨床的电气控制系统

磨床是用砂轮进行加工的精密机床，它不仅能加工普通金属材料，还能加工淬火钢、硬质合金等高硬度材料，应用非常广泛。磨床种类很多，按工作性质可分为外圆磨床、内圆磨床、平面磨床、工具磨床以及一些专用磨床等。本节以平面磨床为例介绍其电气控制系统的工作原理。

6.3.1　平面磨床的结构和运动形式

1）M7130 型卧轴矩台平面磨床主要由床身、工作台、电磁吸盘、立轴、砂轮箱（又称磨头）与滑座等组成，其结构如图 6-3 所示。

2）M7130 型卧轴矩台平面磨床有两种主要运动：主运动和进给运动。主运动是砂轮的旋转运动，由砂轮电动机拖动；进给运动包括工作台的纵向往复运动、砂轮箱的横向往复运动和砂轮箱的上下往复运动。其中，工作台的纵向往复运动和砂轮

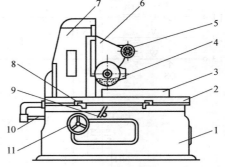

图 6-3　M7130 型磨床结构图

1—床身　2—工作台　3—电磁吸盘
4—砂轮箱　5—砂轮箱横向移动手轮
6—滑座　7—立柱　8—工作台换向
撞块　9—工作台往复运动换向手柄
10—活塞杆　11—砂轮箱垂直进刀手轮

箱的横向往复运动由液压传动系统控制，需要液压泵电动机拖动；砂轮箱的上下往复运动通过操作手轮，由机械传动装置实现。

此外，M7130型卧轴矩台平面磨床还有多个辅助运动，如工件夹紧可以通过电磁吸盘实现，工作台快速移动通过液压传动实现，为避免加工过程中温度过高，还需要有冷却装置等。

6.3.2　平面磨床的电气控制要求

1）砂轮旋转由砂轮电动机拖动，砂轮电动机只要求单向旋转，无调速和制动要求。

2）工作台的纵向进给和砂轮箱的横向进给由液压泵电动机拖动，电动机只要求单向旋转，进给方向由液压换向开关控制。

3）冷却装置由冷却泵电动机拖动。砂轮电动机和冷却泵电动机采用顺序控制，在砂轮电动机起动后冷却泵电动机才能起动。

4）电路中需要必要的过载和短路保护。

6.3.3　平面磨床电气控制系统分析

平面磨床的电气控制系统原理图如图6-4所示，控制系统电路分为主电路和控制电路，本节主要介绍磨床主要运动的电气控制。其工作原理分析如下：

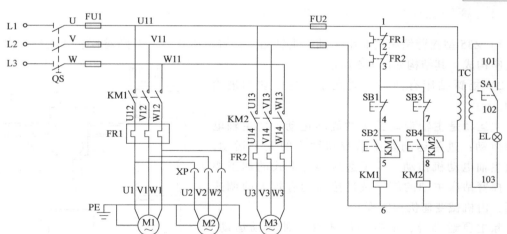

图6-4　M7130型磨床电气控制原理图

（1）主电路的工作原理　QS为三相电源总开关，主电路中有三台三相异步电动机，M1为砂轮电动机，M2为冷却泵电动机，M3为液压泵电动机。接触器KM1的主触点直接控制M1的起动和停止，XP是插接器，当KM1主触点闭合时，插上插接器，M2起动，断开插接器，M2停止。接触器KM2的点触点控制M3的起动和停止。

（2）控制电路的工作原理　控制电路采用380V/36V交流电源供电。其中，左侧是电动机控制电路，连接380V电源，右侧是机床工作照明灯EL的控制电路，采用36V电压供电，由照明转换开关SA1控制照明灯的亮灭。

M1电动机控制过程：按下起动按钮SB2，接触器KM1线圈得电，KM1辅助动合触点闭合，形成自锁。KM1 主触点闭合，M1 起动；按下停止按钮 SB1，KMI 线圈失电，主触点和辅助触点断开，M1 停止。

M2 电动机控制过程：在 KM1 线圈得电，KM1 主触点闭合的前提下，连接插接器 XP，M2 电动机起动，断开插接器 XP，M2 电动机停止。

M3 电动机控制过程：按下起动按钮 SB4，接触器 KM2 线圈得电，KM2 辅助动合触点闭合，形成自锁。KM2 主触点闭合，M3 起动；按下停止按钮 SB3，KM2 线圈失电，主触点和辅助触点断开，M3 停止。

（3）保护环节　熔断器 FU1 是磨床电气控制主电路的短路保护。热继电器 FR1 是 M1 和 M2 回路的过载保护，FR2 是 M3 回路的过载保护，其对应的动断触点依次串联在 M1、M2 和 M3 控制回路的主线路中，只要三台电动机中的一台出现过载，控制回路断开，三台电动机都将停止。FU2 是控制电路的短路保护。

6.4　Z35 型摇臂钻床的电气控制系统

摇臂钻床是机械加工中常见的机床，它适用于单件或批量生产中带有孔的零件的加工，可以用于多种形式的加工，如钻孔、扩孔、铰孔、镗孔及攻螺纹等。本节以 Z35 型摇臂钻床为例介绍其电气控制原理。

6.4.1　摇臂钻床的结构和运动形式

1）Z35 型摇臂钻床主要由主轴、主轴箱、摇臂、工作台、升降丝杠、外立柱、内立柱及底座构成，其结构如图 6-5 所示。

2）摇臂钻床有两种主要运动：主运动和进给运动。

主运动是主轴带动钻头的旋转运动，由主轴电动机拖动；进给运动是主轴带动钻头的上下运动，也由主轴电动机拖动。为了适应多种形式的加工要求，摇臂钻床主轴的旋转及进给运动有较大的调速范围，由机械变速机构实现。

除主要运动外，摇臂钻床还有多种辅助运动：摇臂升降运动由升降电动机拖动，立柱夹紧与松开由液压泵电动机拖动，冷却装置由冷却泵电动机拖动，通过主轴箱上的操作手轮可以使主轴箱在摇臂上沿导轨水平移动等。钻床加工工件时，通过摇臂的升降、主轴箱的水平移动以及摇臂随外立柱一起绕内立柱的旋转，可以方便地调整钻头与工件的相对位置，有利于大型工件的加工。

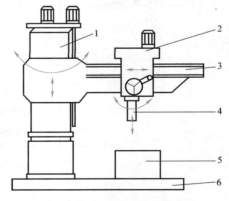

图 6-5　Z35 型摇臂钻床结构图

1—内外立柱　2—主轴箱　3—摇臂

4—主轴　5—工作台　6—底座

6.4.2　摇臂钻床的电气控制要求

1）摇臂钻床的主运动和进给运动均为主轴的运动，为此这两项运动由一台主轴电动机拖动，分别经主轴传动机构、进给传动机构实现主轴的旋转和进给。在加工螺纹时，要求主轴能正反转。摇臂钻床主轴正反转采用机械方法实现。因此主轴电动机仅需要单向旋转。

2）摇臂升降电动机要求能正反向旋转。

3）内外主轴的夹紧与放松采用液压装置，由液压泵电动机拖动，液压泵电动机要求能正反向旋转，并根据要求采用点动控制。

4）冷却泵电动机带动冷却泵提供冷却液，只要求单向旋转。

5）具有联锁与保护环节以及安全照明电路。

6.4.3　摇臂钻床的电气控制系统分析

摇臂钻床的电气控制系统原理图如图6-6所示，控制系统电路分为主电路和控制电路，其工作原理分析如下：

（1）主电路工作原理　QS1是三相电源总开关，W是汇流排，用于摇臂电气设备电源的引入。Z35型摇臂钻床包含四台三相异步电动机，M1是冷却泵电动机，M2是主轴电动机，M3是摇臂升降电动机，M4是立柱松紧电动机。接触器KM1的主触点控制M2的起动和停止，接触器KM2和KM3的主触点控制M3的正转和反转，接触器KM4和KM5的主触点控制M4的正转和反转，转换开关QS2控制M1的起动和停止。

（2）控制电路工作原理

1）主轴电动机控制。主轴电动机M2的旋转是通过接触器KM1和十字开关SA1控制的。十字开关由十字手柄和四个微动开关组成。十字开关有五个不同位置，即上、下、左、右和中间位置，处于中间位置时所有触点处于断开状态，手柄处在其他四个位置时，对应的动合触点闭合。

先将电源总开关QS1合上，并将十字开关SA1扳向左方，SA1的触点SA1-1闭合，欠电压继电器KUV得电，动合触点闭合形成自锁，为控制电路的接通做好准备。然后，将十字开关SA1扳向右边位置，SA1的触点SA1-2闭合，接触器KM1线圈得电，KM1主触点闭合，主轴电动机M2起动。将十字开关扳回中间位置，接触器KM1线圈断电，KM1主触点断开，主轴电动机M2停止。

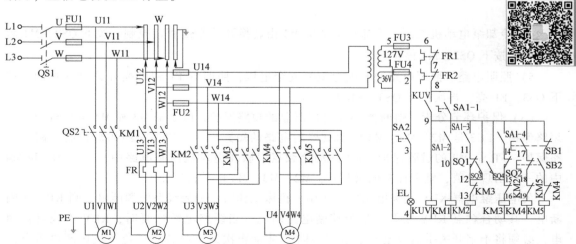

图6-6　Z35型摇臂钻床电气控制系统原理图

2）摇臂升降电动机控制。在欠电压继电器 KUV 得电并自锁的前提下，通过接触器 KM2 和 KM3 实现摇臂升降电动机的正转和反转。这里以摇臂上升过程中的电动机控制为例进行说明。

摇臂上升时，将十字开关 SA1 的手柄扳到向上的位置，SA1 的触点 SA1-3 闭合，接触器 KM2 得电，KM2 主触点闭合，电动机 M3 起动正转，同时 KM2 的动断触点断开，避免 KM3 线圈得电，实现 M3 电动机正反转的互锁控制。由于摇臂在升降前是被夹紧在立柱上，所以，M3 刚起动时，摇臂不会上升，而是通过机械装置先把摇臂松开，摇臂松开到位后，压下行程开关 SQ4，SQ4 的动合触点闭合，为摇臂上升到位后的夹紧做好准备。随后电动机 M3 旋转带动摇臂上升，当上升到所需位置时，将十字开关 SA1 扳到中间位置，接触器 KM2 线圈断电，KM2 主触点断开，电动机 M3 停转。KM2 线圈断电后，其动断触点闭合，此时因为行程开关 SQ4 的动合触点也是闭合的，所有接触器 KM3 线圈自动得电，KM3 主触点闭合，M3 电动机起动反转，带动机械机构将摇臂夹紧。夹紧后行程开关 SQ4 的动合触点断开，接触器 KM3 线圈断电，KM3 主触点断开，电动机 M3 停转，完成摇臂上升过程。为了不使摇臂上升或下降超出允许的极限位置，在摇臂上升和下降的控制电路中分别串联了限位开关 SQ1 和 SQ2。

3）液压泵电动机控制。液压泵电动机用于完成立柱的夹紧与放松。钻床正常工作时，外立柱是夹紧在内立柱上的，当需要摇臂和外立柱绕内立柱转动时，应先按下按钮 SB1，SB1 的动合触点闭合，接触器 KM4 线圈得电，KM4 主触点闭合，电动机 M4 正转，通过机械装置将内外立柱松开。松开 SB1，KM4 线圈断电，电动机 M4 停转。这时，可在人力作用下转动摇臂到所需位置，然后再按下按钮 SB2，SB2 的动合触点闭合，接触器 KM5 线圈得电，KM5 主触点闭合，电动机 M4 反转，通过机械装置使立柱夹紧。松开 SB2，电动机 M4 停转。为了防止电动机 M4 正反转控制同时得电，在接触器 KM4 和 KM5 的控制电路中分别串联了 KM5 和 KM4 的辅助动断触点，形成了互锁。

由于主轴箱在摇臂上的夹紧与放松和立柱的夹紧与放松是用同一台电动机和液压机构配合进行的，因此，在对立柱夹紧与放松的同时，也对主轴箱在摇臂上进行了夹紧与放松。

4）冷却泵电动机控制。冷却泵电动机 M1 由转换开关 QS2 直接控制。按下 QS2，M1 起动，再次按下 QS2，M1 停止。

5）照明电路。照明电路的电源为 36V 安全电压，照明灯 EL 由转换开关 QS3 控制。按下 QS3，EL 亮，再次按下 QS3，EL 灭。

（3）保护环节分析　熔断器 FU1 是回路总的短路保护，FU2 是 M3 和 M4 电动机回路的短路保护，FU3 是 M2、M3、M4 电动机控制电路的短路保护，FU4 是照明灯控制电路的短路保护。FR 是 M2 的过载保护，FR 的动合触点串联在电动机控制电路中，一旦 M2 和 M4 中的一台出现过载，整个控制电路断开，M2、M3、M4 电动机停止。

欠电压继电器 KUV 起欠电压保护作用。机床工作时，如果线路电源断电，则 KUV 线圈断电，其动合触点 KUV 断开，整个控制电路断电。当线路电源恢复时，KUV 不能自行通电，必须将十字开关手柄扳至左边位置，KUV 才能再次通电吸合，避免了机床断电后电源恢复时的自行起动，以免发生安全事故。

6.5 电梯传送系统的 PLC 控制

工厂自动化流水线中物料的自动传送是重要的环节，本节以基于电梯的物料传送系统为例，介绍其 PLC 控制过程。图 6-7 所示为电梯传送系统的模型图，图中 C1、C2 和 C3 是传送带。物料通过电梯升降功能，可以在传送带 C1 和 C3 之间传输。

6.5.1 电梯传送系统的组成和工作过程

（1）电梯传送系统的电气组成　传送带由三相异步电动机驱动，电动机 M1、M2 和 M3 分别对应传送带 C1、C2 和 C3。电梯升降由升降三相异步电动机 M4 驱动。电梯两侧设置有开关门，左侧门由三相异步电动机 M5 驱动，右侧由三相异步电动机 M6 驱动。采用接近开关对物料进行检测，在传送带两端设置有 C1_A~C3_B 共 6 个电感式接近开关。采用限位开关检测电梯门和电梯升降的到位情况，如图所示共有 D1~D6 6 个限位开关，系统的起动和停止

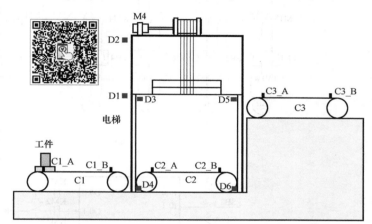

图 6-7　电梯传送系统的模型图

由起动按钮 SB1 和停止按钮 SB2 控制。电梯传送控制系统的电气元件列表见表 6-1。

表 6-1　电梯传送控制系统的电气元件列表

序号	名称	型号	数量
1	按钮	WYQY LA128A	2
2	电感接近开关	NI10-Q25-AP6X	6
3	限位开关	KW12	6
4	交流接触器	CJX2-XX10	9
5	三相异步电动机	Y112M-2	6

（2）电梯传送系统工作过程

1）系统起动，按下起动按钮 SB1，C1 传送带开始运行，带动工件从左往右运动，工件运动到 C1_B 所在位置时，C1 传送带停止，工件停在该位置处。

2）电梯左侧门打开，到位后 C1 和 C2 传送带同时运行，使工件运动到电梯内的 C2 传送带上，当工件到达 C2_B 所在位置时，C1 和 C2 传送带停止，同时电梯左侧门闭合。

3）电梯左侧门闭合完成后，电梯上升；电梯上升到位后停止，电梯右侧门打开，C2 和 C3 传送带同时运行，将工件从电梯中运出，当工件运动到 C3_B 时，C2 和 C3 停止运动，工件位置保持；电梯右侧门关闭，电梯开始下降，下降到位后停止。

4）在运行过程中，按下停止按钮，系统停止在当前位置。

6.5.2 电梯传送系统控制要求

电梯传送系统电气控制原理图如图6-8所示。

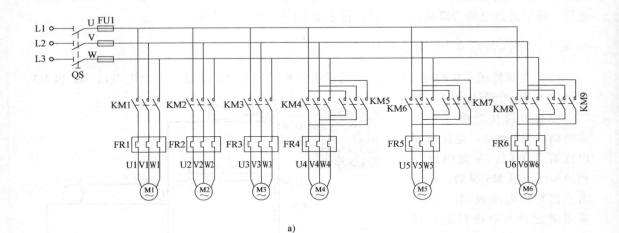

a)

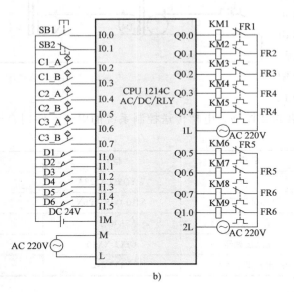

b)

图6-8　电梯传送系统电气控制原理图

a）主电路　b）控制电路

1）电动机 M1、M2 和 M3 分别用于驱动传送带 C1、C2 和 C3，传送带上物料的输送方向不变，因此电动机 M1、M2 和 M3 只要求单向转动。

2）电动机 M4、M5 和 M6 分别用于驱动电梯门的开关和电梯的升降，需要正反转控制。

3）要有必要的过载和短路保护。

根据控制要求，列出 PLC 的 I/O 对照表见表6-2。

表 6-2　电梯传送系统的 PLC I/O 分配表

输入		输出	
元件	地址	元件	地址
起动按钮 SB1	I0.0	M1 起动 KM1	Q0.0
停止按钮 SB2	I0.1	M2 起动 KM2	Q0.1
C1_A 接近开关	I0.2	M3 起动 KM3	Q0.2
C1_B 接近开关	I0.3	M4 正转 KM4	Q0.3
C2_A 接近开关	I0.4	M4 反转 KM5	Q0.4
C2_B 接近开关	I0.5	M5 正转 KM6	Q0.5
C3_A 接近开关	I0.6	M5 反转 KM7	Q0.6
C3_B 接近开关	I0.7	M6 正转 KM8	Q0.7
电梯上限位 D1	I1.0	M6 反转 KM9	Q1.0
电梯下限位 D2	I1.1		
左侧门上限位 D3	I1.2		
左侧门下限位 D4	I1.3		
右侧门上限位 D5	I1.4		
右侧门下限位 D6	I1.5		

6.5.3　电梯传送系统电气控制原理

（1）主电路分析　接触器 KM1~KM3 的主触点分别控制电动机 M1~M3 的起动和停止，KM4 和 KM5 的主触点用于控制电动机 M4 的正反转，KM6 和 KM7 的主触点用于控制电动机 M5 的正反转，KM8 和 KM9 的主触点用于控制电动机 M6 的正反转。FU1 熔断器是电路的短路保护，热继电器 FR1~FR6 分别是电动机 M1~M6 的过载保护，其动断触点串联在 PLC 控制系统的输出电路中。

（2）控制电路分析　以 S7-1200 PLC 为控制器，CPU 型号是 1214C AC/DC/RLY，根据 PLC 的 I/O 表连接 CPU 的输入电路和输出电路。根据电梯传送系统的工作过程和控制要求对 PLC 编程，程序运行结果输出控制 KM1~KM9 接触器的线圈。为了实现过载保护，将热继电器的动断触点分别串联在其对应的接触器线圈的输出电路中。

6.5.4　PLC 控制编程

本节根据电梯传送系统的控制要求，提供了 PLC 的控制参考程序，请读者参考。

1）首先，建立 PLC 变量表，如图 6-9 所示。

2）在编程之前，为了明确系统控制的逻辑顺序，可以先绘制 PLC 控制流程图，如图 6-10 所示。

		名称	数据类型	地址	保持	在 H...	可从...	过
1		起动	Bool	%I0.0		✓	✓	
2		系统起动	Bool	%M0.0		✓	✓	
3		停止	Bool	%I0.1		✓	✓	
4		C1_A接近开关	Bool	%I0.2		✓	✓	
5		C1起动条件	Bool	%M10.0		✓	✓	
6		C1_B接近开关	Bool	%I0.3		✓	✓	
7		左侧门上限位	Bool	%I1.2		✓	✓	
8		C2_B接近开关	Bool	%I0.5		✓	✓	
9		C1、C2起动条件	Bool	%M10.1		✓	✓	
10		M1起动	Bool	%Q0.0		✓	✓	
11		M5正转	Bool	%Q0.5		✓	✓	
12		C2、C3起动条件	Bool	%M10.2		✓	✓	
13		M2起动	Bool	%Q0.1		✓	✓	
14		左侧门下限位	Bool	%I1.3		✓	✓	
15		M5反转	Bool	%Q0.6		✓	✓	
16		右侧门上限位	Bool	%I1.4		✓	✓	
17		C3_B接近开关	Bool	%I0.7		✓	✓	
18		M3起动	Bool	%Q0.2		✓	✓	
19		电梯上限位	Bool	%I1.0		✓	✓	
20		M4正转	Bool	%Q0.3		✓	✓	
21		M6正转	Bool	%Q0.7		✓	✓	
22		右侧门下限位	Bool	%I1.5		✓	✓	
23		M6反转	Bool	%Q1.0		✓	✓	
24		M4反转	Bool	%Q0.4		✓	✓	
25		电梯下限位	Bool	%I1.1		✓	✓	

图 6-9　电梯传送系统 PLC 变量表

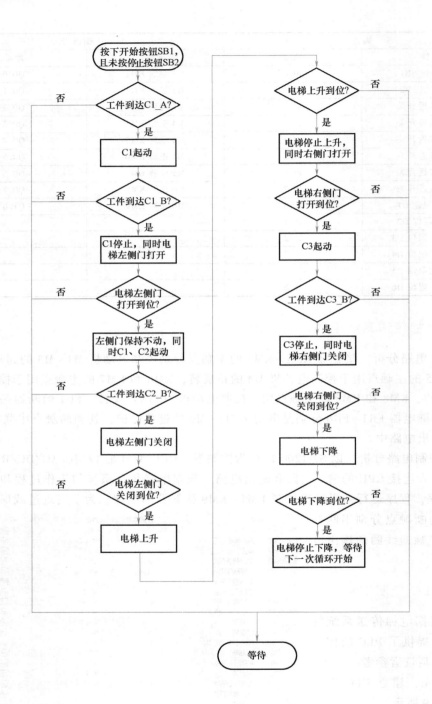

图 6-10　电梯传送系统 PLC 控制流程图

3）最后，编写 PLC 控制参考程序，如图 6-11 所示，请读者参考。

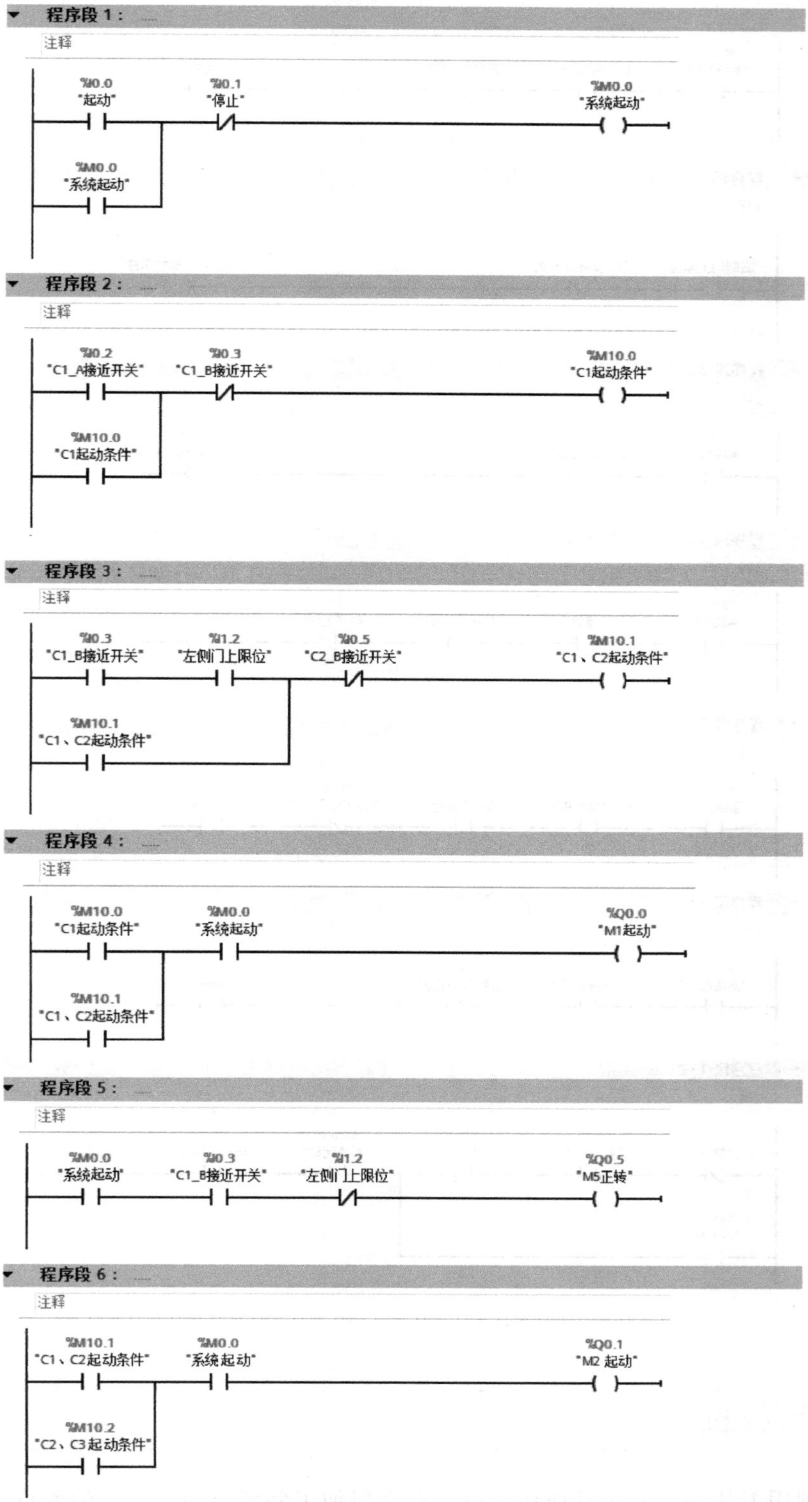

程序段 1： ....

注释

```
%I0.0              %I0.1                                    %M0.0
"起动"             "停止"                                   "系统起动"
 ┤├               ─┤/├──                                    ─( )─
%M0.0
"系统起动"
 ┤├
```

程序段 2： ....

注释

```
%I0.2              %I0.3                                    %M10.0
"C1_A接近开关"     "C1_B接近开关"                          "C1起动条件"
 ┤├               ─┤/├──                                    ─( )─
%M10.0
"C1起动条件"
 ┤├
```

程序段 3： ....

注释

```
%I0.3              %I1.2              %I0.5                %M10.1
"C1_B接近开关"     "左侧门上限位"     "C2_B接近开关"       "C1、C2起动条件"
 ┤├                ┤├               ─┤/├──                  ─( )─
%M10.1
"C1、C2起动条件"
 ┤├
```

程序段 4： ....

注释

```
%M10.0             %M0.0                                    %Q0.0
"C1起动条件"       "系统起动"                              "M1起动"
 ┤├                ┤├                                       ─( )─
%M10.1
"C1、C2起动条件"
 ┤├
```

程序段 5： ....

注释

```
%M0.0              %I0.3              %I1.2                %Q0.5
"系统起动"         "C1_B接近开关"     "左侧门上限位"       "M5正转"
 ┤├                ┤├               ─┤/├──                  ─( )─
```

程序段 6： ....

注释

```
%M10.1             %M0.0                                    %Q0.1
"C1、C2起动条件"   "系统起动"                              "M2起动"
 ┤├                ┤├                                       ─( )─
%M10.2
"C2、C3起动条件"
 ┤├
```

图 6-11　电梯传送系统 PLC 示例程序

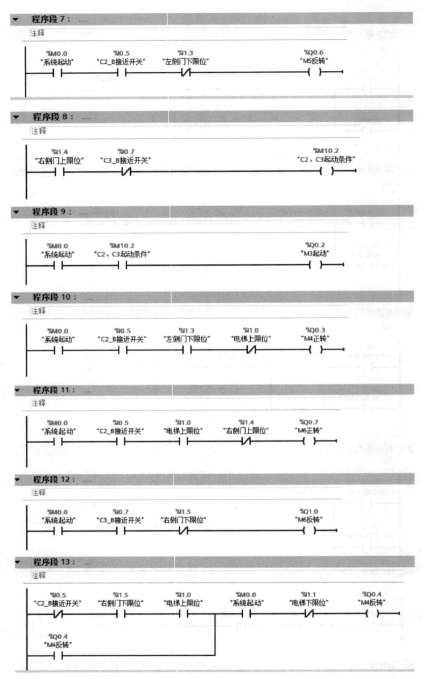

图 6-11　电梯传送系统 PLC 示例程序（续）

6.6　剪板机的 PLC 控制

剪板机利用刀片的往复运动剪切板材，在金属加工领域应用广泛。随着技术的发展，自动控制剪板机逐渐代替了传统机械剪板机，提高了设备的自动化水平，实现了连续生产，大大提高了生产效率。本节介绍 PLC 在剪板机自动控制中的应用。

6.6.1　剪板机的组成和工作过程

1. 剪板机的组成

剪板机主要由送料、夹紧和剪切三部分组成，如图 6-12 所示为剪板机组成的结构示意图。其中，A 是送料机构，B 是压紧装置，C 是剪切刀片，分别由三相异步电动机 M1、M2 和 M3 驱动。剪板机的工作过程由行程开关和光电开关检测。如图 6-12 所示，SQ1～SQ4 为行程开关，SQ5 为光电开关。板料的到位信息由 SQ1 检测，调节 SQ1 相对刀片的距离，可以改变板料的剪切长度；压紧装置的上、下位置限位由 SQ2 和 SQ3 检测，刀片的上限位由 SQ4 检测，SQ5 用于检测剪切后的板料。此外，剪板机的起动和停

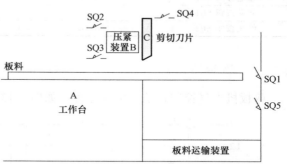

图 6-12　剪板机结构图

止分别由按钮 SB1 和 SB2 控制。表 6-3 给出了剪板机控制系统电气元件列表。

表 6-3　剪板机控制系统电气元件列表

序号	名称	型号	数量
1	按钮	WYQY LA128A	2
2	光电开关	E3F-DS30C4	1
3	限位开关	KW12	4
4	交流接触器	CJX2-XX10	5
5	三相异步电动机	Y112M-2	3

2. 剪板机的工作过程

1）按下 SB1，剪板机开始工作。M1 电动机驱动送料机构运行，带动板料向右运动，至限位开关 SQ1 处停止。

2）M2 电动机起动，驱动压紧装置向下运动至 SQ3 处停止，压紧板料。

3）M3 电动机起动，驱动剪切刀片向下剪断板料，板料落下经过光电开关 SQ5。

4）M2 和 M3 电动机反转，驱动压紧装置和刀片上行，分别至 SQ2 和 SQ4 处停止。

5）送料电动机继续驱动板料向右运动，开始下一周期工作，直到剪完 10 块板料后，停止工作并返回初始状态。

6）过程中，按下停止按钮 SB2，系统返回初始位置停止。

6.6.2　剪板机的控制要求

1）电动机 M1 用于驱动送料机构，只要求单向转动。

2）电动机 M2 和 M3 分别用于驱动压紧装置和剪切刀片，需要正反转控制。

3）要有必要的过载和短路保护。

根据控制要求，列出 PLC 的 I/O 对照表，见表 6-4。

表 6-4　剪板机控制系统 PLC I/O 分配表

输入		输出	
元件	地址	元件	地址
行程开关 SQ1	I0.0	送料电动机	Q0.0
行程开关 SQ2	I0.1	压紧装置下行	Q0.1
行程开关 SQ3	I0.2	刀片下行	Q0.2
行程开关 SQ4	I0.3	压紧装置上行	Q0.3
光电开关 SQ5	I0.4	刀片上行	Q0.4
起动按钮 SB1	I0.5		
停止按钮 SB2	I0.6		

6.6.3　剪板机控制系统的电气原理图

剪板机电气控制系统的电气原理图如图 6-13 所示。

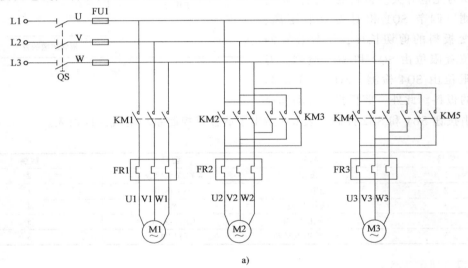

a)

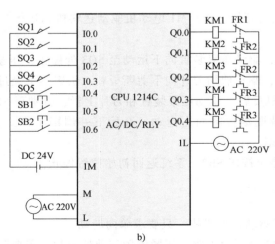

b)

图 6-13　剪板机电气控制原理图

a）主电路　b）控制电路

（1）主电路分析　接触器 KM1 的主触点控制电动机 M1 的起动和停止，KM2 和 KM3 的主触点用于控制电动机 M2 的正反转，KM4 和 KM5 的主触点用于控制电动机 M3 的正反转。FU1 熔断器是电路的短路保护，热继电器 FR1～FR3 分别是电动机 M1～M3 的过载保护，其动断触点串联在 PLC 控制系统的输出电路中。

（2）控制电路分析　以 S7-1200 PLC 为控制器，CPU 型号是 1214C AC/DC/RLY，根据 PLC 的 I/O 表连接 CPU 的输入电路和输出电路。其中，输入端有 4 个行程开关 SQ1～SQ4，分别用于检测板料、压紧装置和剪切刀片的到位情况，1 个光电开关用于对剪切后的板料计数，起动按钮和停止按钮控制剪板机的运行。PLC 内部根据剪板机的工作过程和控制要求编程，程序运行结果通过输出电路控制 KM1～KM5 接触器的线圈。为了实现过载保护，将热继电器的动断触点分别串联在其对应的接触器线圈的输出电路中。

6.6.4　PLC 控制编程

本节根据电梯传送系统的控制要求，提供了 PLC 的控制参考程序，请读者参考。

1）首先，建立 PLC 变量表，如图 6-14 所示。

		名称	变量表	数据类型	地址
1		剪板机运行	默认变量表	Bool	%M0.0
2		SQ1	默认变量表	Bool	%I0.0
3		SQ2	默认变量表	Bool	%I0.1
4		SQ3	默认变量表	Bool	%I0.2
5		SQ4	默认变量表	Bool	%I0.3
6		SQ5	默认变量表	Bool	%I0.4
7		起动按钮SB1	默认变量表	Bool	%I0.5
8		停止按钮SB2	默认变量表	Bool	%I0.6
9		送料电动机	默认变量表	Bool	%Q0.0
10		压紧下行	默认变量表	Bool	%Q0.1
11		压紧上行	默认变量表	Bool	%Q0.2
12		刀片下行	默认变量表	Bool	%Q0.3
13		刀片上行	默认变量表	Bool	%Q0.4
14		计数10次	默认变量表	Bool	%M3.0
15		循环结束	默认变量表	Bool	%M3.1
16		执行压紧上行	默认变量表	Bool	%M3.2
17		执行刀片上行	默认变量表	Bool	%M3.3

图 6-14　剪板机 PLC 变量表

2）根据剪板机控制逻辑编写 PLC 程序，控制流程图绘制方法可参考 6.5.4 节，此处不再详述。本节提供了剪板机的 PLC 控制程序，如图 6-15 所示，请读者参考。

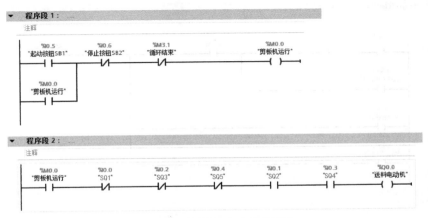

图 6-15　剪板机 PLC 示例程序

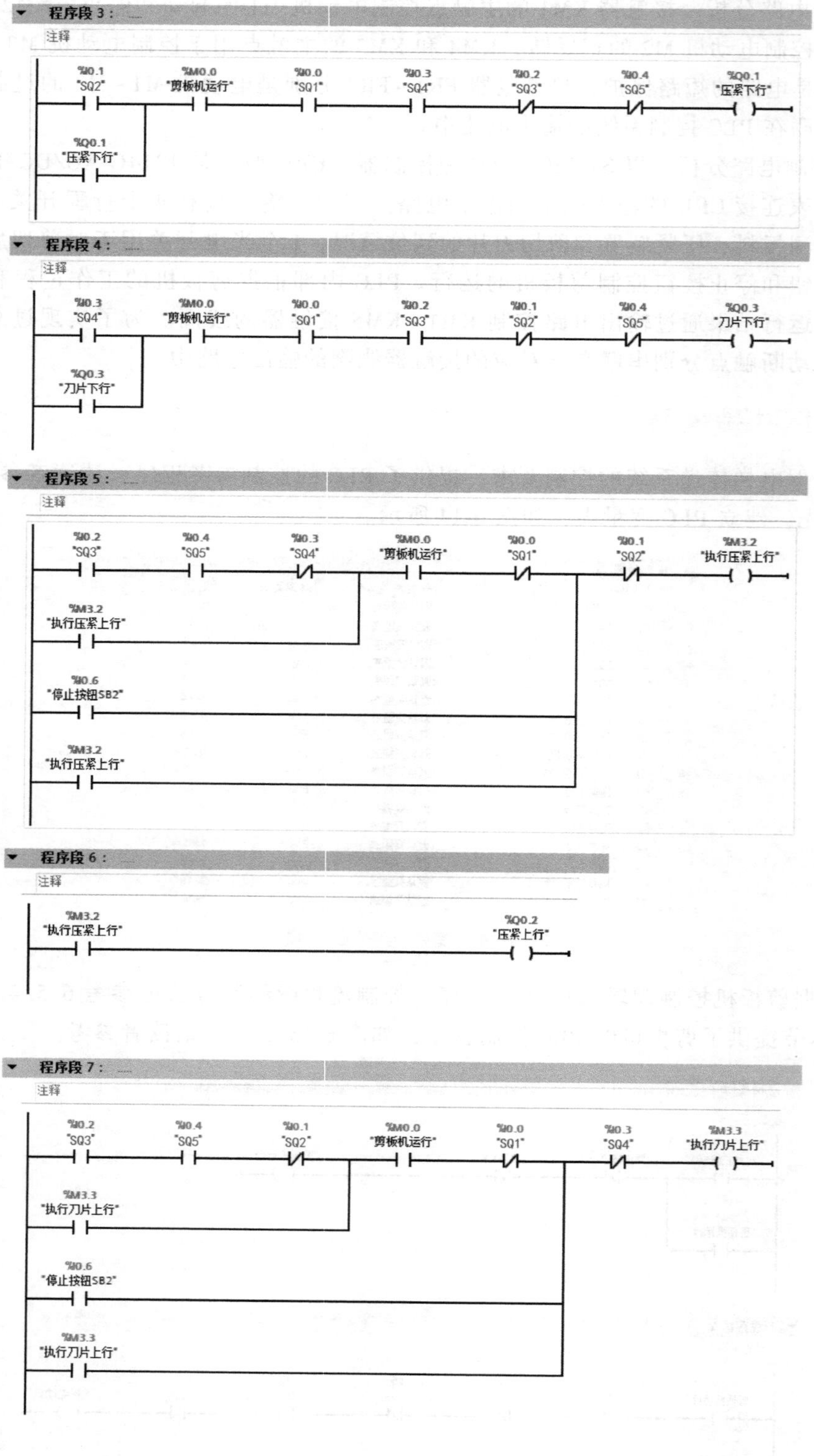

程序段 3：

注释

| %I0.1 "SQ2" | %M0.0 "剪板机运行" | %I0.0 "SQ1" | %I0.3 "SQ4" | %I0.2 "SQ3" | %I0.4 "SQ5" | %Q0.1 "压紧下行" |

%Q0.1 "压紧下行"

程序段 4：

注释

| %I0.3 "SQ4" | %M0.0 "剪板机运行" | %I0.0 "SQ1" | %I0.2 "SQ3" | %I0.1 "SQ2" | %I0.4 "SQ5" | %Q0.3 "刀片下行" |

%Q0.3 "刀片下行"

程序段 5：

注释

| %I0.2 "SQ3" | %I0.4 "SQ5" | %I0.3 "SQ4" | %M0.0 "剪板机运行" | %I0.0 "SQ1" | %I0.1 "SQ2" | %M3.2 "执行压紧上行" |

%M3.2 "执行压紧上行"

%I0.6 "停止按钮SB2"

%M3.2 "执行压紧上行"

程序段 6：

注释

| %M3.2 "执行压紧上行" | %Q0.2 "压紧上行" |

程序段 7：

注释

| %I0.2 "SQ3" | %I0.4 "SQ5" | %I0.1 "SQ2" | %M0.0 "剪板机运行" | %I0.0 "SQ1" | %I0.3 "SQ4" | %M3.3 "执行刀片上行" |

%M3.3 "执行刀片上行"

%I0.6 "停止按钮SB2"

%M3.3 "执行刀片上行"

图 6-15　剪板机 PLC 示例程序（续）

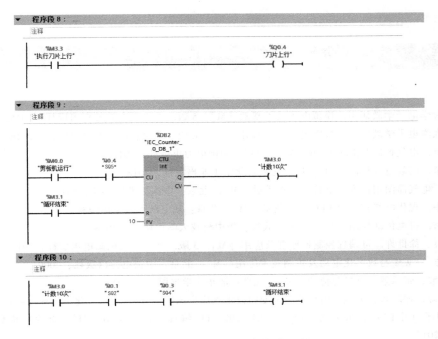

图 6-15　剪板机 PLC 示例程序（续）

习题与思考题

6-1　写出图 6-2 车床控制电路中主电路和控制电路分别包含哪些电器？

6-2　CA6140 型车床控制电路中，M1 电动机的自锁控制是如何实现的？

6-3　CA6140 型车床控制电路中，热继电器如何实现过载保护？

6-4　在摇臂钻床控制电路中，如何进行欠电压保护？

6-5　摇臂钻床控制系统中，如何实现摇臂上升后的自动夹紧？

参考文献

［1］　清华大学电子学教研组. 模拟电子技术基础［M］. 5 版. 北京：高等教育出版社，2015.

［2］　清华大学电子学教研组. 数字电子技术基础［M］. 6 版. 北京：高等教育出版社，2016.

［3］　隋振有. 电气控制与 PLC 应用［M］. 北京：中国电力出版社，2012.

［4］　秦钟全. 图解电气控制入门［M］. 北京：化学工业出版社，2018.

［5］　郭汀. 电气简图用标准图形符号速查手册［M］. 北京：中国标准出版社，2013.

［6］　王永华. 现代电气控制及 PLC 应用技术［M］. 北京：航空航天大学出版社，2016.

［7］　冯清秀. 机电传动控制［M］. 5 版. 武汉：华中科技大学出版社，2013.

［8］　宫淑贞，徐世许. 可编程控制器原理及应用［M］. 3 版. 北京：人民邮电出版社，2012.

［9］　孙立志. PWM 与数字化电动及控制技术应用［M］. 北京：中国电力出版社，2009.

［10］　刘锦波，张承慧. 电机与拖动［M］. 北京：清华大学出版社，2018.

［11］　韩雪涛，韩广兴，吴瑛. PLC 技术·变频技术速成全图解［M］. 北京：化学工业出版社，2018.

［12］　西门子（中国）有限公司. 西门子 S7-1200 PLC 编程及使用指南［M］. 北京：机械工业出版社，2018.

［13］　廖常初. S7-1200 PLC 编程及应用［M］. 3 版. 北京：机械工业出版社，2017.